Einführung in die Quantenmechanik

Ulrich Hohenester · Klaus Irgang

Einführung in die Quantenmechanik

Für Studierende des Lehramts Physik

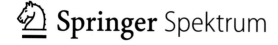

Ulrich Hohenester
Institut für Physik, University of Graz
Graz, Steiermark, Österreich

Klaus Irgang
B(R)G Leibnitz, Steiermark, Österreich

ISBN 978-3-662-65979-3   ISBN 978-3-662-65980-9   (eBook)
https://doi.org/10.1007/978-3-662-65980-9

Die Deutsche Nationalbibliothek verzeichnet diese Publikation in der Deutschen Nationalbibliografie; detaillierte bibliografische Daten sind im Internet über http://dnb.d-nb.de abrufbar.

Planung/Lektorat: Caroline Strunz
Springer Spektrum ist ein Imprint der eingetragenen Gesellschaft Springer-Verlag GmbH, DE und ist ein Teil von Springer Nature.
Die Anschrift der Gesellschaft ist: Heidelberger Platz 3, 14197 Berlin, Germany

Vorwort

Quantenmechanik zu unterrichten, ist immer etwas Besonderes. Man verlässt die gut vorstellbare und be-greif-bare klassische Physik und begibt sich in einen Mikrokosmos, der sich so gänzlich anders verhält als unsere klassische Alltagswelt. Viele Schüler:innen und Studierende bringen nur ungefähre Vorstellungen mit, meist fehlt ihnen die Fachsprache und das mathematisches Werkzeug für ein adäquates Verständnis. Quantenphysik wird oft als mystisch und zukunftsweisend empfunden, immerhin bauen viele zukünftige, aber mittlerweile auch alltägliche Geräte, Erfindungen und auch Filme darauf auf, leider ebenso manche Erklärungsversuche der Esoterik. Eine der großen Herausforderungen beim Unterrichten besteht darin, die positive Grundstimmung zur Quantenphysik zu nutzen und die Spannung aufrechtzuerhalten, während gleichzeitig ein solides Fundament der grundlegenden Gesetze erarbeitet wird. Quantenmechanische Vorhersagen sind oft nur im Sinne von Wahrscheinlichkeiten möglich, was mit dem üblichen Alltagsverständnis nur schwer zusammenpasst. Dennoch erlauben sie die genauesten Übereinstimmungen zwischen Theorie und Experiment in der Physik.

Wie aber unterrichtet man Quantenmechanik am besten? In diesem Buch haben wir versucht, speziell auf Studierende des Lehramts einzugehen. Die Physik rückt in den Vordergrund, während wir versuchen, mit möglichst einfachen mathematischen Hilfsmitteln auszukommen, die aber immer noch die Theorie korrekt abbilden. Gleichzeitig diskutieren wir Herausforderungen in der Schule und geben konkrete Anregungen, wie man den Unterricht gestalten könnte. Vorweg: Während auf universitärem Level besonders die mathematische Beschreibung wichtig ist, sollte im schulischen Kontext dem Erlernen und Trainieren der Fachsprache große Bedeutung zukommen. Dies wird sich insbesondere in den Aufgaben am Ende der Kapitel widerspiegeln.

Wie bereits im Titel angekündigt, handelt es sich um eine Einführung in die Quantenmechanik: Wenn Sie die Theorie und die Aufgaben durchgearbeitet haben, werden Sie ein gutes Bild der Grundbausteine der Quantenmechanik sowie der Herausforderungen im Schulunterricht inklusive einiger Umsetzungsmöglichkeiten gewonnen haben. Allerdings ist das Themenfeld überaus breit und vielfältig, sowohl aus fachlicher als auch didaktischer Perspektive. Die Quantenmechanik spielt in zahlreiche Themenbereiche hinein oder ist teilweise nicht klar von ihnen trennbar: Sie kann als die Grundlage der Chemie, der Festkörperphysik verstanden werden, nur mit ihr kann man manche Eigenschaften von Nanomaterialien

erklären. Gerade die spannenden Schülerfragen in der Astrophysik zu schwarzen
Löchern und dem Urknall machen eine – wissenschaftlich noch nicht vollbrachte –
Verbindung von allgemeiner Relativitätstheorie und Quantenmechanik notwendig.
Auf weiterführende Fragestellungen dieser Art können wir in diesem Einführungs-
buch leider nicht eingehen, sondern beschränken uns auf die physikalischen und
didaktischen Grundlagen.

Auch wenn wir dieses Buch gemeinsam konzipiert haben, so hat es doch eine
klare Arbeitsaufteilung gegeben: Die fachlichen Kapitel stammen größtenteils
von Ulrich Hohenester, die didaktischen von Klaus Irgang. Und nachdem es
immer schön ist zu wissen, wer in einem Buch so zu einem spricht, ein paar kurze
Informationen über uns: Ich, Ulrich Hohenester, bin Professor für Theoretische
Physik an der Karl-Franzens-Universität Graz, mit dem Forschungsschwer-
punkt in Nano- und Quantenoptik. Meine eigenen Vorlesungen zur Quantenmechanik habe ich bei einem ehemaligen Mitarbeiter von Werner Heisenberg,
Heinz Mitter, gehört, der uns auch mit etlichen Anekdoten über die Anfangsjahre
der Quantenmechanik versorgt hat. Seit vielen Jahren unterrichte ich einen Kurs
zur Einführung in die Quantenmechanik für Studierende des Lehramts Physik; die
Schwierigkeit, Lehrbücher auf dem richtigen Niveau für diese Lehrveranstaltung
zu finden, hat letztendlich den Ausschlag zu diesem Buchprojekt gegeben. Ich,
Klaus Irgang, habe Physik als Fachwissenschaft und Lehramt Mathematik-Physik
studiert. Über die Studienvertretung kam ich dazu, das neue Curriculum Lehramt
Physik in Graz mitzugestalten, bei dem parallel zu den Fachvorlesungen, -übungen
und -laboren nun auch jeweilige Didaktik-Seminare dazugehören sollten. Insbesondere die „Fachdidaktik Aufbau der Materie" war am Standort grundlegend
neu und ich hatte das Glück, diese zuerst als Diplomarbeit ausarbeiten und danach
einige Jahre als externer Vortragender lehren zu dürfen. Großteils unterrichte ich
nämlich an einem Gymnasium in Leibnitz, ca. 30 km südlich von Graz.

Abschließend möchten wir uns bei den vielen Studierenden bedanken, die in
den letzten Jahren konstruktive Verbesserungsvorschläge zu den fachlichen Teilen
des Buchs lieferten, sowie bei Leopold Mathelitsch für eine kritische Durchsicht
des Manuskripts.

Graz   Ulrich Hohenester
Juni 2022   Klaus Irgang

Inhaltsverzeichnis

Welle-Teilchen-Dualismus

1

Inhaltsverzeichnis

Zusammenfassung

Wir führen anhand von einfachen optischen Experimenten in die Grundproblematik der Quantenmechanik ein. Bei niedrigen Intensitäten wird Licht körnig, man beobachtet entweder die kleinsten Energieportionen, sogenannte Photonen, oder nichts. Dies wird als der Teilchencharakter des Lichts bezeichnet. Allerdings zeigen Photonen in anderen Experimenten Welleneigenschaften, die mit einem Teilchenbild nicht vereinbar sind. Dieses uneindeutige Verhalten wird gemeinhin als Welle-Teilchen-Dualismus bezeichnet und spielt in der Quantenmechanik eine zentrale Rolle.

Naturwissenschaften beruhen auf zwei Grundprinzipien. Es gibt erstens eine beobachtbare Welt, und zweitens passiert unter gleichen Umständen Gleiches. Es mag überraschen, dass sich diese Prinzipien nicht beweisen lassen, sondern angenommen werden müssen, aber sobald wir sie akzeptiert haben, können wir beginnen, Fragen in der Form von Experimenten an die Natur zu stellen. In einem Experiment präparieren wir üblicherweise ein System in einem bestimmten Zustand und beobachten, wie es sich im Laufe der Zeit entwickelt. Ein klassisches Beispiel sind die Fallversuche von Galileo Galilei, bei denen er beobachtete, dass alle Körper im Schwerefeld der Erde (unter Vernachlässigung von Reibungskräften) gleich beschleunigt werden, unabhängig von ihrer Masse. Experimente in der klassischen Mechanik haben den Vorteil, dass in den meisten Fällen unsere Sinnesorgane ausreichen, um die Vorgänge zu beobachten und Messungen durchzuführen, zumindest in einer einfachen Form.

© Der/die Autor(en), exklusiv lizenziert an Springer-Verlag GmbH, DE, ein Teil von Springer Nature 2023
U. Hohenester und K. Irgang, *Einführung in die Quantenmechanik*,
https://doi.org/10.1007/978-3-662-65980-9_1

Darüber hinaus verbinden wir mit den Größen, die zur Beschreibung klassischer Phänomene benötigt werden, wie beispielsweise Geschwindigkeit, Kraft oder Energie, entsprechende Größen aus unserem Alltag.

Die Quantenmechanik beschäftigt sich mit Objekten wie Atomen oder Molekülen, die so klein sind, dass wir sie nicht mit freiem Auge beobachten können und die auch durch keine anderen Sinnesorgane wahrgenommen werden können. Wir sind deshalb auf experimentelle Techniken jenseits unserer Sinneswahrnehmungen angewiesen, um diese mikroskopischen Objekte zu beobachten. Das Grundprinzip des Experimentierens bleibt jedoch weiterhin erhalten, wir stellen eine Frage an die Natur, indem wir ein System in einem bestimmten Zustand präparieren und beobachten, wie es sich danach verhält. Allerdings entsprechen die Antworten der Natur in den meisten Fällen nicht unbedingt dem, was wir erwartet hätten. Mikroskopische Objekte verhalten sich oft gänzlich anders als die Objekte unseres Alltags. In den Naturwissenschaften müssen wir uns an die Spielregeln halten, die wir uns selbst auferlegt haben, und diese lauten nun einmal, dass die Natur immer recht hat. Die Theorie der Quantenmechanik lässt sich aus einer Reihe von Schlüsselexperimenten entwicklen, wie wir in diesem Buch zeigen werden. Wie jede andere Theorie muss die Quantenmechanik danach zeigen, dass sie auch alle anderen Beobachtungen richtig erklären kann. Heutzutage ist die Quantenmechanik die am meisten und besten getestete Theorie, und es gibt unseres Wissens nach keine Beobachtungen außer der Gravitation, die nicht im Rahmen der Quantenmechanik erklärt werden könnten.

In diesem Anfangskapitel wollen wir in die Grundproblematik der Quantenmechanik einführen und den sogenannten Welle-Teilchen-Dualismus diskutieren. Im Prinzip sollte das Dilemma, dass Vorgänge des Mikrokosmos nicht mit den Prinzipien unserer klassischen Alltagswelt beschrieben werden können, nach diesem Kapitel ersichtlich sein. Niels Bohr, einer der Gründungsväter der Quantenmechanik, hat dies in einem Satz zusammengefasst:

> Denn wenn man nicht zunächst über die Quantentheorie entsetzt ist, kann man sie doch unmöglich verstanden haben.

Wir möchten diesen Satz dem Kapitel als Motto voranstellen. Das Entsetzen war in der Entwicklungsphase der Quantenmechanik zu Beginn des vorigen Jahrhunderts sicher noch stärker als heute, wo die Quantenmechanik uns schon aus dem Schulunterricht bekannt ist. Dennoch wünschen wir uns, dass bei Ihnen an der einen oder anderen Stelle doch ein gewisses Schaudern eintritt. Den festen Boden der klassischen Physik zu verlassen, sollte kein selbstverständlicher Akt sein.

1.1 Photonen

Unser erstes Experiment besteht aus einer Lichtquelle, die einen Schirm bestrahlt, wie in Abb. 1.1 dargestellt. Wir nehmen nun an, dass die Intensität der Lichtquelle schrittweise reduziert wird. Entsprechend erscheint der Schirm immer dunkler und

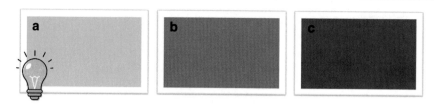

Abb. 1.1 (a) Ein Schirm wird von einer Lampe beschienen. Wenn man die Intensität der Lampe schrittweise verringert, erscheint der Schirm (**b**, **c**) dunkler und dunkler

dunkler, wie in den Abbildungen (b), (c) gezeigt. Wenn wir die Intensität weiter reduzieren, beobachten wir etwas qualitativ Neues.

Wie weiter unten diskutiert werden wird, können wir diesen Effekt gerade nicht mit freiem Auge beobachten, sondern benötigen dazu einen CCD-Sensor oder eine Photoplatte, die beide auch geringe Lichtmengen messen können. Unterhalb einer gewissen Intensität wird Licht körnig. Dem Lichtfeld können nicht mehr beliebig kleine Energiemengen entnommen werden, sondern es gibt eine kleinste Energieeinheit

$$E = h\nu,\qquad(1.1)$$

wobei ν die Lichtfrequenz und h das Planck'sche Wirkungsquantum

$$h = 6.626\,070\,15 \times 10^{-34}\,\text{Js}\qquad(1.2)$$

ist. Diese kleinste Energiemenge wird als **Lichtquant** oder **Photon** bezeichnet, das Phänomen, dass Licht nur in ganzzahligen Portionen von $h\nu$ beobachtet werden kann, nennt man den Teilchencharakter des Lichts. Bei geringen Lichtintensitäten bleibt ein Pixel somit die meiste Zeit dunkel, nur manchmal leuchtet es kurz auf, nämlich dann, wenn dem Lichtfeld ein Quant mit der Energie $h\nu$ entnommen wird. Siehe auch Abb. 1.2 für eine schematische Darstellung.

Neuere Forschungsarbeiten zeigen, dass die Lichtrezeptoren in unseren Augen durchaus einzelne Photonen detektieren können und auch ein schwacher Nervenimpuls ausgelöst wird [1]. Allerdings scheint dieser zu gering zu sein, um die Detektion auch bewusst wahrzunehmen. Ein Freihandversuch, hier wohl eher „Freiaugenversuch" zur Beobachtung von Photonen, funktioniert somit leider nicht ganz.

▶ Der Teilchencharakter des Lichtes besteht darin, dass bei geringen Lichtintensitäten entweder ein ganzes Photon gemessen wird oder gar nichts.

Ursprünglich wurde die Beziehung $E = h\nu$ von Einstein zur Beschreibung des photoelektrischen Effektes aufgestellt, siehe Abb. 1.3 für eine schematische Darstellung. Wenn ein Metall mit Licht bestrahlt wird, werden mit einer geringen Wahrscheinlichkeit Elektronen aus dem Metall herausgelöst, die in der Folge detektiert werden. Eigentlich müsste man zur Beschreibung des Phänomens genauer verstehen, wie die Elektronen in Metallen gebunden sind. Für ein grobes Verständnis reicht jedoch auch die einfache Annahme, dass Elektronen unter Zufuhr einer bestimmten Energie Φ

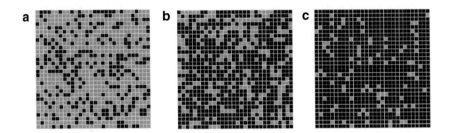

Abb. 1.2 Bei weiterer Verringerung der Lichtintensität in Abb. 1.1 kann man das Licht nicht mehr mit freiem Auge beobachten, sondern benötigt Messgeräte wie beispielsweise einen CCD-Sensor. (**a**) Im Bereich niedriger Intensitäten wird Licht „körnig", nur bisweilen klickt ein Pixel des Sensors, wenn ein Photon auftrifft. (**b, c**) Mit weiter abnehmender Intensität erhöht sich die Dunkelphase der Pixel, während die Stärke der einzelnen Impulse bei Auftreffen von Photonen konstant bleibt

Abb. 1.3 Photoelektrischer Effekt. Licht trifft auf eine Metalloberfläche. Wenn die Photonenenergie $h\nu$ kleiner als die Austrittsarbeit Φ der Elektronen aus dem Metall ist (rotes Licht), werden keine Elektronen herausgelöst. Erst für genügend große Photonenergien werden Elektronen herausgelöst und es beginnt ein Photostrom zu fließen. Die Überschussenergie $E_{kin} = h\nu - \Phi$ steht in der der Form kinetischer Energie der Elektronen zur Verfügung (siehe Länge der Pfeile). Für die Erklärung des photoelektrischen Effekts erhielt Albert Einstein 1921 den Physiknobelpreis

aus dem Metall herausgelöst werden können. Aus naheliegenden Gründen wird Φ als Austrittsarbeit bezeichnet.

Durch Licht werden die Elektronen zu Schwingungen angeregt. Im Rahmen der klassischen Physik gibt es nun zwei Möglichkeiten, den Elektronen die zum Austritt benötigte Energie Φ zuzuführen. Entweder indem man eine hohe Frequenz wählt und so innerhalb kurzer Zeit genügend Energie vom Lichtfeld auf die Elektronen überträgt oder durch eine größere Amplitude des Lichtfelds, so dass die Elektronen stärker aufgeschaukelt werden. Experimentell stellt man jedoch fest, dass den Elektronen nur durch entsprechend hohe Frequenzen genügend Energie zugeführt werden kann, um sie aus dem Metall zu lösen. Bei genügend schwachen Lichtintensitäten, die in üblichen Experimenten vorherrschen, kommt wieder die Körnigkeit des Lichts zum Tragen und die Elektronen wechselwirken mit einzelnen Photonen. Entsprechend besteht eine gewisse Wahrscheinlichkeit, dass ein Elektron zu einem bestimmten Zeitpunkt ein Photon absorbiert, dessen Energie teilweise zum Herauslösen aus dem Metall verwendet wird. Der Rest steht dem Elektron in der Form von kinetischer Energie E_{kin} zur Verfügung, somit gilt

$$h\nu = \Phi + E_{kin}. \tag{1.3}$$

Für zu niedrige Frequenzen $\nu < \Phi/h$ besitzen die Photonen also nicht genügend Energie, um Elektronen aus dem Metall zu lösen. Erst ab einer genügend hohen Frequenz $\nu > \Phi/h$ beginnt ein Photostrom zu fließen. Erhöht man nun die Lichtintensität, so werden einfach mehr Elektronen aus dem Metall gelöst, während ihre kinetische Energie gleich bleibt. Roy Glauber, der 2005 den Physiknobelpreis für seine Arbeiten zu nicht klassischem Licht erhielt, beschreibt den Effekt wie folgt [2]:

> Die einzige Antwort des Metalls auf eine Erhöhung der Lichtintensität besteht in der Erzeugung von mehr Photoelektronen. Einstein hatte eine verblüffend einfache Erklärung dafür. Das Licht selbst, nahm er an, besteht aus lokalisierten Energiepaketen, die jeweils ein Energiequant mit sich tragen. Wenn das Licht auf das Metall trifft, wird jedes dieser Pakete von jeweils einem Elektron absorbiert. Dieses fliegt dann mit einer wohldefinierten Energie davon, die genau der Energie $h\nu$ des Lichtpakets entspricht, vermindert durch die Energie zur Loslösung aus dem Metall.

1.2 Strahlteiler

Wir wollen die Überlegungen aus dem letzten Abschnitt weiter vertiefen und betrachten im Folgenden den in Abb. 1.4 gezeigten Strahlteiler. Durch geeignete Beschichtung einer Glasscheibe mit einem dünnen Metallfilm kann ein halbdurchlässiger Spiegel hergestellt werden, bei dem der einfallende Strahl in zwei Strahlen genau gleicher Intensität getrennt wird.

Betrachten wir nun den Fall, dass die Intensität des einfallenden Strahls so geschwächt wird, dass nur noch einzelne Photonen auf den Strahlteiler treffen. Um

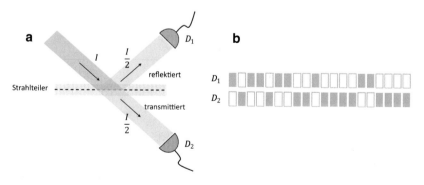

Abb. 1.4 (**a**) Ein Lichtstrahl trifft auf einen Strahlteiler und wird in zwei Strahlen gleicher Intensität $I/2$ aufgespalten. Der reflektierte Strahl trifft auf den Photodetektor D_1 und der transmittierte Strahl auf den Photodetektor D_2. (**b**) Führt man das Experiment mit einzelnen Photonen durch, so klickt entweder Detektor D_1 und D_2 ruht, oder umgekehrt. Welcher der Detektoren klickt, ist rein zufällig, im Mittel klicken beide Detektoren gleich oft

die Überlegungen weiter zu vereinfachen, nehmen wir an, wir besäßen eine Licht-quelle, die auf Knopfdruck einzelne Photonen erzeugt. In der Tat können solche Lichtquellen heutzutage mit hoher Güte hergestellt werden. Zur Beobachtung der Photonen positionieren wir hinter dem Strahlteiler zwei Photodetektoren, die das Licht des reflektierten und transmittierten Strahls detektieren können. Die Ergebnisse eines Experiments, bei dem einzelne Photonen hintereinander auf den Strahlteiler gesandt werden, können wie folgt zusammengefasst werden (siehe auch Abb. 1.4):

- Nach jedem Eintreffen eines Photons auf den Strahlteiler klickt entweder der Detektor D_1 und D_2 ruht, oder umgekehrt.
- Welcher der beiden Detektoren klickt, ist rein zufällig.
- Im Mittel klicken beide Detektoren gleich oft.

Offensichtlich sind diese Beobachtungen im Einklang mit den Schussfolgerungen des vorigen Abschnitts. Zuerst gilt, dass ein Photon die kleinste Energiemenge von Licht besitzt, die gemessen werden kann. Trifft ein einzelnes Photon auf den Strahl-teiler, so kann dieses nicht weiter aufgeteilt werden. Entsprechend klickt entweder der Detektor D_1 und Detektor D_2 ruht, oder umgekehrt. Im ersten Fall wurde das Photon am Strahlteiler reflektiert, im zweiten transmittiert.

Das Zufallsprinzip ist eine Besonderheit der Quantenmechanik. Nach allem, was wir wissen, ist das Ergebnis einer einzelnen Messung in der Quantenmechanik voll-kommen zufällig, und es besteht keine Möglichkeit, es in irgendeiner Weise vorher-zusagen. Wir werden später sehen, dass ähnliche Zufallsprinzipien für die meisten Experimente der Quantenmechanik gelten.

Wir untersuchen als Nächstes etwas genauer die Transmission und Reflexion einer klassischen Lichtwelle an einem Strahlteiler. Dazu wiederholen wir zuerst einige Punkte für sogenannte harmonische Wellen.

Wiederholung harmonische Welle
Eine harmonische Welle mit einer bestimmten Wellenlänge λ und Schwin-gungsdauer T besitzt die Form

$$f(x, t) = A \cos\left(kx - \omega t + \delta\right). \tag{1.4}$$

A ist die Amplitude und δ eine Phase, die für eine einzelne harmonische Welle irrelevant ist, aber bei der Überlagerung von Wellen später eine wichtige Rolle spielen wird.

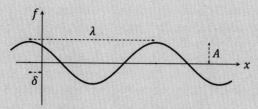

Weiterhin haben wir die **Kreisfrequenz** ω eingeführt,

$$\omega = \frac{2\pi}{T}. \tag{1.5}$$

Mit Hilfe dieser Kreisfrequenz sieht man sofort, dass die Welle aus Gl. (1.4) periodisch in T ist,

$$f(x,t+T) = A\cos\left(kx - \frac{2\pi}{T}[t+T]+\delta\right) = A\cos\left(kx - \omega t + \delta - 2\pi\right) = f(x,t). \tag{1.6}$$

Wir haben ausgenutzt, dass der Kosinus periodisch in 2π ist. Auf ähnliche Weise definieren wir für den räumlichen Anteil die sogenannte **Wellenzahl**

$$k = \frac{2\pi}{\lambda}, \tag{1.7}$$

die proportional zur inversen Wellenlänge ist. Man kann nun wieder leicht zeigen, dass die harmonische Welle aus Gl. (1.4) räumlich periodisch in λ ist,

$$f(x+\lambda,t) = A\left(\frac{2\pi}{\lambda}[x+\lambda]-\omega t+\delta\right) = A\cos\left(kx - \omega t+\delta + 2\pi\right) = f(x,t). \tag{1.8}$$

Somit gilt für die harmonische Welle

$$f(x,t) = f(x+\lambda,t) = f(x,t+T). \tag{1.9}$$

Ein Photodetektor misst die Lichtintensität, die proportional zu der von der Welle transportierten Energie und somit zum Quadrat der Wellenfunktion $f(x,t)$ ist. In den meisten Fällen oszilliert das Lichtfeld so rasch, dass der Detektor nicht die einzelnen Oszillationen des Lichtfeldes auflösen kann, sondern nur die über eine oder mehrere Oszillationen gemittelte Intensität misst,

$$I = \frac{1}{T}\int_0^T \left[A\cos\left(kx - \omega t + \delta\right)\right]^2 dt = \frac{1}{2}A^2. \tag{1.10}$$

Die Lösung des Integrals ist in Aufgabe 1.4 skizziert. Es gilt also, dass das Signal, das der Detektor misst, proportional zum Amplitudenquadrat ist, nicht aber von der Phase des Lichtfeldes oder dem Ort abhängt.

Wir untersuchen nun den Fall, dass eine klassische, harmonische Lichtwelle auf einen Spiegel oder Strahlteiler trifft, wie in Abb. 1.5 dargestellt. Um unsere Betrachtungen etwas zu vereinfachen, vernachlässigen wir den vektoriellen Charakter des Lichtfeldes und betrachten eine rein skalare Wellenfunktion. Nehmen wir an, der Spiegel besteht aus einer Metallplatte. Beim Eintreffen des Lichts verhält sich das Metall wie ein idealer elektrischer Leiter, der alle elektrischen Felder verdrängt und bewirkt, dass an seiner Oberfläche das elektrische Feld verschwindet. Dementsprechend erfährt die reflektierte Welle am Spiegel einen Phasensprung von 180°,

$$\text{Spiegel:} \quad \delta_S = \pi, \tag{1.11}$$

so dass die Summe der einfallenden und reflektierten Welle an der Metalloberfläche null ergibt. Siehe auch Abb. 1.5. Man kann zeigen, dass beim halbdurchlässigen Spiegel der Phasensprung für die reflektierte Welle nur halb so groß ist, während die transmittierte Welle keinen Phasensprung erfährt,

$$\text{Strahlteiler:} \quad \delta_R = \frac{\pi}{2}, \quad \delta_T = 0. \tag{1.12}$$

Am Strahlteiler wird die Welle in einen reflektierten und transmittierten Beitrag f_R und f_T aufgespalten,

$$f_R(x_1, t) = \frac{A}{\sqrt{2}} \cos\left(kx_1 - \omega t + \delta_R\right) \tag{1.13a}$$

$$f_T(x_2, t) = \frac{A}{\sqrt{2}} \cos\left(kx_2 - \omega t + \delta_T\right), \tag{1.13b}$$

wobei x_1 und x_2 die Koordinaten des reflektierten und transmittierten Strahles bezeichnen und wir die Phase des einfallenden Lichtes δ gleich null gesetzt haben. Mit Hilfe von Gl. (1.10) sieht man sofort, dass die Intensität des einfallenden Strahles jeweils zur Hälfte auf den reflektierten und transmittierten Strahl aufgeteilt wird.

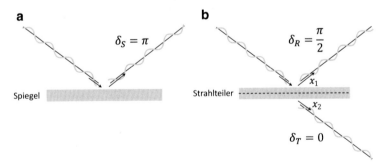

Abb. 1.5 Verhalten einer Welle an einem Spiegel oder Strahlteiler. (**a**) Die reflektierte Welle am Spiegel erfährt einen Phasensprung $\delta_S = \pi$. (**b**) Die reflektierte Welle am Strahlteiler erfährt einen Phasensprung von $\delta_R = \pi/2$, für die transmittierte Welle gilt $\delta_T = 0$. In der Figur wurden die Wellen zur besseren Übersicht jeweils leicht verschoben

Man kann zeigen, dass das klassische Ergebnis, das wir hier mit Hilfe von Wellen gewonnen haben, Aussagen über die Wahrscheinlichkeitsverteilung der Photondetektionen erlaubt. Hätten wir einen asymmetrischen Strahlteiler betrachtet, bei dem mehr Licht reflektiert als transmittiert wird, so würden wir auf der Photonenebene finden, dass der Photodetektor im reflektierten Kanal öfters klickt als der im transmittierten Kanal.

1.3 Mach-Zehnder-Interferometer

Als Nächstes betrachten wir den Aufbau aus Abb. 1.6, bei dem ein Lichtstrahl zuerst an einem Strahlteiler getrennt wird. Danach werden die beiden Strahlen durch zwei Spiegel umgelenkt, ehe sie an einem zweiten Strahlteiler wieder zusammengeführt werden. Auf den ersten Blick kann man am Aufbau dieses sogenannten Mach-Zehnder-Interferometers nichts Besonderes entdecken. Der Schein trügt. Wie wir nun zeigen möchten, kann man die Problematik der Quantenmechanik und des Welle-Teilchen-Dualismus wunderbar anhand dieses einfachen Experimentes diskutieren.

Beginnen wir mit einer Diskussion im Rahmen klassischer Wellen. Unmittelbar nach dem ersten Strahlteiler sind die reflektierte und transmittierte Welle durch Gl. (1.3) beschrieben. Nach der Umlenkung der Wellen an den Spiegeln erfahren beide Wellen eine zusätzliche Phasenverschiebung von $\delta_S = \pi$ und die Funktionen sind gegeben durch

$$f_R(x_1, t) = \frac{A}{\sqrt{2}} \cos\left(kx_1 - \omega t + \delta_R + \delta_S\right) \tag{1.14a}$$

$$f_T(x_2, t) = \frac{A}{\sqrt{2}} \cos\left(kx_2 - \omega t + \delta_T + \delta_S\right). \tag{1.14b}$$

Wir wollen nun annehmen, dass der Aufbau des Experiments vollkommen symmetrisch ist und dass beide Strahlen dieselbe Strecke Δx vom ersten bis zum zweiten

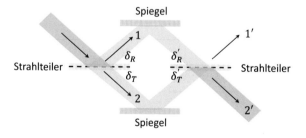

Abb. 1.6 Mach-Zehnder-Interferometer. Ein Lichtstrahl trifft auf einen Strahlteiler, der den Strahl in zwei Strahlen gleicher Intensität aufteilt. Diese werden durch zwei Spiegel umgelenkt und treffen auf einen zweiten Strahlteiler. Bei einem symmetrischen Aufbau tritt nur ein einziger Strahl in Richtung 2′ aus dem Interferometer aus, entlang der Richtung 1′ kommt es zu einer vollständig destruktiven Interferenz

Strahlteiler zurücklegen. Beide Strahlen erfahren beim Durchlaufen des Interferometers somit eine zusätzliche Phase

$$\varphi = k\Delta x - \omega\Delta t,$$

wobei Δt die Zeit ist, die der Strahl zum Durchlaufen der Strecke Δx benötigt. Es
lässt sich zeigen, dass für Lichtwellen immer $\varphi = 0$ gelten muss, aber wir werden
dies im Folgenden nicht ausnutzen. Unmittelbar **vor Auftreffen auf den zweiten
Strahlteiler** gilt für die noch getrennten Strahlen

$$f_R(\Delta x, \Delta t) = \frac{A}{\sqrt{2}} \cos\left(\varphi + \delta_R + \delta_S\right) \tag{1.15a}$$

$$f_T(\Delta x, \Delta t) = \frac{A}{\sqrt{2}} \cos\left(\varphi + \delta_T + \delta_S\right). \tag{1.15b}$$

Am zweiten Strahlteiler werden die beiden Strahlen wieder zusammengeführt, wobei
wir die Intensitätsaufteilung und die zusätzlichen Phasensprünge ganz gleich wie
beim ersten Strahlteiler behandeln müssen. Unmittelbar **nach Durchlaufen des
zweiten Strahlteilers** gilt für die zusammengeführten Wellen

$$f_1'(\Delta x, \Delta t) = \frac{A}{2} \left[\cos\left(\varphi + \delta_R + \delta_S + \delta_R'\right) + \cos\left(\varphi + \delta_T + \delta_S + \delta_T'\right)\right]$$

$$f_2'(\Delta x, \Delta t) = \frac{A}{2} \left[\cos\left(\varphi + \delta_R + \delta_S + \delta_T'\right) + \cos\left(\varphi + \delta_T + \delta_S + \delta_R'\right)\right]. \tag{1.16}$$

wobei wir nochmals die Rechenregeln aus Gl. (1.3) für einen Strahlteiler auf die
Funktion aus Gl. (1.15) angewandt haben. Der erste Term in eckigen Klammern mit
δ_R entspricht jeweils dem Strahl durch den oberen Arm des Interferometers, der
zweite Term mit δ_T dem Strahl durch den unteren Arm. Wenn wir nun die Werte für
die Reflexions- und Transmissionsphasen einsetzen, erhalten wir

$$f_1'(\Delta x, \Delta t) = \frac{A}{2} \left[\cos\left(\varphi + 2\pi\right) + \cos\left(\varphi + \pi\right)\right] = 0$$

$$f_2'(\Delta x, \Delta t) = \frac{A}{2} \left[\cos\left(\varphi + \frac{3\pi}{2}\right) + \cos\left(\varphi + \frac{3\pi}{2}\right)\right] = A \cos\left(\varphi + \frac{3\pi}{2}\right). \tag{1.17}$$

In der ersten Zeile haben wir $\cos(\varphi + 2\pi) = \cos\varphi$ und $\cos(\varphi + \pi) = -\cos\varphi$
benutzt. Aus Gl. (1.17) erkennen wir, dass nach dem zweiten Strahlteiler die Wellen
destruktiv und konstruktiv interferieren und letztendlich nur eine Welle das Interferometer verlässt. Im Prinzip hätten wir dieses Ergebnis auch viel einfacher aus
der Forderung erhalten, dass in der Optik Strahlengänge umkehrbar sein müssen
und für die symmetrische Versuchsanordnung ein einzelner Eingangsstrahl nur zu

einem einzigen Ausgangsstrahl führen kann. Die explizite Rechnung über die Phasensprünge zeigt jedoch vielleicht noch deutlicher die Bedeutung der Interferenzen für die beiden Strahlen.

Was passiert, wenn wir einzelne Photonen in das Interferometer schicken? Am ersten Strahlteiler besteht eine 50 %-Wahrscheinlichkeit, dass das Photon reflektiert wird und den oberen Interferometerarm wählt, wie in Abb. 1.7 gezeigt. Es trifft danach am zweiten Strahlteiler auf, wo es wieder zufällig reflektiert oder transmittiert wird und danach mit jeweils gleicher Wahrscheinlichkeit von Detektor D_1' oder D_2' gemessen wird. Analoge Betrachtungen können für das Photon im unteren Interferometerarm angestellt werden. Das Teilchenbild des Lichts liefert also die Vorhersage, dass mit gleicher Wahrscheinlichkeit die Detektoren D_1' oder D_2' klicken. Im Gegensatz dazu besagt die Wellenanalyse aus Gl. (1.17), dass die gesamte Intensität ausschließlich an Detektor D_2' gemessen werden sollte. Offenbar unterscheiden sich die Vorhersagen des Teilchen- und Wellenbildes. Wer hat also recht? Das Experiment zeigt, dass

- nach jedem Durchlaufen des Interferometers ein Detektor klickt, entsprechend der Teilcheneigenschaft des Lichtes,
- aber es klickt immer nur Detektor D_2'.

Offensichtlich verhält sich das Photon am Detektor wie ein Teilchen, es kann ganz oder gar nicht detektiert werden, aber im Interferometer verhält es sich wie eine Welle. Auf irgendeine Weise erhält es Information darüber, dass zwei mögliche Pfade durch das Interferometer existieren, durch die es zu konstruktiver und destruktiver Interferenz kommt. Wenn wir das Messergebnis über viele Photonen mitteln, finden wir also wieder das Ergebnis klassischer Wellen. Der Umstand, dass sich Licht bisweilen wie ein Teilchen und bisweilen wie eine Welle verhält, wird üblicherweise als **Welle-Teilchen-Dualismus** bezeichnet.

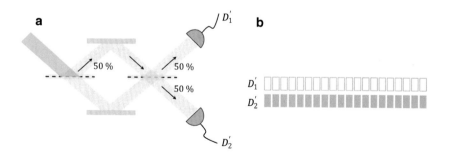

Abb. 1.7 Mach-Zehnder-Interferometer mit einzelnen Photonen. (**a**) In einem Teilchenbild trifft ein Photon auf den Strahlteiler und wird mit 50 % Wahrscheinlichkeit reflektiert oder transmittiert. Am zweiten Strahlteiler erfolgt die Wahl des Reflexions- oder Transmissionskanals ebenfalls mit 50 % Wahrscheinlichkeit. Man erwartet daher, dass beide Detektoren D_1' und D_2' mit gleicher Wahrscheinlichkeit klicken. (**b**) In einem Experiment werden alle Photonen von Detektor D_2' gemessen

▶ Der Wellencharakter des Lichtes besteht darin, dass es bei der Zusammenführung von zwei oder mehr Lichtstrahlen zu konstruktiver oder destruktiver Interferenz kommt. Dieses Verhalten kann nicht im Rahmen eines Teilchenbildes erklärt
werden. Das gleichzeitige Auftreten von Teilchen- und Welleneigenschaften wird
üblicherweise als Welle-Teilchen-Dualismus bezeichnet.

Es hat viele Versuche gegeben, nähere Information darüber zu bekommen, wie sich
das Photon nun tatsächlich durch das Interferometer bewegt. Aber wann immer wir
auch nur irgendwie feststellen könnten, welchen Pfad es gewählt hat, kommt es
zu einem Verlust der Welleneigenschaften und das Photon wird zufällig von einem
der beiden Detektoren gemessen. Die Natur lässt sich nicht in die Karten blicken.
John Wheeler hat das auf wunderbare Weise durch den in Abb. 1.8 gezeigten „Great
smoky dragon" dargestellt, Schwanz und Kopf symbolisieren den Anfangszustand
(einlaufendes Photon) und das Messergebnis (Klicken von Detektor D_2'), die wir
beide kennen. Was dazwischen passiert, darüber können wir zwar spekulieren, aber
die Natur gibt keine eindeutige Antwort. Vielleicht erinnern Sie sich noch an den
Ausspruch von Bohr über das Entsetzen, dafür wäre jetzt vielleicht der richtige
Zeitpunkt.

Abb. 1.8 „Great smoky dragon" von John Wheeler. In der Quantenmechanik kennt man den
Anfangszustand und das Messergebnis, darüber, was dazwischen passiert, kann man zwar spekulieren, aber es gibt keine eindeutige Antwort [3]

1.4   Zusammenfassung

Planck'sches Wirkungsquantum Das Planck'sche Wirkungsquantum ist eine Naturkonstante, die in der Quantenmechanik eine wichtige Rolle spielt und einen Wert von $h \approx 6.626 \times 10^{-34}$ Js besitzt. Es hat die Dimension einer Wirkung, das ist Energie mal Zeit, Ort mal Impuls oder Drehimpuls. Quanteneffekte spielen im Allgemeinen nur dann eine Rolle, wenn die Wirkung vergleichbar mit dem Planck'schen Wirkungsquantum ist.

Photon Die Energie eines Photons ist $h\nu$, wobei ν die Frequenz des Lichtes ist. Die Photonenergie ist die kleinste Energiemenge, die einem Lichtfeld entnommen oder zugeführt werden kann. Bei niedrigen Lichtintensitäten misst man entweder ein Photon oder kein Photon. Photonen werden oft auch als Lichtquanten bezeichnet.

Harmonische Welle Eine harmonische Welle, manchmal auch als homogene oder monochromatische Welle bezeichnet, besitzt eine bestimmte Wellenlänge λ und Frequenz ν. Zur Beschreibung solcher Wellen benutzt man auch gerne die Kreisfrequenz $\omega = 2\pi\nu$ und die Wellenzahl $k = 2\pi/\lambda$.

Intensität Die Intensität ist proportional zu der von einer Welle transportierten Energie und ist mit dem Quadrat der Wellenfunktion verknüpft. Oft ist man an der über eine Schwingungsperiode gemittelten Intensität interessiert, beispielsweise zur Bestimmung des von einem Photodetektor gemessenen Lichtsignals. Für eine harmonische Welle ist die gemittelte Intensität $I = A^2/2$ durch das Quadrat der Wellenamplitude bestimmt.

Interferenz Zwei oder mehrere Wellen können miteinander interferieren. Bei konstruktiver Interferenz kommt es dabei zu einer Erhöhung der Wellenamplitude, bei destruktiver Interferenz zu einer Erniedrigung. Ein schönes Beispiel ist das Mach-Zehnder-Interferometer, bei dem eine einlaufende Welle in zwei Teilwellen aufgetrennt wird, diese bewegen sich durch die beiden Arme des Interferometers und werden am Ende wieder zusammengeführt, wobei es zu konstruktiver oder destruktiver Interferenz kommt. Das Prinzip eines Interferometers beruht darauf, dass sich eine Welle gleichzeitig an unterschiedlichen Orten befinden kann.

Welle-Teilchen-Dualismus Wenn ein einzelnes Photon durch ein Interferometer geschickt wird, beobachtet man am Ausgang wieder nur ein einzelnes Photon, es klickt immer nur ein Photodetektor. Das ist der Teilchencharakter des Lichts. Allerdings interferieren die Teilwellen in den Interferometerarmen, und es kommt zu konstruktiver und destruktiver Interferenz: Es ist immer derselbe Photodetektor, der klickt. Das ist der Wellencharakter des Lichts. Licht lässt sich somit weder in einem reinen Teilchenbild noch in einem reinen Wellenbild beschreiben, diesen Umstand bezeichnet man als Welle-Teilchen-Dualismus. In der Quantenmechanik kann man nur über das sprechen, was man misst, über das, was „tatsächlich passiert", kann man nur spekulieren.

Aufgaben

Aufgabe 1.1 Der Wellenlängenbereich von sichtbarem Licht reicht von 380 nm (violett) bis 750 nm (rot), wobei ein Nanometer 10^{-9} Metern entspricht.

a. Bestimmen Sie aus der Dispersionsrelation $c = \lambda \nu$ die zugehörigen Frequenzen in Hertz. Benutzen Sie $c \approx 300\,000\,\mathrm{km\,s^{-1}}$.
b. Berechnen Sie mit Hilfe von $E = h\nu$ die zugehörigen Photonenenergien. Benutzen Sie $h \approx 6.626 \times 10^{-34}\,\mathrm{Js}$.
c. Eine beliebte Energieeinheit für Photonenenergien ist das Elektronvolt (eV). Es entspricht der Energie, die man benötigt, um ein Elektron durch eine Potentialdifferenz von einem Volt zu verschieben. Berechnen Sie die Photonenenergien in Elektronenvolt, wobei gilt: $1\,\mathrm{eV} \approx 1.602 \times 10^{-19}\,\mathrm{J}$.

Aufgabe 1.2 Ein typischer Wert für eine Austrittsarbeit in Metallen wie Aluminium oder Silber ist $\Phi = 4\,\mathrm{eV}$. Erstellen Sie ein Diagramm, in dem Sie auf der x-Achse Photonenenergien im Bereich 1 bis 10 eV auftragen und auf der y-Achse die zugehörigen kinetischen Energien der aus dem Metall gelösten Elektronen. Diskutieren Sie das Ergebnis.

Aufgabe 1.3 Der Zusammenhang zwischen Frequenz ν und Schwingungsdauer T ist durch $\nu = 1/T$ gegeben. Wie lautet der Zusammenhang zwischen Frequenz ν und Kreisfrequenz ω? Diskutieren Sie, wann es günstiger ist, die Kreisfrequenz anstelle der Frequenz zu benutzen.

Aufgabe 1.4 Zeigen Sie, dass Gl. (1.10) gilt. Benutzen Sie dazu das Integral

$$\int \cos^2(ax)\,dx = \frac{1}{2}x + \frac{1}{4a}\sin(2ax) + C.$$

Aufgabe 1.5 Betrachten Sie eine stehende Welle

$$f(x,t) = A\Big[\cos(kx - \omega t) + \cos(-kx - \omega t)\Big].$$

Der erste Term in eckigen Klammern beschreibt eine Welle, die sich nach rechts bewegt, der zweite eine Welle, die sich nach links bewegt. Bestimmen Sie die über eine Schwingungsperiode gemittelte Intensität

$$I = \frac{1}{T}\int_0^T A^2\Big[\cos(kx - \omega t) + \cos(-kx - \omega t)\Big]^2 dt.$$

Aufgabe 1.6 Eine Welle $f(x,t) = A\cos(kx - \omega t)$, die nach rechts läuft, trifft an der Stelle $x = L$ auf einen Spiegel. Die reflektierte Welle erfährt einen Phasensprung $\delta_S = \pi$ und läuft danach nach links.

a. Erstellen Sie eine Skizze.
b. Wie lautet die Formel für die reflektierte Welle?
c. Schreiben Sie die Summe von einlaufender und reflektierter Welle an und zeigen Sie, dass die Gesamtwelle an der Stelle L den Wert null besitzt.

Aufgabe 1.7 Betrachten Sie einen Strahlteiler, bei dem die transmittierte Welle die Intensität $I_0 \cos^2 \theta$ besitzt und die reflektierete Welle die Intensität $I_0 \sin^2 \theta$. θ ist ein beliebiger Winkel.

a. Erstellen Sie eine Skizze.
b. Wie groß ist die einlaufende Intensität?
c. Nehmen Sie an, ein einzelnes Photon durchläuft diesen Strahlteiler. Wie groß ist die Wahrscheinlichkeit, dass das Photon im transmittierten oder reflektierten Arm hinter dem Strahlteiler gemessen wird?

Schulische Herausforderungen

2

Inhaltsverzeichnis

Zusammenfassung

Wir geben einen kurzen Überblick über die schulischen Herausforderungen und Vorerfahrungen der Schüler:innen. Diese manifestieren sich insbesondere darin, dass sie versuchen, ihre Alltagserfahrungen auf die Quantenphysik anzuwenden, während ein großer Teil der verwendeten Begriffe unbekannt oder gar irreführend ist. Der Einstieg in die Quantenphysik über den historischen Photoeffekt ist eher abzulehnen, da er bei den Schüler:innen meistens nicht den gewünschten „Aha"-Effekt erbringen kann. Ein möglicher Zugang ist über das Doppelspalt-Experiment in Kombination mit umfangreichem Diskutieren möglich.

Das wohl zentrale Problem der Quantenmechanik im Schulunterricht ist die Verwendung einer Sprache, die in geeigneter Form zwischen Mathematik und Umgangssprache vermittelt. Einerseits sind quantenmechanische Formulierungen nur über Verwendung komplexer Mathematik exakt, welche in der Schule bei Weitem nicht erreicht werden können. Betrachtet man den weiteren Werdegang des Großteils der Schüler:innen, so ist eine zu starke Mathematisierung des Physikunterrichts ohnedies abzulehnen. Andererseits kommen viele sprachliche Begriffe aus einer Zeit, in der die Quantenmechanik noch nicht so gut verstanden wurde, und diese sind heute teilweise ungenau, unpassend oder irreführend. Vom „unteilbaren" Atom(os) über die „Wahrschlichkeitswelle" bis hin zum „Welle-Teilchen-Dualismus" des vorigen Kapitels, der einen „Mal-so-mal-so-Verwandlungskünstler" vortäuscht.

U. Hohenester und K. Irgang, *Einführung in die Quantenmechanik*,
https://doi.org/10.1007/978-3-662-65980-9_2

Darüber hinaus erwächst das Problem, dass sich das Verhalten von „Alltagsobjekten" und „Quantenobjekten" oft sehr stark unterscheidet. Schüler:innen haben ihre Denkweisen und Sprache an das angepasst, das sie erlebt haben. Die Quantenmechanik ist aber größtenteils nicht direkt erlebbar. Im Unterricht braucht man zum Darstellen Farben und Formen, die Quantenobjekte überhaupt nicht besitzen. Ordentliche Aussagen kann man nur über Messungen machen, und das nur im Sinne einer Wahrscheinlichkeit; über den „Weg", wie die Messung zustande kommt, kann man abgesehen von komplexen mathematischen Formulierungen kaum sinnvoll bzw. wahrheitsgetreu sprechen. Wie also etwas begreifen, das man nicht angreifen kann? Wie über etwas sprechen, über dessen Beschaffenheit und Wechselwirkungen uns sowohl die mathematische als auch die Alltagssprache fehlt? Ein möglicher Ansatz lautet: diskutieren, diskutieren, diskutieren.

Aber gehen wir einen Schritt hinüber zu den Jugendlichen und deren Vorerfahrungen. Quantenmechanik wird von vielen als sehr kompliziert, aber grundsätzlich als spannend und mysteriös empfunden. Quantenphysik gilt als eine der höchsten Weisheiten und Mächte der Menschheit überhaupt – immerhin konnten beispielsweise die Avangers im Film Endgame den Bösewicht Thanos erst über die Beherrschung des „Quantenraumes" besiegen [5]. Es ist wichtig, an die Vorerfahrungen, an die „Mystik der Quantenphysik" anzuschließen und die Quantenphysik in ein Licht zu rücken, dass ihre Grundzüge für ALLE verstehbar sind und ein gewisses Verständnis auch für alle wichtig ist. Schließlich beruhen immer mehr Technologien darauf: von Quantencomputer, Quantenkryptografie bis hin zum Transistor, Laser, zu Atomuhren und zur Kernspintomografie (MRT).

Damit kommen wir zu unserem zentralen Punkt zurück: die Sprache. Ein großer Teil der Begriffe in der Quantenphysik ist für die Schüler:innen unbekannt. Ein großer Teil der Begriffe und Aussagen der Quantenphysik ist im schulischen Kontext aber nur über (nicht mathematische) Sprache erlebbar. Ein entsprechend großer Teil des Unterrichts muss daher der Sprache, den Begriffen, dem Diskutieren gewidmet werden. Die Sprache der Lehrperson muss dabei in besonderem Maße klar, verständlich und eindeutig sein – und wo sie es nicht sein kann, muss ganz genau auf die Tücken und möglichen Missverständnisse hingewiesen werden. Angehende Lehrpersonen sollten daher vorab selbst diese Sprache erarbeiten und umfassend üben.

▶ Im Gegensatz zu vielen anderen Bereichen der Schulphysik behandelt die Quantenmechanik Phänomene, die nicht aus dem Alltag bekannt sind. Lehrpersonen sollten deshalb eine möglichst klare und unmisverständliche Sprache benutzen. Um Schüler:innenfehlvorstellungen so gut als möglich zu vermeiden, kommt der Diskussion des Stoffes eine zentrale Rolle zu.

2.1   Der ausbleibende „Aha"-Effekt

Wie also den Unterricht zur Quantenphysik beginnen? Der vermutlich einfachste und auf den ersten Blick klarste Zugang ist der historische, siehe auch Abb. 2.1. Der Photoeffekt war einer der großen „Aha"-Momente in der Geschichte der

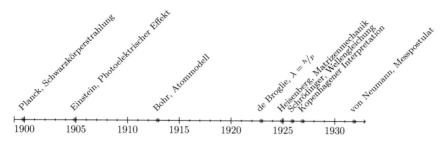

Abb. 2.1 Historische Entwicklung der Quantenmechanik. Als Geburtsstunde der Quantenmechanik wird oft das Gesetz der Schwarzkörperstrahlung aus dem Jahr 1900 genannt, in dem Planck erstmals das nach ihm benannte Wirkungsquantum h benutzte. 1905 erklärte Albert Einstein den photoelektrischen Effekt, indem er annahm, dass Energie aus Lichtfeldern nur in Portionen von $h\nu$ entnommen werden kann. Weitere Meilensteine hin zu einer vollständigen Theorie der Quantenmechanik waren das Bohr'sche Atommodell (1913) und die Annahme de Broglies (1924), dass auch Materie einen Wellencharakter besitzt. Schließlich wurde in den Jahren 1925 und 1926 die grundlegende Theorie der Quantenmechanik unabhängig voneinander von Heisenberg, Bohr und Dirac gefunden. 1927 folgte die Kopenhagener Interpretation und schließlich 1932 das von Neumann'sche Messpostulat, das wir in Kap. 11 ausführlicher diskutieren werden

Quantenphysik. „Aha"-Momente sind grundsätzlich gute Einstiege, und durch den roten Faden der Zeitachse vergisst man auch nichts. Dieser Zugang hat aber mehrere Probleme: Erstens wurde die Quantenmechanik nicht von Anfang an vollständig verstanden, und die Entwicklung erfolgte keineswegs geradlinig. Die Schüler:innen stoßen auf die gleichen Verständnisschwierigkeiten und Irrwege, die die Forscher:innen in der Geschichte auch machen mussten.

Zweitens war für die Forscher:innen damals sehr klar, dass Licht über die Maxwell-Gleichungen als elektromagnetische Welle beschrieben wird. Die Lichtquantenhypothese war etwas bahnbrechend Neues. Heutzutage wissen bereits Unterstufenschüler:innen, dass das Lichtteilchen Photon heißt. Wellenlehre hingegen ist in der Schule meist eher unbeliebt. Insbesondere wird die Strahlenoptik nur selten konsistent über das Wellenmodell erklärt – sie ist wesentlich einfacher und verständlicher über den Teilchencharakter des Lichts erklärbar. In der Chemie wird alles über Teilchen erklärt, und auch beim Aufbau von Atomen wird von den elementaren Teilchen gesprochen. Für Jugendliche ist daher oft dieser Teilchencharakter der Materie das Normale und der Wellencharakter wäre der „Aha"-Effekt. Licht ist eine elektromagnetische Welle: Sowohl das „elektro" und zugleich „magnetisch" als auch die „Welle" sind für viele durchaus neue Gesichtspunkte, über die sie möglicherweise noch nie genauer nachgedacht haben. Insbesondere von Elektronen gehen Schüler:innen davon aus, dass diese „klassische Teilchen" sind. Auch ihnen einen Wellencharakter zu geben, ist definitiv ein „Aha"-Effekt – so wie beispielsweise die experimentellen Bestätigungen von Jönsson 1960 [4] (siehe Diskussion in Kap. 4).

Um die elektromagnetischen Wechselwirkungen von Licht mit Elektronen hervorzuheben, eignet sich der Photoeffekt durchaus – außerdem ist er mit Schulmitteln durchführbar. Da er aber nur wenig zum Verständnis der grundlegenden Aussagen der Quantenmechanik (aus heutiger Sicht) beiträgt, gehört er zeitlich wohl eher in die Mitte des Unterrichts zur Quantenphysik.

2.2   Ein möglicher Zugang

Wir schlagen den Einstieg bzw. Zugang über das Mach-Zehnder-Interferometer
und das Doppelspalt-Experiment vor. Josef Leisen bezeichnet das Doppelspalt-
Experiment (siehe Abb. 2.2) in seiner Handreichung zur Quantenphysik/
Mikroobjekte [8] als einen „didaktischer Alleskönner", da es für viele Schüler:innen
durchaus verblüffend, nur über den Wellen- UND den Teilchencharakter erklärbar
und in eingeschränkter Art und Weise durchaus mit Schulmitteln durchführbar ist
(Kap. 6). Dabei sind drei Wesenszüge der Quantenmechanik besonders hervorzuheben: das „Wellige", „Körnige" und „Stochastische". Das Wellige zeigt sich in der
Ausbreitung, dem Interferenzbild am Schirm. Das Körnige sind die Photonen, welche am Schirm detektiert werden. Das Stochastische zeigt sich experimentell erst bei
Einzelmessungen und ist im Schulunterricht vor allem Simulationen und Gedanken-
experimenten vorbehalten.[1] Ähnlich wie beim Mach-Zehnder-Interferometer kann
man beim Doppelspalt-Experiment über den genauen Weg eines einzelnen Photons
keine Aussage treffen; wo es am Schirm auftrifft, ist Zufall. Man kann über den
Auftreffort nur Aussagen im Sinne einer Wahrscheinlichkeit treffen: Misst man sehr
viele Photonen, so wird am Schirm mit der Zeit ein wellenförmiges Auftreffmuster
entstehen, welches durch die Auftreffwahrscheinlichkeit begründet wird. So kann
man vom Doppelspalt-Experiment ausgehen und während des Unterrichts immer
wieder darauf zurückkommen: z. B. für die De-Broglie-Wellenlänge, die man für das
Jönsson-Experiment benötigt – das „schönste physikalische Experiment der Menschheit" [6]. Konkrete schulische Umsetzungsvorschläge zum Doppelspalt-Experiment
werden in Kap. 6 erarbeitet werden.

▶ Das Doppelspalt-Experiment ist ein didaktischer Alleskönner, der besonders einfach die Diskussion des Wellen- und Teilchencharakters von Licht oder Elektronen
erlaubt. Auch die drei wichtigsten Wesenszüge der Quantenmechanik, das „Wellige", „Körnige" und „Stochastische", können mit diesem Experiment schön erklärt
werden.

Nach diesen Grundlagen und den drei Wesenszügen kann man z. B. weiter auf
die Photon-Elektron-Wechselwirkungen eingehen, siehe auch Abb. 2.3. Je nach
Photonen-Energie ergeben sich ganz unterschiedliche Effekte: Rayleigh-, Thomson-,
Comptonstreuung, innerer und äußerer Photoeffekt, Paarbildung – welche üblicherweise nicht alle ausschließlich der Quantenphysik zugeschrieben werden, sondern
sich in unterschiedlichsten Kapiteln der Physik wiederfinden. Betrachtet man noch
weitere Wechselwirkungen vom Mikroobjekten, so stößt man sofort mit der Bremss-

---

[1]Sieht man sich beispielsweise ein sehr schwach belichtetes digitales Foto, am besten im Raw-
Format, genauer an, so erkennt man, dass sich teils größere Unterschiede in Helligkeit und Farbe
der einzelnen Pixel ergeben. Auch wenn Handykameras natürlich nicht die Qualität für Einzel-
Photonen-Messungen mitbringen, stellt ein solches Handybild den Sachverhalt mit alltäglichen
Mitteln ausreichend gut dar.

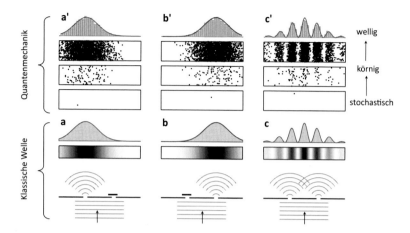

Abb. 2.2 Das Doppelspalt-Experiment als didaktischer Alleskönner. (**a**) Eine ebene Welle trifft auf einen Doppelspalt, wobei nur der linke geöffnet ist, und wird an diesem gebeugt. Auf einem Detektionsschirm, der in größerer Entfernung vom Spalt aufgestellt wird, beobachtet man das Beugungsmuster. (**b**) Gleich wie (a), aber für den geöffneten rechten Spalt. (**c**) Wenn beide Spalte geöffnet sind, kommt es zur Interfernz der beiden gebeugten Wellen. Am Schirm beobachtet man ein Interfernzmuster, das durch die konstruktive und destruktive Interferenz der beiden Partialwellen entsteht. (**a'–c'**) Wenn man dasselbe Experiment mit einzelnen Photonen oder Elektronen durchführt, werden nur einzelne Photonen oder Elektronen beobachtet. Das ist der Teilchencharakter der Quantenmechanik. Erst nach oftmaliger Wiederholung desselben Experimentes beobachtet man das Interferenzmuster, das ist der Wellencharakter der Quantenmechanik. Josef Leisen schlägt vor, für die Beschreibung dieser Sachverhalte die Worte stochastisch, körnig und wellig zu benutzen

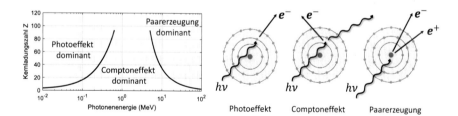

Abb. 2.3 Wechselwirkungen von Photonen mit Materie. Je nach Photonenergie $h\nu$ kommt es zu unterschiedlichen Ausformungen. Beim Photoeffekt wird ein Elektron aus einem Atom oder Metall gelöst. Mit zunehmender Photonenergie beobachtet man die Comptonstreuung, bei der das Lichtquant an einem Elektron streut und einen Teil seiner Energie abgibt. Schließlich kann es bei der höchsten Energie zur Erzeugung eines Elektron-Positron-Paares kommen, wobei die Photonenergie $h\nu$ entsprechend der berühmten Einsteinformel $E = mc^2$ teilweise in Masse umgewandelt wird. Die Abbildung links zeigt, bei welchen Photonenenergien und Kernladungszahlen welche Effekte dominieren. Die Linien deuten die Bereiche an, in denen jeweils zwei Effekte in etwa gleich stark sind

trahlung (Röntgenapparat), künstlicher und natürlicher Radioaktivität, dem Aufbau von Atomen und der Chemie auf weitere fruchtbare Themenblöcke, die sich für Stundeneinsteige, fächerübergreifende und weiterführende Projekte, Wiederholungen oder Differenzierungen während des Unterrichts zur Quantenphysik anbieten.

2.3 Lehrpläne

Lehrpläne gibt es im deutschsprachigen Raum viele und sie ändern sich im Laufe der Zeit auch immer wieder. Daher kann in diesem Kapitel nur exemplarisch und allgemein darauf eingegangen werden. Details müssen regionsspezifisch und jahresaktuell selbst erarbeitet werden (siehe auch Aufgaben am Ende des Kapitels).

Im österreichischen Lehrplan ist auffallend, dass die Quantenphysik nie explizit als eigener Themenbereich ausgewiesen wird. Einige Grundlagen dieser benötigt man bereits in der Unterstufe, der Begriff Quantenphysik taucht aber erst gegen Ende der Oberstufe auf:

„Die Schülerinnen und Schüler sollen folgende physikalische Bildungsziele erreichen:

Die bisher entwickelten methodischen und fachlichen Kompetenzen vertiefen und darüber hinaus Einblicke in die Theorieentwicklung und das Weltbild der modernen Physik gewinnen (…),

den Einfluss der aktuellen Physik auf Gesellschaft und Arbeitswelt verstehen,

Licht als Überträger von Energie begreifen und über den Mechanismus der Absorption und Emission, die Grundzüge der modernen Atomphysik (Spektren, Energieniveaus, Modell der Atomhülle, Heisenberg'sche Unschärferelation, Beugung und Interferenz von Quanten, statistische Deutung) verstehen (…),

Verständnis für Paradigmenwechsel an Beispielen aus der Quantenphysik oder des Problemkreises Ordnung und Chaos entwickeln und Bezüge zum aktuellen Stand der Wissenschaft/Forschung herstellen können (…),

Verständnis für die schrittweise Verfeinerung des Teilchenkonzepts, ausgehend von antiken Vorstellungen bis zur Physik der Quarks und Leptonen, gewinnen und damit die Vorläufigkeit wissenschaftlicher Erkenntnisse verstehen" [7].

Die Quantenphysik wird hier vor allem als weiterführender Aspekt der Wechselwirkungen von Licht und Materie, als Beispiel eines Paradigmenwechsels bzw. als vorläufig letzter Stand des Wissens im Bereich Teilchenphysik verstanden. Und selbstverständlich nimmt sie eine zentrale Rolle in der „aktuellen bzw. modernen Physik" ein – wenn sie auch nie als eigenständiger Themenblock hervorgehoben wird. Andererseits macht die Aufzählung klar, auf welche Begriffe bzw. Bereiche beim Unterricht zur Quantenphysik besonderer Wert zu legen ist: aktuelle bzw. moderne Physik, Atomhülle, Heisenberg'sche Unschärferelation, Beugung und Interferenz, statistische Deutung, Paradigmenwechsel, Verfeinerung des Teilchenkonzepts.

In der Mathematik wird üblicherweise zu ähnlicher Zeit die Differenzial- und Integralrechnung eingeführt. Eingeführt bedeutet allerdings, dass die Schrödingergleichung als partielle Differenzialgleichung weit über das vorhandene Wissen der Schüler:innen hinausgeht. Differentialschreibweisen der Form $P = |\psi|^2 \, dV$ werden in

der Mathematik üblicherweise nicht unterrichtet und müssten bei Bedarf im Physikunterricht besonders genau besprochen werden. In einigen Mathematik-Lehrplänen
kommen Differenzialgleichungen gar nicht vor. Der Unterricht zur Quantenmechanik stützt sich daher vorwiegend auf sprachliche Aspekte und Gedankenexperimente
bzw. Simulationen. Größere Überscheidungen bzw. Möglichkeiten zu fächerübergreifenden Projekten gibt es mit Chemie. Auf diese wird in Kap. 10 eingegangen
werden.

2.4 Zusammenfassung

Alltagserfahrungen In den alltäglichen Erfahrungen der Schüler:innen kommen
quantenmechanische Effekte nicht vor. Ihr Bild ist geprägt vom Determinismus,
stetigen Vorgängen und der ewigen Teilbarkeit von Materie. Der Begriff Quantenmechanik ist häufig bekannt, deren Aussagen hingegen meist nicht. Oft wird
sie als schwierig, abstrus und unzugänglich wahrgenommen. Wichtig ist daher,
dass die Schüler:innen erkennen, warum ein gewisses Verständnis für jede und
jeden wichtig ist und dass die Grundaussagen für jede und jeden verstehbar sind.

Aha-Effekte Sie treten auf, wenn Schüler:innen etwas komplett Neues erkennen
oder etwas zuvor Unverstandenes plötzlich verstehen. Geht man auf die Vorerfahrungen der Schüler:innen ein, bietet die Quantenmechanik sehr viele Aha-
Effekte, z. B. bei der Interferenz von Materie.

Photoeffekt Aufgrund der Geschichte ist er ein beliebter Einstieg in das Thema
Quantenmechanik, der aber meist den historischen „Aha-Effekt" im Klassenzim-
mer nicht reproduzieren kann. Er sollte zeitlich eher in der Mitte der Behandlung
der Quantenmechanik thematisiert werden, wobei besonders auf die Photon-
Elektron-Wechselwirkungen eingegangen werden kann. Einstein war Zeit seines
Lebens ein ausgesprochener Gegner des Indeterminismus der Quantenmechanik und erhielt ausgerechnet für die Beschreibung des Photoeffekts, einem der
Meilensteine auf dem Weg zur Theorie der Quantenmechanik, den Nobelpreis,
nicht aber für seine Relativitätstheorie.

Lehrplan Praktisch alle Physik-Lehrpläne enthalten zentrale Aspekte rund um
Berufsorientierung, aktuelle Themen, gesellschaftliche Relevanz usw., in denen
insbesondere die Quantenmechanik hervorgehoben werden kann und muss.
Besonders wichtig sind dabei die Erweiterung des Teilchenkonzepts, der wis-
senschaftliche Paradigmenwechsel und die Heisenberg'sche Unschärferelation.

Aufgaben

Aufgabe 2.1 Arbeiten Sie den für Sie relevanten Lehrplan in Bezug auf Quantenphysik durch. Erstellen Sie eine Tabelle mit „laut Lehrplan relevante Schlagwörter",
„wichtiges Weiterführendes" und „nicht notwendiges Weiterführendes". Denken Sie
dabei auch an die Bereiche Gesellschaft, aktuelle Physik und Berufsorientierung.

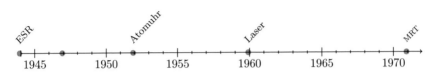

Abb. 2.4 Einige Messtechniken und Bauelemente, die auf den Prinzipien der Quantenmechanik beruhen. ESR ist die Abkürzung für Elektronenspinresonanz und MRT die Abkürzung für Kernspinresonanztomographie. Die Kontrolle vieler Quantenobjekte für technologische Anwendung wird auch als die erste Quantenrevolution bezeichnet. Die Kontrolle einzelner Quantenobjekte wird als zweite Quantenrevolution bezeichnet, die derzeit mit der Erforschung von Quantencomputern und Quantenkryptographie großes Interesse hervorruft

Aufgabe 2.2 In Abb. 2.1 finden Sie eine stark gekürzte Zusammenfassung der Geschichte der Quantenmechanik. Arbeiten Sie folgende Fragen in einer entsprechenden Tabelle aus: Was waren jeweils die bahnbrechenden Neuerungen, die historischen Aha-Effekte? Wäre dies aus heutiger Sicht für Schüler:innen ebenfalls ein Aha-Effekt? (Wo) kommen diese im Lehrplan vor?

Aufgabe 2.3 Machen Sie sich mit den für Sie relevanten Lehrplänen für Mathematik, Chemie und Geschichte vertraut. In welchen Jahren kommen Grundlagen bzw. Artverwandtes zu Atommodellen, Bindungsarten, Differentialgleichungen, Weiterentwicklungen und Paradigmenwechsel in den (Natur-)Wissenschaften, Geschichte des 20. Jahrhunderts usw. vor?

Aufgabe 2.4 Josef Leisen ist insbesondere für seinen „Sprachsensiblen Fachunterricht" bekannt. Machen Sie sich mit diesem vertraut. Warum ist dieser gerade für das Thema Quantenphysik von besonderer Bedeutung?

Aufgabe 2.5 Betrachten Sie die Effekte und Bauelemente in Abb. 2.4. Welche Effekte kennen Sie? Finden Sie heraus, wozu die Techniken verwendet werden und wie sie physikalisch ungefähr funktionieren.

Eine kurze Einführung in Wellen

3

Inhaltsverzeichnis

Zusammenfassung

Dieses Kapitel liefert eine kurze Einführung in Wellen, die sowohl in der klassischen Physik als auch in der Quantenmechanik eine wichtige Rolle spielen. Mit Hilfe komplexer Zahlen beschreiben wir harmonische Wellen mit einer bestimmten Wellenlänge und Frequenz. Die Fouriertransformation erlaubt es, auf eindeutige Weise beliebige Wellenfunktionen in harmonische Wellen zu zerlegen. Zusammen mit der Dispersionsrelation, die den Zusammenhang zwischen Frequenz und Wellenlänge bestimmt, kann dann die zeitliche Entwicklung von beliebigen Wellenfunktionen angegeben werden.

Im ersten Kapitel haben wir den Welle-Teilchen-Dualismus in der Quantenmechanik diskutiert. In diesem und dem nächsten Kapitel werden wir jeweils genauer auf die Wellen- und Teilchenaspekte eingehen. Wir beginnen mit Wellen. Damit keine Missverständnisse entstehen: Die Diskussion in diesem Kapitel basiert gänzlich auf den Gesetzen der klassischen Physik, erst im nächsten Kapitel werden wir wieder auf quantenmechanische Phänomene zurückkommen. Manche der folgenden Betrachtungen werden Sie schon aus anderen Vorlesungen kennen und manches wird hoffentlich neu sein. Dennoch ist es wichtig, ein klares Bild von Wellenphänomenen zu gewinnen, bevor wir uns später der Rolle von Wellen im Rahmen der Quantenmechanik zuwenden.

© Der/die Autor(en), exklusiv lizenziert an Springer-Verlag GmbH, DE, ein Teil von Springer Nature 2023
U. Hohenester und K. Irgang, *Einführung in die Quantenmechanik*,
https://doi.org/10.1007/978-3-662-65980-9_3

3.1   Wellenbeschreibung mit Hilfe komplexer Zahlen

Die Wellenfunktion $f(x, t)$ ist eine rein reelle Größe. Sie beschreibt üblicherweise die Auslenkung eines kontinuierlichen Mediums, wie man sich leicht anhand von Wasser- oder Schallwellen verdeutlichen kann. Es kann günstig sein, eine Wellenbeschreibung mit Hilfe komplexer Zahlen zu benutzen, wie wir Ihnen weiter unten zeigen werden. Natürlich bleiben die Auslenkungen weiterhin reelle Größen, und die komplexe Schreibweise ist ausschließlich ein Trick, der einem in vielen Fällen das Leben erleichtert. In der Quantenmechanik werden wir jedoch sehen, dass die Materie-Wellenfunktion $\psi(x, t)$ tatsächlich eine komplexe Größe ist, deren physikalische Bedeutung wir noch genauer untersuchen werden. In diesem Sinne dient die komplexe Beschreibung von Wellenphänomenen auch als Vorbereitung für spätere Kapitel.

Wiederholung Komplexe Zahlen
Betrachten wir die imaginäre Einheit i, für die gilt

$$i^2 = -1. \tag{3.1}$$

Es ist offensichtlich, dass Gl. (3.1) durch keine reelle Zahl i erfüllt werden kann. Eine komplexe Zahl

$$z = x + iy \tag{3.2}$$

setzt sich aus einem Realteil x und einem Imaginärteil y zusammen. Für den Real- und Imaginärteil benutzt man auch oft die Schreibweise

$$x = \mathrm{Re}(z), \quad y = \mathrm{Im}(z). \tag{3.3}$$

Komplexe Zahlen lassen sich elegant in der komplexen Zahlenebene darstellen, mit der Abszisse x und der Ordinate y.

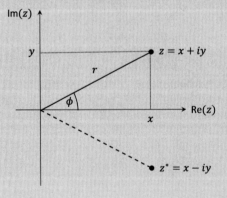

Von besonderer Bedeutung für unsere folgenden Betrachtungen ist die
Euler'sche Formel

$$z = re^{i\phi} = r\cos\phi + i\,r\sin\phi, \tag{3.4}$$

die eine komplexe Zahl durch den Betrag r und den Winkel ϕ darstellt, siehe
auch Aufgabe 3.4. Für komplexe Zahlen ist es oft günstig, eine komplexe
Konjugation einzuführen

$$z^* = x - iy = re^{-i\phi}. \tag{3.5}$$

In der komplexen Ebene erhält man die komplex konjugierte Zahl z^* demnach
durch Spiegelung an der x-Achse. Es lässt sich nun leicht zeigen, dass gilt

$$z + z^* = 2x \implies x = \mathrm{Re}(z) = \frac{1}{2}\left(z + z^*\right) \tag{3.6a}$$

$$z - z^* = 2iy \implies y = \mathrm{Im}(z) = \frac{1}{2i}\left(z - z^*\right). \tag{3.6b}$$

Das Betragsquadrat komplexer Zahlen erhält man mit Hilfe von

$$|z|^2 = zz^* = (x + iy)(x - iy) = x^2 + y^2. \tag{3.7}$$

Ein entsprechendes Ergebnis erhält man auch mit der Eulerdarstellung

$$|z|^2 = \left(re^{i\phi}\right)\left(re^{-i\phi}\right) = r^2 e^{i(\phi-\phi)} = r^2. \tag{3.8}$$

Für das Produkt von zwei komplexen Zahlen z_1 und z_2 lässt sich dann auch
problemlos das zugehörige Betragsquadrat berechnen

$$|z_1 z_2|^2 = \left(r_1 e^{i\phi_1}\right)\left(r_2 e^{i\phi_2}\right)\left(r_1 e^{-i\phi_1}\right)\left(r_2 e^{-i\phi_2}\right) = r_1^2 r_2^2 = |z_1|^2 |z_2|^2. \tag{3.9}$$

Wir werden diese fundamentalen Beziehungen in diesem Buch immer wieder
benötigen.

Wir zeigen im Folgenden, wie man komplexe Zahlen zur Beschreibung von harmonischen Wellen benutzen kann und schreiben Gl. (1.4) für die harmonische Welle
mit Hilfe der Euler'schen Formel um

$$f(x, t) = A\cos\left(kx - \omega t + \delta\right) = \mathrm{Re}\left[Ae^{i(kx-\omega t+\delta)}\right]. \tag{3.10}$$

Hier kommt nun der entscheidende Trick. Wir führen eine komplexe Wellenfunktion
ein

$$\tilde{f}(x, t) = A\, e^{i(kx - \omega t + \delta)}, \qquad (3.11)$$

wobei die physikalische Welle durch den Realteil der Funktion gegeben ist. Wir
erhalten weiterhin

$$\tilde{f}(x, t) = A e^{i\delta} e^{i(kx - \omega t)} = \tilde{A}\, e^{i(kx - \omega t)}, \qquad (3.12)$$

mit der komplexen Amplitude

$$\tilde{A} = A e^{i\delta}. \qquad (3.13)$$

Der Betrag von $\tilde{A}$ liefert die physikalische Amplitude, der Phasenfaktor $e^{i\delta}$ berücksichtigt die Phasenverschiebung der Welle. Es stellt sich heraus, dass die Beschreibung von Wellen mit Hife komplexer Zahlen so praktisch ist, dass wir von hier an
ausschließlich komplexe Wellen betrachten werden. Der Einfachheit halber unterdrücken wir auch die Tilde auf $\tilde{f}$ und $\tilde{A}$. Um es klar zu sagen: Wellenfunktionen
sind in der klassischen Physik ausschließlich reelle Funktionen. Die Erweiterung
auf komplexe Zahlen ist ein praktischer Trick und wird in vielen Bereichen, wie
beispielsweise der Wechselstromtechnik oder Optik, gerne und oft verwendet. Wann
immer wir an den physikalischen Größen interessiert sind, müssen wir einfach den
Realteil des komplexen Ausdruckes bilden.

Wir betrachten nun den Strahlteiler aus Abschn. 1.2, bei dem der reflektierte Strahl
eine Phasenverschiebung von 90° erfährt. Unter Berücksichtigung von

$$e^{i\frac{\pi}{2}} = i$$

erhalten wir somit für den reflektierten und transmittierten Anteil der Welle die
Ausdrücke

$$f_R(x_1, t) = \frac{i\,A}{\sqrt{2}}\, e^{i(kx_1 - \omega t)} \qquad (3.14a)$$

$$f_T(x_2, t) = \frac{A}{\sqrt{2}}\, e^{i(kx_2 - \omega t)}. \qquad (3.14b)$$

Sie können nun selbst überprüfen, dass man Gl. (1.13) aus dem vorigen Kapitel
erhält, wenn man auf beiden Seiten der obigen Gleichung den Realteil bildet. Wie in
Aufgabe 3.6 näher ausgeführt wird, kann die über eine Oszillationsperiode gemittelte
Intensität einer komplexen Wellenfunktion berechnet werden zu

$$I = \frac{1}{2}\left|A\right|^2. \qquad (3.15)$$

Für die Intensitäten der reflektierten und transmittierten Welle aus Gl. (3.14) finden
wir somit

$$I_R = I_T = \frac{|A|^2}{4} = \frac{I}{2},$$

in Übereinstimmung mit dem Ergebnis aus dem vorigen Kapitel.

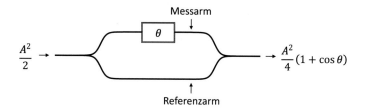

Abb. 3.1 Grundprinzip eines Interferometers. Ein Eingangsstrahl wird in zwei Strahlen aufgeteilt, die den Mess- und Referenzarm durchlaufen. Im Messarm erfährt der Strahl eine Phasenverschiebung θ. Nach Zusammenführung der beiden Strahlen kommt es abhängig von θ zu konstruktiver oder destruktiver Interferenz

Interferometer und Doppelspalt-Experiment

Mit den bisherigen Ergebissen dieses Kapitels können wir das Mach-Zehnder-Interferometer aus dem vorigen Kapitel im Prinzip problemlos analysieren. Wir überlassen die genaue Rechnung als Aufgabe und betrachten im Folgenden die vereinfachte Darstellung von Abb. 3.1 zur Funktionsweise eines Interferometers. Eine einfallende Welle wird aufgeteilt und durchläuft einen Mess- und Referenzarm, wobei die Welle im Messarm eine zusätzliche Phasenverschiebung θ erfährt, die gemessen werden soll. Nach Zusammenführen der beiden Wellen erhalten wir eine komplexe Wellenfunktion der Form

$$f(x, t) = \frac{A}{2} \left(e^{i(\varphi+\theta)} + e^{i\varphi} \right), \tag{3.16}$$

wobei φ die Phasenverschiebung aufgrund der freien Wellenpropagation durch die Interferometerarme ist, die wir der Einfachheit halber als identisch angenommen haben. Wenn wir A reell wählen, können wir mit Hilfe von Gl. (3.15) sofort die Intensität am Ausgang des Interferometers berechnen

$$I = \frac{A^2}{8} \left| e^{i\theta} + 1 \right|^2 = \frac{A^2}{8} \left(e^{i\theta} + 1 \right) \left(e^{-i\theta} + 1 \right) = \frac{A^2}{4} \left(1 + \cos\theta \right). \tag{3.17}$$

Abhängig von der zusätzlichen Phase θ kommt es also zu konstruktiver oder destruktiver Interferenz. Im Mach-Zehnder-Interferometer haben wir zuvor die beiden Extremfälle von vollständiger Auslöschung ($\theta = \pi$) oder Verstärkung ($\theta = 0$) gesehen, aber offensichtlich ist abhängig von θ auch jede andere Intensität zwischen diesen Extremwerten möglich.

Das Interferometerprinzip lässt sich schön am Doppelspalt-Experiment erkennen. Wenn eine ebene Welle auf einen dünnen Spalt trifft, kommt es zur Beugung, wie in Abb. 3.2 gezeigt. Man kann das Verhalten mit Hilfe des Huygenschen Prinzips verstehen, das besagt, dass jeder Punkt einer Wellenfront Ausgangspunkt einer Elementarwelle ist. Im Falle des Spaltes wird von der einfallenden Welle nur eine Elementarwelle durchgelassen, die sich radial ausbreitet und deren Amplitude mit zunehmender Propagationsdistanz abnimmt, so dass die von der Welle transportierte

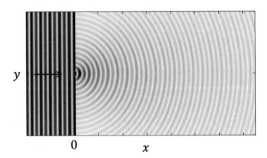

Abb. 3.2 Beugung am Einzelspalt. Eine von links kommende ebene Welle trifft auf einen Spalt auf, dessen Öffnungsbreite deutlich kleiner als die Wellenlänge ist. Entsprechend dem Huygen'schen Prinzip dient der Spalt als Quelle einer Elementarwelle, hier eine Zylinderwelle, deren Amplitude mit zunehmender Propagation abnimmt

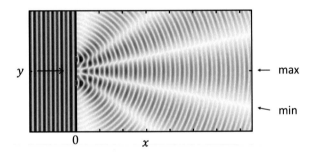

Abb. 3.3 Gleich wie Abb. 3.2, aber für Doppelspalt. Die beiden an den Spalten gebildeten Elementarwellen interferieren. Abhängig von der Phasenbeziehung zwischen den beiden Partialwellen kommt es zur Verstärkung (konstruktive Interferenz) oder Auslöschung (destruktive Interferenz) der Wellen. Die Maxima und Minima der resultierenden Intensitätsverteilung sind in der Figur mit Pfeilen gekennzeichnet

Intensität erhalten bleibt. Im Falle eines Doppelspaltes werden zwei Elementarwellen durchgelassen, die miteinander interferieren, wie in Abb. 3.3 gezeigt. Abhängig von der Differenz der Propagationslängen von den beiden Spalten zum Beobachtungspunkt kommt es zu konstruktiver oder destruktiver Interferenz, entsprechend der in Gl. (3.17) berechneten Intensitätsverteilung. Die Maxima und Minima der resultierenden Intensitätsverteilung sind in der Figur mit Pfeilen gekennzeichnet.

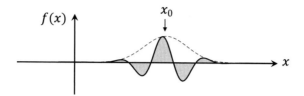

Abb. 3.4 Beispiel für Wellenfunktion, die keine harmonische Welle ist. In der Figur wird die Amplitude der harmonischen Wellenfunktion mit einer Gaußfunktion moduliert (siehe gestrichelte Linie), die um den Ort x_0 zentriert ist und die Breite σ besitzt

3.2 Fouriertransformation

In vielen Fällen hat man es mit Wellenphänomenen zu tun, die nicht durch harmonische Wellen mit einer bestimmten Wellenlänge beschrieben werden können. Ein Beispiel ist in Abb. 3.4 gezeigt, wo die Amplitude einer harmonischen Welle durch eine Gauß'sche Glockenkurve moduliert wird. In diesem Abschnitt wollen wir eine Momentanaufnahme der Funktion zum Zeitpunkt null betrachten

$$f(x) = f(x, 0).$$

Der zeitliche Verlauf von beliebigen Wellen wird in Abschn. 3.4 genauer untersucht werden. Es gibt in der Mathematik einen beachtenswerten Satz zu Fouriertransformationen, der besagt, dass jede Funktion in Partialwellen zerlegt werden kann. Diese Zerlegung ist in vielen Bereichen der Physik von immenser Bedeutung. Die **Fouriertransformation** zerlegt eine Funktion $f(x)$ in harmonische Partialwellen e^{ikx} entsprechend

$$f(x) = \int_{-\infty}^{\infty} e^{ikx} \tilde{f}(k) \, \frac{dk}{2\pi} \qquad (3.18a)$$

$$\tilde{f}(k) = \int_{-\infty}^{\infty} e^{-ikx} f(x) \, dx. \qquad (3.18b)$$

Hier ist k die Wellenzahl aus Gl. (1.7) und $\tilde{f}(k)$ wird als die Fouriertransformierte von $f(x)$ bezeichnet. Gl. (3.18a) beschreibt, wie eine beliebige Wellenfunktion aus einer Überlagerung von unendlich vielen Partialwellen zusammengesetzt werden kann,

$$f(x) = \int_{-\infty}^{\infty} \underbrace{\left(\text{harmonische Partialwelle}\right)}_{e^{ikx}} \times \underbrace{\left(\text{Wellenamplitude}\right)}_{\tilde{f}(k)} \frac{dk}{2\pi},$$

wobei die Amplituden der Partialwellen durch die Fouriertransformierte $\tilde{f}(k)$ gegeben sind. Während Gl. (3.18a) die Zerlegung einer Wellenfunktion in harmonische Wellen beschreibt, zeigt Gl. (3.18b), wie die Wellenamplituden auf eindeutige Art und Weise aus der Wellenfunktion gewonnen werden können, für eine ausführlichere Diskussion siehe Abschn. 3.5. Die Wellenfunktion $f(x)$ und ihre Fouriertransformierte $\tilde{f}(k)$ haben somit denselben Informationsgehalt: Aus der einen Größe kann eindeutig die andere gefunden werden und umgekehrt,

$$f(x) \quad \xleftrightarrow{\text{Gl. (3.18)}} \quad \tilde{f}(k).$$

Sowohl $f(x)$ als auch die Fouriertransformierte $\tilde{f}(k)$ sind im Allgemeinen komplexe Größen, die einen Betrag und eine Phase besitzen. Genauso wie bei der Zusammensetzung von zwei harmonischen Wellen die Phase eine wichtige Rolle spielt, die über konstruktive oder destruktive Interferenz entscheidet, sind auch bei der Fouriertransformation die Phasen der unendlich vielen Partialwellen von großer Bedeutung.

▶ Mit Hilfe der Fouriertransformation kann eine beliebige Wellenfunktion in Partialwellen zerlegt werden. Mit Hilfe der inversen Fouriertransformation kann aus den Partialwellen wieder die ursprüngliche Wellenfunktion gewonnen werden. Somit besitzen beide Darstellungen denselben Informationsgehalt.

Gauß'sches Wellenpaket

Als ein erstes repräsentatives Beispiel betrachten wir eine harmonische Welle, deren Amplitude die Form einer Gauß'schen Glockenkurve besitzt

$$f(x) = A\left(e^{ik_0 x}\right) \exp\left[-\frac{(x - x_0)^2}{2\sigma^2}\right]. \tag{3.19}$$

Hier ist A die Amplitude, k_0 die zentrale Wellenzahl, x_0 das Zentrum der Glockenkurve und σ eine Größe, die die Breite der Funktion bestimmt: Die Halbwertsbreite ist durch ungefähr $2{,}4\,\sigma$ gegeben. Siehe auch Abb. 3.4. Im Folgenden werden wir folgendes Integral benutzen

$$\int_{-\infty}^{\infty} e^{-ax^2 + bx}\, dx = \sqrt{\frac{\pi}{a}}\, e^{\frac{b^2}{4a}}, \tag{3.20}$$

dessen Herleitung in Aufgabe 3.9 diskutiert wird. a und b können beliebige komplexe Zahlen sein, wobei $\mathrm{Re}(a) > 0$ gelten muss, damit der Integrand im Unendlichen gegen null strebt. Die Fouriertransformierte der Welle aus Gl. (3.19) lautet somit

$$\begin{aligned}
\tilde{f}(k) &= A \int_{-\infty}^{\infty} \exp\left[i(k_0 - k)x - \frac{(x - x_0)^2}{2\sigma^2}\right] dx \\
&= A e^{i(k_0 - k)x_0} \int_{-\infty}^{\infty} \exp\left[i(k_0 - k)x' - \frac{x'^2}{4\sigma^2}\right] dx',
\end{aligned}$$

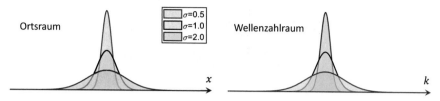

Abb. 3.5 Gaußfunktion $f(x)$ (links) und Fouriertransformierte $\tilde{f}(k)$ (rechts) für drei unterschiedliche Breiten σ sowie $x_0 = k_0 = 0$. Eine schmale Funktion im Ortsraum ist breit im Wellenzahlraum und umgekehrt

wobei wir beim Übergang von der ersten in die zweite Zeile die Substitution $x' = x - x_0$ durchgeführt haben. Das Integral kann nun einfach mit Hilfe von Gl. (3.20) gelöst werden und wir erhalten das Endergebnis

$$\tilde{f}(k) = \sqrt{2\pi}\,\sigma\,A\,e^{i(k_0-k)x_0}\exp\left[-\frac{\sigma^2(k-k_0)}{2}\right]. \tag{3.21}$$

In Worte gefasst: Die Fouriertransformierte einer Gaußfunktion ergibt wieder eine Gaußfunktion, nun allerdings im Wellenzahlenraum anstelle des ursprünglichen Ortsraums. In Gl. (3.19) bestimmt σ die Breite der Wellenfunktion, kleine Werte entsprechen einer schmalen Kurve und große Werte einer breiten Kurve. Entsprechend finden wir in Gl. (3.21), dass die Breite der Kurve im Wellenzahlraum proportional zu $1/\sigma$ ist. Eine schmale Kurve im Ortsraum führt also zu einer breiten Kurve im Wellenzahlraum und umgekehrt, wie in Abb. 3.5 dargestellt. Schließlich finden wir in Gl. (3.21), dass die Verschiebung x_0 im Ortsraum zu einem reinen Phasenfaktor im Wellenzahlraum führt.

Im Prinzip lässt sich das in Abb. 3.5 gezeigte Ergebnis auch mit Hilfe eines einfachen Skalenargumentes verstehen. Wenn man in der Fouriertransformation von Gl. (3.18) alle Orte durch $x \rightarrow \varepsilon x$ und alle Wellenzahlen durch $k \rightarrow k/\varepsilon$ ersetzt, so bleiben die Relationen zwischen der Funktion und ihrer Fouriertransformierten erhalten. Der Wellenzahlraum wird deshalb auch oft als reziproker Raum bezeichnet, weil er bezüglich einer Skalierung ein zum Ortsraum reziprokes Verhalten zeigt.

3.3 Optische Abbildung*

$$\left[\begin{array}{l}\text{Unterkapitel, die mit einem hochgestellten} \star \text{ versehen sind, können beim ersten} \\ \text{Durchlesen problemlos übersprungen werden.}\end{array}\right]$$

Wenn Sie mit den bisherigen Erläuterungen zur Fouriertransformation zufrieden sind, können Sie den folgenden Abschnitt gerne überspringen, in dem wir Ihnen etwas über den Zusammenhang von Fouriertransformationen und optischen Abbildungen erzählen möchten. Andererseits handelt es sich um ein spannendes Thema, das einen überraschend anschaulichen Zugang zur Fouriertransformation erlaubt.

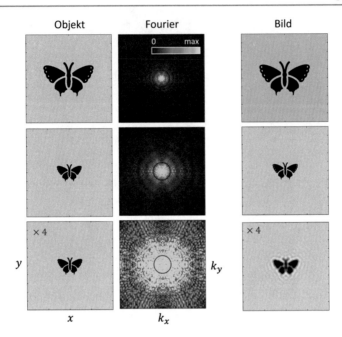

Abb. 3.6 Optische Abbildung. Die linke Spalte zeigt die Objekte im Ortsraum, hier jeweils das Symbolbild eines Schmetterlings mit unterschiedlicher Größe, wobei das unterste Objekt um einen Faktor 4 vergrößert wurde. In der mittleren Spalte wird der Absolutbetrag der zweidimensionalen Fouriertransformierten gezeigt. In der optischen Abbildung wird nur der Teil der Fouriertransformierten innerhalb des Kreises verwendet, dementsprechend kommt es zu einem Informationsverlust

Wir beginnen mit der zweidimensionalen Fouriertrasformation, die wir in Analogie zur eindimensionalen Transformation aus Gl. (3.18) wie folgt definieren:

$$f(x, y) = \int_{-\infty}^{\infty} e^{i(k_x x + k_y y)} \, \tilde{f}(k_x, k_y) \, \frac{dk_x}{2\pi} \frac{dk_y}{2\pi} \tag{3.22a}$$

$$\tilde{f}(k_x, k_y) = \int_{-\infty}^{\infty} e^{-i(k_x x + k_y y)} f(x, y) \, dx dy. \tag{3.22b}$$

Ein Beispiel ist in Abb. 3.6 gezeigt, wo die linke Spalte das Objekt zeigt, hier das Symbolbild eines Schmetterlings, und die mittlere Spalte den Absolutbetrag der zugehörigen Fouriertransformierten. Bei Verkleinerung des Objektes kommt es von oben nach unten betrachtet zu einer Vergrößerung der Fouriertransformierten, entsprechend unserer obigen Diskussion zur Reziprozität. Man erkennt, dass die Fouriertransformierte eine detaillierte Struktur aufweist, wobei der Zusammenhang zum zugehörigen Objekt jedoch meist nicht unmittelbar einsichtig ist.

Wir nehmen nun an, dass $f(x, y)$ einem Objekt in der Ebene $z = 0$ entspricht, das Licht mit einer bestimmten Frequenz ν_0 aussendet. Für die Abb. 3.6 bedeutet das, dass von jedem Punkt des Schmetterlingsbildes Licht mit der Frequenz ν_0 ausgesandt wird. Der Einfachheit halber vernachlässigen wir den vektoriellen Charakter der elektromagnetischen Felder. Über die Dispersionsrelation $c = \lambda_0 \nu_0$ ist die Frequenz mit einer Wellenlänge λ_0 sowie Wellenzahl $k_0 = 2\pi/\lambda_0$ verknüpft, wobei c die Lichtgeschwindigkeit ist. Es kann nun gezeigt werden, dass die Lichtfelder weit weg vom Objekt die Form von auslaufenden Kugelwellen $e^{ik_0 r}/r$ besitzen:

$$f(x, y, z) \xrightarrow[k_0 r \gg 1]{} -2\pi i \frac{k_0 z}{r} \left[\frac{e^{ik_0 r}}{r} \right] \tilde{f} \left(\frac{k_0 x}{r}, \frac{k_0 y}{r} \right). \tag{3.23}$$

Das Besondere an der obigen Formel ist, dass die Amplitude der Welle in eine bestimmte Ausbreitungsrichtung $(\frac{x}{r}, \frac{y}{r}, \frac{z}{r})$ genau der Fouriertransformierten $\tilde{f}(k_x, k_y)$ entspricht. Die Natur führt Fouriertransformationen also selbst durch. Bei einer optischen Abbildung mit Hilfe von Linsen werden diese Partialwellen dann wieder phasenrichtig zusammengesetzt, entsprechend der inversen Fouriertransformation aus Gl. (3.22b). Allerdings stehen bei dieser Rücktransformation nicht alle Fourierkomponenten zur Verfügung, entweder aufgrund des beschränkten Öffnungswinkels der Sammellinse oder der maximalen Wellenzahl k_0, die von Lichtwellen transportiert werden kann.

In der Fouriertransformierten von Abb. 3.6 kennzeichnen die Kreise die Bereiche des Wellenzahlraums, die zur optischen Abbildung zur Verfügung stehen. Für genügend große Objekte ist die Fouriertransformierte im Wellenzahlraum so lokalisiert, dass der gesamte relevante Wellenzahlraum zur Verfügung steht und es zu keinem merklichen Informationsverlust bei der optischen Abbildung kommt. Nur für das kleinste Objekt erkennt man ein Verschwimmen des Bildes. Hier stehen bei der Abbildung nur Wellen mit kleiner Wellenzahl zur Verfügung, das sind Wellen mit einer großen Wellenlänge, die Information über die groben Strukturen des Objektes tragen. Die außerhalb des Kreises liegenden Wellenzahlkomponenten beinhalten Informationen über die feinen Strukturen des Objektes, die bei der Abbildung verloren gehen.

3.4 Wellenpropagation

Bisher haben wir eine Momentaufnahme einer Wellenfunktion $f(x, 0)$ betrachtet. Was passiert mit der Welle im Lauf der Zeit? In Gl. (3.11) haben wir gesehen, dass sich eine harmonische Welle im Lauf der Zeit entsprechend

$$f(x, 0) = A\, e^{ikx} \xrightarrow{\text{Gl. (3.11)}} f(x, t) = A\, e^{i(kx - \omega t)} \tag{3.24}$$

entwickelt. Der wichtige Punkt ist nun der, dass im Allgemeinen ω und k nicht frei gewählt werden können, sondern über die sogenannte **Dispersionsrelation**

$$\omega = \omega(k) \tag{3.25}$$

miteinander verknüpft sind. Der Zusammenhang zwischen Kreisfrequenz $\omega(k)$ und Wellenzahl bestimmt, wie sich eine Welle im Lauf der Zeit ausbreitet.

▶ Die Dispersionsrelation gibt für eine harmonische Welle den Zusammenhang zwischen Frequenz und Wellenlänge an. Mit Hilfe dieser Relation kann das Ausbreitungsverhalten von beliebigen Wellenfunktionen berechnet werden.

Die Dispersionsrelation muss für unterschiedliche Wellenphänomene aus den grundlegenden physikalischen Gesetzen hergeleitet werden. Beispielsweise findet man für elektromagnetische Wellen aus den Maxwellgleichungen

$$\omega = ck, \tag{3.26}$$

wobei $c \approx 300\,000\,\mathrm{km\,s^{-1}}$ die Lichtgeschwindigkeit ist. Ebenso findet man für Schall- oder Wasserwellen näherungsweise

$$\omega = vk,$$

mit der jeweiligen Ausbreitungsgeschwindigkeit v. Nicht für alle Wellenphänomene gibt es einen linearen Zusammenhang zwischen ω und k. In dielektrischen Medien kommt es beispielsweise zu einer frequenzabhängigen Änderung der Lichtgeschwindigkeit

$$\omega = \frac{ck}{n(\omega)}, \tag{3.27}$$

wobei $n(\omega)$ der Brechungsindex des Mediums ist. Wir wollen im Folgenden untersuchen, welche Auswirkungen die unterschiedlichen Dispersionsrelationen auf die Ausbreitung beliebiger Wellen haben.

Zuerst leiten wir die allgemeine Formel zur Wellenausbreitung her. Wir beginnen mit der Fourierzerlegung einer Welle nach Partialwellen, Gl. (3.18a), die wir hier zum besseren Verständnis nochmals wiedergeben

$$f(x,0) = \int_{-\infty}^{\infty} e^{ikx}\, \tilde{f}(k)\, \frac{dk}{2\pi}.$$

Die Wellenform zu einem späteren Zeitpunkt erhalten wir nun, indem wir entsprechend Gl. (3.24) jede harmonische Partialwelle mit einem Phasenfaktor multiplizieren. Die **propagierte Welle zu einem späteren Zeitpunkt** berechnet sich demnach aus

$$f(x,t) = \int_{-\infty}^{\infty} e^{i[kx-\omega(k)t]}\, \tilde{f}(k)\, \frac{dk}{2\pi}. \tag{3.28}$$

Der einzige Unterschied zur Fouriertransformation ist der zusätzliche Phasenfaktor $\omega(k)t$ in der Exponentialfunktion. Allerdings führt dieser Phasenfaktor abhängig von der Dispersionsrelation zu sehr unterschiedlichen Zeitentwicklungen.

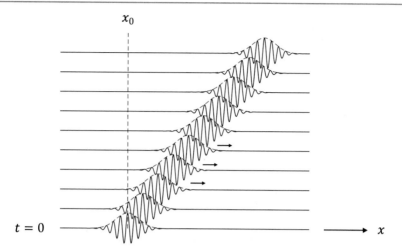

Abb. 3.7 Wellenpropagation eines Gauß'schen Wellenpaketes für eine lineare Dispersion $\omega = vk$. Die Funktionen zu unterschiedlichen Zeiten sind vertikal verschoben. Das Paket bewegt sich mit der Geschwindigkeit v, ohne seine Form zu ändern. Die durchgezogene Linie zeigt den Realteil und die gestrichelte Linie den Absolutbetrag der Wellenfunktion, die Pfeile verdeutlichen die Propagationsrichtung

Lineare Dispersionsrelation

Zuerst wollen wir eine lineare Dispersionsrelation $\omega = vk$ untersuchen. Aus Gl. (3.28) finden wir

$$f(x, t) = \int_{-\infty}^{\infty} e^{i(kx-vkt)} \, \tilde{f}(k) \, \frac{dk}{2\pi} = \int_{-\infty}^{\infty} e^{ik(x-vt)} \, \tilde{f}(k) \, \frac{dk}{2\pi}, \tag{3.29}$$

wobei wir im letzten Rechenschritt in der Exponentialfunktion k aus der Klammer gezogen haben. Wenn wir den letzten Ausdruck mit der Fouriertransformation aus Gl. (3.18a) vergleichen, stellen wir fest, dass der einzige Unterschied die Ersetzung von x durch $x - vt$ ist. Wir erhalten deshalb das wichtige Ergebnis

$$f(x, t) = f(x - vt, 0). \tag{3.30}$$

In Worte gefasst besagt die Gleichung, dass die Wellenfunktion zu einem späteren Zeitpunkt t dieselbe Form wie zum Zeitpunkt null besitzt, allerdings hat sich das Wellenpaket im Lauf der Zeit um die Strecke vt weiterbewegt. Dieser Sachverhalt ist in Abb. 3.7 für ein Gauß'sches Wellenpaket dargestellt.

Nichtlineare Dispersionsrelation

Was passiert für Dispersionsrelationen, die nicht von der Form $\omega = vk$ sind? Im Prinzip beschreibt Gl. (3.28) weiterhin die Wellenausbreitung, allerdings ist das Integral

im Allgemeinen nur schwer zu lösen. Wir untersuchen im Folgenden ein vereinfachtes Problem, bei dem wir zwei Näherungen durchführen. Zuerst nehmen wir für
die Wellenfunktion zum Zeitpunkt null eine Gaußfunktion an, deren Fouriertransformierte entsprechend Gl. (3.21) die Form

$$\tilde{f}(k) = \sqrt{2\pi}\,\sigma A\,\exp\left[-\frac{\sigma^2(k-k_0)}{2}\right]$$

besitzt. Wir haben der Einfachheit halber $x_0 = 0$ gewählt. Weiterhin nehmen wir an,
dass das Wellenpaket im Ortsraum breit ist und entsprechend im Wellenzahlraum
schmal. Wir entwickeln nun die Kreisfrequenz um k_0 in eine Potenzreihe

$$\omega(k) \approx \omega_0 + v_g(k-k_0) + \frac{\beta}{2}(k-k_0)^2 \tag{3.31}$$

und nehmen an, dass höhere Potenzen vernachlässigt werden können. Aus Gründen,
die wir im Folgenden besser verstehen werden, wird v_g als Gruppengeschwindigkeit
bezeichnet und β ist ein Dispersionsparameter. Die zeitlich propagierte Welle ergibt
sich entsprechend Gl. (3.28) zu

$$f(x,t) = \sqrt{2\pi}\,\sigma A \int_{-\infty}^{\infty}$$
$$\times \exp\left[ikx - i\left(\omega_0 + v_g(k-k_0) + \frac{\beta}{2}(k-k_0)^2\right)t - \frac{\sigma^2}{2}(k-k_0)^2\right]\frac{dk}{2\pi}.$$

Wir substituieren nun $k' = k - k_0$ und erhalten für den obigen Ausdruck

$$f(x,t) = \sqrt{2\pi}\,\sigma A e^{i(k_0 x - \omega_0 t)} \int_{-\infty}^{\infty} \exp\left[ik'(x-v_g t) + \frac{\sigma^2}{2}\left(1 + \frac{i\beta t}{\sigma^2}\right)k'^2\right]\frac{dk'}{2\pi}.$$

Das Integral kann mit Hilfe von Gl. (3.20) elementar ausgeführt werden und wir
erhalten das Endergebnis

$$f(x,t) = \left(\frac{A}{\sqrt{1 + \frac{i\beta t}{\sigma^2}}}\right) e^{i(k_0 x - \omega_0 t)} \exp\left[-\frac{(x-v_g t)^2}{2\sigma^2(1 + \frac{i\beta t}{\sigma^2})}\right]. \tag{3.32}$$

Dieses Ergebnis kann auf durchaus intuitive Weise verstanden werden. Wie in
Abb. 3.8 gezeigt, bewegt sich der Schwerpunkt des Paketes mit der Gruppengeschwindigkeit v_g, während die Breite des Paketes im Lauf der Zeit bezüglich
$\sigma^2 + \beta^2 t^2$ zunimmt. Der Grund hierfür sind die unterschiedlichen Ausbreitungsge-
schwindigkeiten der harmonischen Wellen aufgrund der nichtlinearen Dispersion: In
der Figur breiten sich für $\beta > 0$ die kurzwelligen Komponenten schneller aus als die
langwelligen. Das kann man auch anhand der Oszillationen des Wellenpaketes erkennen, die an der Front kürzer sind und sich gegen Ende des Paketes verlängern. Auf der

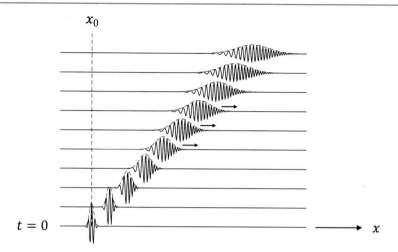

Abb. 3.8 Gleich wie Abb. 3.7, aber für die nichtlineare Dispersion aus Gl. (3.31). Die Wellenfunktion wurde mit Hilfe von Gl. (3.32) berechnet. Der Schwerpunkt des Wellenpaketes bewegt sich mit der Gruppengeschwindigkeit v_g, und die Breite des Paketes nimmt im Lauf der Zeit zu, das Paket „zerfließt"

rechten Seite von Gl. (3.32) beschreibt der Term in runden Klammern die Amplitude, die im Lauf der Zeit abnimmt. Man kann zeigen, dass die Amplitudenabnahme und Breitenzunahme so erfolgen, dass die Gesamtintensität des Wellenpaketes erhalten bleibt.

Abb. 3.9 zeigt ein einfaches Analog zum eben diskutierten Zerfließen des Gaußpaketes. Zum Zeitpunkt null möge sich ein Feld von Läuferinnen und Läufern entlang einer Linie aufstellen, die schnellen oben und die langsamen unten, entsprechend

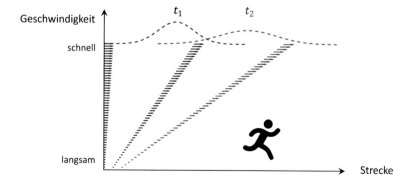

Abb. 3.9 Auseinanderlaufendes Läuferfeld. Zu Beginn stellen sich die Läuferinnen und Läufer in einer Reihe auf, die schnellen oben und die langsamen unten (entsprechend der Pfeillänge). Mit fortschreitender Zeit kommen die schnellen Läufer weiter voran als die langsamen, das Feld „zerfließt". Die gestrichelten Linien oben deuten die räumliche Verteilung an

der Länge der Pfeile. Wenn sich das Feld nun in Bewegung setzt, kommen mit fortlaufender Zeit die schnellen Läufer:innen weiter voran als die langsamen, das Feld „zerfließt".

3.5   Details zur Fouriertransformation*

In diesem Abschitt diskutieren wir etwas genauer die mathematischen Grundlagen zur Fouriertransformation. Dazu leiten wir zuerst das Prinzip der destruktiven Phaseninterferenz her, das wir danach benutzen, um die Fouriertransformation zu beweisen.

Destruktive Phaseninterferenz*

Betrachten wir ein Integral der Form

$$\mathcal{I} = \int_0^{2\pi} e^{in\phi}\, d\phi. \tag{3.33}$$

Es gibt ein intuitives Argument, weshalb für ganzzahlige und von null verschiedene n das Integral immer null ergibt. Wir wählen im Folgenden $n = 1$, aber unsere Argumentation funktioniert ebenso für andere ganzzahlige Werte. Betrachten wir zuerst das einfachere in Abb. 3.10 (a,b) dargestellte Beispiel, bei dem wir über eine unterschiedliche Zahl von Punkten des Einheitskreises in der komplexen Ebene summieren. Beispielsweise erhalten wir für vier Punkte am Einheitskreis

$$\mathcal{I} = e^{i0} + e^{i\frac{\pi}{2}} + e^{i\pi} + e^{i\frac{3\pi}{2}} = 1 + i + (-1) + (-i) = 0.$$

Man erkennt leicht, dass die Summe der ersten und dritten Zahl sowie der zweiten und vierten Zahl jeweils null ergeben. Offensichtlich ist das kein Zufall, wie auch in Abb. 3.10 dargestellt. Zahlen, die sich am Einheitskreis in der komplexen Ebene gegenüberliegen, heben sich jeweils paarweise auf, und die Gesamtsumme ergibt für eine gerade Zahl von Summanden immer null. Offensichtlich lässt sich ein entsprechendes Argument auch auf das Integral aus Gl. (3.33) anwenden. Wir werden dieses Prinzip als die „destruktive Phaseninterferenz" bezeichnen, weil sich in der Summe die vielen Beiträge mit gleichförmig verteilter Phase gegenseitig destruktiv weginterferieren. Weiter unten werden wir auf Ausdrücke der Form

$$\mathcal{I} = \int_{-\infty}^{\infty} e^{ikx}\, dk \tag{3.34}$$

stoßen, wobei k über die gesamte reelle Achse integriert wird. Im Prinzip können wir auch hier das Prinzip der destruktiven Phaseninterferenz anwenden, da sich bei oftmaliger Umrundung des Einheitskreises die Beiträge des Integranden genauso

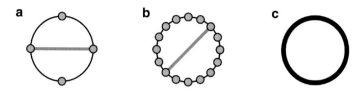

Abb. 3.10 Destruktive Phaseninterferenz. (**a, b**) Wenn man am Einheitskreis in der komplexen Ebene über eine gerade Zahl von Punkten summiert, heben sich die Beiträge der gegenüberliegenden Punkte genau auf und man erhält das Ergebnis null. (**c**) Dieselbe Argumentation gilt auch für ein Integral über den Einheitskreis, das stets null liefert

paarweise wegheben. Mit besonderer Vorsicht ist das Integral in Gl. (3.34) für $x = 0$ zu behandeln. In diesem Fall wird der Integrand eins und das Integral $\mathcal{I} \to \infty$ divergiert. Allerdings kann gezeigt werden, dass das Integral aus Gl. (3.34) unproblematisch ist, wenn es selbst unter einem Integral steht. Wir erhalten dann

$$\int_{-\infty}^{\infty} \left[\int_{-\infty}^{\infty} e^{ik(x-x')}\, dk \right] f(x')\, dx' = 2\pi\, f(x). \tag{3.35}$$

In Worte gefasst besagt die obige Formel, dass es für alle Werte $x - x' \neq 0$ zu einer destruktiven Interferenz kommt, entsprechend unserem Prinzip der destruktiven Phaseninterferenz, und nur für $x = x'$ erhalten wir einen von null verschiedenen Ausdruck. Dass das Integral in eckigen Klammern dann genau 2π liefert, ist an dieser Stelle nicht einfach einzusehen und soll hier auch nicht weiter motiviert werden. Genauere Darstellungen finden sich in den meisten fortgeschrittenen Mathematik-Lehrbüchern.

Fouriertransformation*

Der Beweis zur Fouriertransformation verläuft auf folgende Weise. Zuerst setzen wir Gl. (3.18b) in Gl. (3.18a) ein

$$f(x) = \int_{-\infty}^{\infty} e^{ikx} \underbrace{\left[\int_{-\infty}^{\infty} e^{-ikx'} f(x')\, dx' \right]}_{\tilde{f}(k)} \frac{dk}{2\pi}.$$

Wir haben die Integrationsvariable des Integrals in Klammern mit x' bezeichnet, da die Variable x bereits benutzt wird. Wir nehmen nun an, dass wir die Integration über x' und k vertauschen können und erhalten

$$f(x) = \int_{-\infty}^{\infty} \left[\int_{-\infty}^{\infty} e^{ik(x-x')} \frac{dk}{2\pi} \right] f(x')\, dx' = f(x), \tag{3.36}$$

wobei im letzten Rechenschritt die Formel aus Gl. (3.35) zur destruktiven Phaseninterferenz benutzt wurde, um die Integrale zu lösen. Zur Erinnerung, das Integral in eckigen Klammern liefert aufgrund der destruktiven Interferenz null außer für $x = x'$. Gl. (3.36) liefert somit das gewünschte Resultat $f(x) = f(x)$ und zeigt, dass die Zerlegung einer Welle in Partialwellen und deren Zusammensetzung tatsächlich ohne Informationsverlust durchgeführt werden kann. Dies beendet unseren Beweis.

3.6 Zusammenfassung

Komplexe Wellenbeschreibung Eine harmonische Welle kann in der komplexen
 Schreibweise durch eine komplexe Amplitude und einen Phasenanteil $e^{i(kx-\omega t)}$
 beschrieben werden, wobei k die Wellenzahl und ω die Kreisfrequenz ist. Die
 komplexe Amplitude $A = A_0 e^{i\delta}$ beinhaltet sowohl die reelle Amplitude A_0
 als auch einen Phasenfaktor $e^{i\delta}$. Um den physikalisch interpretierbaren Teil der
 Wellenfunktion zu erhalten, muss in der klassischen Physik der Realteil der
 komplexen Welle gebildet werden.
Fouriertransformation Mit Hilfe der Fouriertransformation kann eine beliebige
 Wellenfunktion in harmonische Partialwellen zerlegt werden bzw. die Amplituden der Partialwellen aus der Wellenfunktion bestimmt werden.
Dispersionsrelation Die Dispersionsrelation verknüpft die Kreisfrequenz mit der
 Wellenzahl. Sie muss aus den grundlegenden Gleichungen der Wellenphänome
 gewonnen werden, beispielsweise den Maxwellgleichungen für die Beschreibung von Lichtwellen. Mit Hilfe der Dispersionsrelation kann die zeitliche Entwicklung einer beliebigen Welle bestimmt werden.

Aufgaben

Aufgabe 3.1 Betrachten Sie eine komplexe Zahl $z = 1 + 2i$.

a. Bestimmen Sie den Betrag r und die Phase ϕ der komplexen Zahl.
b. Stellen Sie den Punkt in der komplexen Ebene dar und markieren sie den Real- und Imaginärteil, den Betrag und die Phase.
c. Stellen Sie die komplex konjugierte Zahl z^* in der komplexen Ebene dar.
d. Bestimmen Sie $z + z^*$ und $z - z^*$ und diskutieren Sie, wie man die zugehörigen Werte aus der Darstellung in der komplexen Ebene gewinnen kann.

Aufgabe 3.2 Betrachten Sie die Euler'sche Formel $e^{i\phi} = \cos\phi + i\sin\phi$.

a. Drücken Sie den Real- und Imaginärteil von $e^{i\phi}$ mit Hilfe von Gl. (3.6) aus.
b. Bestimmen Sie den Zusammenhang zwischen $e^{\pm i\phi}$ und dem Kosinus und Sinus.

Aufgabe 3.3 Betrachten Sie $e^{i(x+y)} = e^{ix}e^{iy}$. Drücken Sie die Exponentialfunktionen auf der rechten Seite mit Hilfe der Euler'schen Formal aus und bilden Sie auf

beiden Seiten der Gleichung den Real- und Imaginärteil, um die folgenden trigonometrischen Beziehungen zu beweisen:

$$\sin(x + y) = \sin x \cos y + \cos x \sin y$$
$$\cos(x + y) = \cos x \cos y - \sin x \sin y$$

Aufgabe 3.4 Gegeben seien die Taylorreihenentwicklungen

$$e^x = \sum_{n=0}^{\infty} \frac{x^n}{n!}, \quad \sin x = \sum_{n=0}^{\infty} (-1)^n \frac{x^{2n+1}}{(2n+1)!}, \quad \cos x = \sum_{n=0}^{\infty} (-1)^n \frac{x^{2n}}{(2n)!}.$$

a. Schreiben Sie die Terme der Reihen bis zur Ordnung $\mathcal{O}(x^5)$ an.
b. Zeigen Sie, dass die Euler'sche Formel $e^{ix} = \cos x + i \sin x$ für die Terme nied-
rigster Ordnung erfüllt ist.
c. Zeigen Sie, dass die Euler'sche Formel allgemein gültig ist.

Aufgabe 3.5 Bestimmen Sie den Realteil von Gl. (3.14) und vergleichen Sie das
Ergebnis mit Gl. (1.13).

Aufgabe 3.6 Wir betrachten eine harmonische Welle der Form aus Gl. (3.11), die
auf einen Detektor trifft. Anstelle von Gl. (1.10) erhalten wir für die über eine Oszillationsperiode gemittelte Intensität

$$I = \frac{1}{T} \int_0^T \text{Re}\left[A e^{i(kx-\omega t)} \right]^2 dt = \frac{1}{4T} \int_0^T \left[A e^{i(kx-\omega t)} + A^* e^{-i(kx-\omega t)} \right]^2 dt,$$

wobei wir Gl. (3.6a) zum Umschreiben des Realteiles benutzt haben und eine komplexe Wellenamplitude angenommen haben. Zeigen Sie, dass das Integral auf der
rechten Seite umgeschrieben werden kann zu

$$I = \frac{1}{4T} \int_0^T \left[A^2 e^{2i(kx-\omega t)} + 2AA^* + (A^*)^2 e^{-2i(kx-\omega t)} \right]^2 dt.$$

Die Zeitintegration im ersten und dritten Beitrag ergibt

$$\frac{1}{T} \int_0^T e^{\pm 2i\omega t} \, dt = \mp \left(\frac{i}{2\omega T} \right) e^{\pm 2i\omega t} \Big|_0^T = \mp \left(\frac{i}{4\pi} \right) \left[e^{\pm i4\pi} - 1 \right] = 0,$$

wobei wegen Gl. (1.5) gilt, dass $\omega T = 2\pi$ ergibt und wir $e^{\pm i4\pi} = 1$ benutzt haben.
Benutzen Sie diese Ergebnisse, um $I = |A|^2/2$ aus Gl. (3.15) herzuleiten.

Aufgabe 3.7 Betrachten Sie das Mach-Zehnder-Interferometer aus Abb. 1.6 sowie
eine einlaufende Welle der Form e^{ikx}. Im Folgenden vernachlässigen wir die Zeitabhängigkeit $e^{-i\omega t}$.

a. Erstellen Sie eine Skizze.

b. Bestimmen Sie für jeden Teilbereich des Interferometers die komplexen Wellen-amplituden und notieren Sie diese in der Skizze.

c. Wie lauten die beiden Wellenfunktionen nach Durchlaufen des zweiten Strahltei-lers?

d. Berechnen Sie die zugehörigen Intensitäten mit Hilfe des Betragsquadrates der Wellenfunktionen.

Aufgabe 3.8 Betrachten Sie die Wellen e^{ikx} und $-e^{ik(2L-x)}$.

a. Zeichnen Sie den Realteil der beiden Wellen für $0 \leq x \leq L$. Wenn es Ihnen leichter fällt, können Sie für L einen bestimmten Wert annehmen.

b. Bestimmen Sie den Realteil und den Absolutbetrag von der Summe.

c. Interpretieren Sie das Ergebnis.

Aufgabe 3.9 In dieser Aufgabe zeigen wir, wie man das Gauß'sche Integral

$$I = \int_{-\infty}^{\infty} e^{-\frac{x^2}{2}} \, dx$$

löst. Anstelle des Integrals lösen wir das Quadrat des Integrals

$$I^2 = \int_{-\infty}^{\infty} \int_{-\infty}^{\infty} e^{-\frac{1}{2}(x^2+y^2)} \, dx dy = 2\pi \int_0^{\infty} e^{-\frac{r^2}{2}} \, r \, dr,$$

wobei wir im letzten Rechenschritt Polarkoordinaten eingeführt haben und die Inte-gration über den Winkel ausgeführt haben.

a. Diskutieren Sie mit Worten, weshalb Sie die Integration über die kartesischen Koordinaten x, y durch eine Integration über Polarkoordinaten r, ϕ ersetzen kön-nen. Vielleicht hilft es Ihnen, eine Skizze zu erstellen. Wie müssen die Integrati-onsgrenzen für die Polarkoordinaten gewählt werden?

b. Zeigen Sie, dass der Integrand in der Form $-\frac{d}{dr} e^{-\frac{r^2}{2}}$ geschrieben werden kann und lösen Sie das Integral. Vergleichen Sie das Ergebnis mit Gl. (3.20).

c. Lösen Sie das Integral für einen Integrand der Form $e^{-ax^2/2}$.

Aufgabe 3.10 Gegeben sei ein Gauß'sches Wellenpaket mit der Breite σ, das sich zum Zeitpunkt null am Ort $-x_0$ befindet und die zentrale Wellenzahl k_0 besitzt. Nehmen Sie im Folgenden eine lineare Dispersion $\omega = vk$ an.

a. Wie lautet die Fouriertransformierte der Wellenfunktion?

b. Bestimmen Sie die Zeit t_0, die die Wellenfunktion benötigt, um von x_0 nach $x = 0$ zu gelangen. Wie lautet die Wellenfunktion zum Zeitpunkt t_0?

c. Betrachten Sie nun eine weitere Wellenfunktion, die zum Zeitpunkt null an der Stelle x_0 ist und die zentrale Wellenzahl $-k_0$ besitzt. Wie lautet die Wellenfunktion zum Zeitpunkt t_0 für diesen Fall?

d. Gegeben sei eine Überlagerung, bei der die beiden Wellenfunktionen addiert werden. Berechnen Sie die zugehörigen Wellenfunktionen zum Zeitpunkt null und t_0. Diskutieren Sie das Ergebnis.

Materiewellen

4

Inhaltsverzeichnis

Zusammenfassung

Die Materiewellenfunktion $\psi(x)$ ist das zentrale Objekt der Quantenmechanik. Allerdings kommt ihr keine objektive Realität zu und sie muss im Sinne einer Wahrscheinlichkeit interpretiert werden. Die Impulseigenschaften von quantenmechanischen Teilchen sind durch die sogenannte De-Broglie-Beziehung gegeben, die den Impuls mit der Wellenlänge verknüpft. Wir diskutieren, wie man die niedrigsten Momente von Orts- und Impulsverteilungen berechnet und führen dazu einen Impulsoperator ein, der auf die Wellenfunktion $\psi(x)$ angewendet werden muss. Ort und Impuls eines quantenmechanischen Teilchens können nicht gleichzeitig genau bestimmt werden, sondern es gilt die Heisenberg'sche Unschärferelation, die eine untere Schranke für die Genauigkeiten von Orts- und Impulsmessungen festlegt.

Wenn Licht, das üblicherweise als Welle beschrieben wird, auch Teilcheneigenschaften besitzt, wie wir in Kap. 1 diskutiert haben, weshalb soll dann Materie nicht auch Welleneigenschaften besitzen? Mit dieser Frage beschäftigte sich die Doktorarbeit „Recherches sur la théorie des Quanta" von Louis de Broglie (man spricht den Namen richtigerweise „de brœj" aus), die er 1924 im Alter von 32 Jahren einreichte. Zuvor hatte er Philososophie und Geschichte studiert und wurde erst danach von seinem Bruder für die Physik begeistert. Insgesamt gilt, dass der Großteil der Gründungsväter der Quantenmechanik noch sehr jung war, Werner Heisenberg und Paul Dirac, von denen noch die Rede sein wird, sogar erst Anfang zwanzig. Die ältere Generation von Physiker:innen hatte Schwierigkeiten, diesen Entwicklungen zu folgen. Von Max Planck, dem Namensgeber des Planck'schen Wirkungsquantums, ist folgendes Zitat zur Arbeit de Broglies überliefert [9]:

> Die Kühnheit dieser Idee war so groß – ich muss aufrichtig sagen, dass ich selber auch damals den Kopf schüttelte dazu, und ich erinnere mich sehr gut, dass Herr Lorentz mir damals sagte im vertraulichen Privatgespräch: ‚Diese jungen Leute nehmen es doch gar zu leicht, alte physikalische Begriffe beiseite zu setzen!'

Die Kühnheit an der Arbeit de Broglies bestand vor allem auch darin, dass zum damaligen Zeitpunkt keine Experimente bekannt waren, die die Hypothese gestützt hätten, dass Materie Wellencharakter besitzt. De Broglie nahm an, dass einem Teilchen mit einem bestimmten Impuls p eine Wellenlänge zugeordnet werden kann entsprechend

$$\lambda = \frac{h}{p}. \tag{4.1}$$

Die Wellenlänge λ wird als **De-Broglie-Wellenlänge** bezeichnet. Wir können die obige Formel auch nach p auflösen

$$p = \frac{h}{\lambda} = \left(\frac{h}{2\pi}\right)\left(\frac{2\pi}{\lambda}\right),$$

wobei der zweite Term in Klammern die Wellenzahl k ist. Für den ersten Ausdruck $h/2\pi$ findet man, dass er in so vielen Formeln der Quantenmechanik vorkommt, dass es sich als günstig erweist, ein eigenes Symbol

$$\hbar = \frac{h}{2\pi} = 1{,}0545718 \times 10^{-34}\,\mathrm{Js} \tag{4.2}$$

einzuführen, das man in der Form „h-quer" ausspricht und das auch als reduziertes Planck'sches Wirkungsquantum bezeichnet wird. Die De-Broglie-Beziehung kann dann umgeschrieben werden zu

$$p = \hbar k. \tag{4.3}$$

Der Impuls p ist somit in der Quantenmechanik proportional zur Wellenzahl k.

▶ Die De-Broglie-Beziehung ordnet einem Teilchen mit einem wohldefinierten Impuls p eine Wellenlänge $\lambda = h/p$ zu.

Die Materie-Wellenfunktion wird üblicherweise mit dem Symbol $\psi(x)$ bezeichnet. Für ein Teilchen mit einem wohldefinierten Impuls erhalten wir dann eine harmonische Welle

$$\psi(x) = A\,e^{ikx}, \tag{4.4}$$

wobei wir weiter unten die Wahl der Amplitude A und die Interpretation der Wellenfunktion diskutieren werden. Eine beliebige Wellenfunktion lässt sich stets in Partialwellen zerlegen, wie in Abschn. 3.2 diskutiert. Bevor wir uns genauer der Wellenfunktion $\psi(x)$ und der Zerlegung in Partialwellen zuwenden, wollen wir zeigen, dass de Broglie mit seiner Wellenhypothese von Materie auch tatsächlich recht hatte.

4.1 Das schönste Experiment aller Zeiten

Im Folgenden diskutieren wir nicht das erste, aber das wahrscheinlich schönste Experiment zur Demonstration des Wellencharakters von Materie. Es wurde 1959 von Claus Jönsson im Rahmen seiner Doktorarbeit durchgeführt. Im Prinzip handelt es sich um dasselbe Doppelspalt-Experiment wie in Abb. 3.3 gezeigt, allerdings benutzte Jönnson Elektronen mit einer möglichst gleichförmigen Geschwindigkeitsverteilung und einer De-Broglie-Wellenlänge von 0,5 nm, die er auf eine Metallplatte mit zwei dünnen Spalten im Abstand von 1 µm auftreffen ließ. In genügend großem Abstand hinter der Platte beobachtete er die in Abb. 4.1 gezeigte Intensitätsverteilung der Elektronen: Helle Streifen entsprechen Bereichen hoher Elektronenkonzentration, dunkle Streifen Bereichen geringer Elektronenkonzentration. Genauso wie bei Licht beobachten wir ein Interferenzmuster aufgrund der konstruktiven und destruktiven Intereferenz der Pfade durch die beiden Spalte zum Beobachtungsschirm. Wenn wir die beiden Weglängen von den Spalten zum Schirm mit ℓ_1 und ℓ_2 bezeichnen, so ist die auf den Schirm auftreffende Wellenfunktion von der Form

$$\psi(x) = A\left(e^{ik\ell_1} + e^{ik\ell_2}\right),$$

und die zugehörige Intensität berechnet sich entsprechend zu

$$|\psi(x)|^2 = 2A^2\left(1 + \cos k[\ell_1 - \ell_2]\right). \tag{4.5}$$

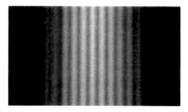

Abb. 4.1 Jönsson-Experiment zur Demonstration des Wellencharakters von Materie. Elektronen mit einer kinetischen Energie von 50 keV, das entspricht einer De-Broglie-Wellenlänge von $\lambda = 0,5$ nm, treffen auf eine Metallplatte mit zwei Schlitzen, die 1 µm voneinander entfernt sind. In einem Abstand von 40 cm hinter dem Doppelspalt zeigen die auf einen Detektor auftreffenden Elektronen ein Interferenzmuster [4]

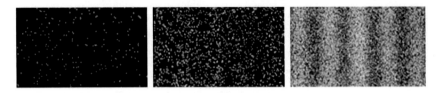

Abb. 4.2 Doppelspaltversuch von Hitachi mit einzelnen Elektronen. Wann immer ein einzelnes Elektron das Interferometer durchläuft, kommt es zur Detektion eines einzelnen Elektrons am Schirm. Erst wenn man viele Elektronen misst, beobachtet man ein Interferenzmuster [10]

Abhängig davon, ob $k(\ell_1 - \ell_2)$ ein ganz- oder halbzahliges Vielfaches von 2π ist, kommt es dann zu konstruktiver oder destruktiver Interferenz und somit zu dem in Abb. 4.1 gezeigten Interferenzmuster.

Im Jahr 2002 fragte das Journal „Physics World" eine größere Zahl von Physiker:innen nach dem schönsten Experiment aller Zeiten, wobei Jönnsons' Experiment auf Platz eins gewählt wurde. Nun lässt sich über das „schönste Experiment" genauso trefflich wie über den „sexiest man alive" diskutieren, der Umstand, dass es sogar die Galilei'schen Fallversuche auf Platz zwei verdrängen konnte, zeigt jedoch, dass es einen tiefen Eindruck auf die Physik-Community ausübt. Einerseits wohl aufgrund des einfachen konzeptionellen Aufbaus (die tatsächliche Ausführung ist komplizierter, als man auf den ersten Blick meinen könnte), andererseits jedoch auch aufgrund des intuitiv doch schwer fassbaren Ergebnisses.

Man kann das schönste Experiment sogar noch schöner durchführen. In einem Experiment, das von einer Forschergruppe der Firma Hitachi durchgeführt wurde und zu dem ein wunderschönes Video im Internet zu finden ist, wurden einzelne Elektronen hintereinander durch ein Interferometer gesandt. Jedes Elektron führt zur Detektion eines einzelnen Elektrons am Schirm, wie in Abb. 4.2 gezeigt. Das ist der Teilchencharakter der Elektronen. Wenn man die Elektronen jedoch über einen längeren Zeitraum hinweg beobachtet, im Hitachi-Experiment sind es in etwa 30 min, so beobachtet man ein klares Interferenzmuster aller Elektronen. Das ist der Wellencharakter der Elektronen.

Vielleicht sollten wir an dieser Stelle doch kurz innehalten und überlegen, was das denn nun bedeuten soll. Zum Zeitpunkt der Detektion verhalten sich die Elektronen wie Teilchen, entweder man beobachtet ein ganzes Teilchen oder keines. Das ist ja noch gut zu akzeptieren. Aber was machen die Elektronen davor? Offensichtlich haben sie Kenntnis darüber, dass beide Spalten geöffnet sind. Andernfalls würde es zu keiner Interferenz, sondern nur zu einer Beugung am Einzelspalt kommen. Aber bewegen sich Elektronen nun durch beide Spalte oder nur durch einen, wobei sie irgendwie Kenntnis über den anderen Spalt erhalten? Wir wissen die Antwort nicht. Wann immer wir versuchen, mehr Information über die Trajektorien der Elektronen zu gewinnen, beispielsweise indem wir Strommesser neben die Spalte stellen, geht das Interferenzmuster verloren. Die Natur lässt sich nicht in die Karten blicken. Und wir sind dazu verdammt, in der Quantenmechanik nur über das zu sprechen, was man auch messen kann. Was „tatsächlich passiert", was immer das bedeuten mag,

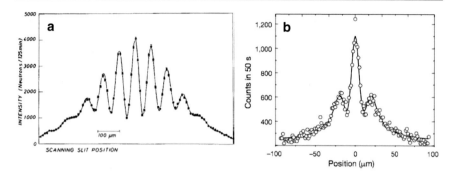

Abb. 4.3 Doppelspalt-Experiment mit **a** Neutronen und **b** C_{60}-Molekülen, auch Fullerene genannt [11,12]

bleibt im Verborgenen, auch wenn es uns wahrscheinlich deutlich mehr interessieren würde.

Das Doppelspalt-Experiment wurde mit vielen unterschiedlichen Teilchen wiederholt. Abb. 4.3 zeigt Ergebisse für Neutronen und Fullerene. Die Wiener Gruppe von Markus Arndt arbeitet seit vielen Jahren daran, Doppelspalt-Experimente mit möglichst großen Molekülen durchzuführen. Man findet im Internet einige schöne Videos zu diesen Experimenten, insbesondere auch mit fluoreszierenden Molekülen, die am Detektionsschirm einfach weiterleuchten, so dass man das Interferenzmuster ohne Akkumulation der Messdaten zu jedem Zeitpunkt beobachten kann [13].

4.2 Wellenfunktionen und Wahrscheinlichkeiten

Das zentrale Objekt der Quantenmechanik ist die (Materie-)Wellenfunktion $\psi(x)$. Obwohl die Wellenfunktion die volle Information enthält, die wir über ein quantenmechanisches System besitzen können, kommt ihr selbst keine objektive Realität zu. Anders ausgedrückt beschreibt sie nichts, das tatsächlich vorhanden ist, sondern sie ist eine reine Hilfsgröße, aus deren Kenntnis wir alle möglichen Aussagen über den Ausgang von Experimenten treffen können.

▶ Die Materiewellenfunktion $\psi(x)$ ist das zentrale Objekt der Quantenmechanik. Allerdings kommt ihr keine objektive Realität zu, sondern sie muss im Sinne einer Wahrscheinlichkeit interpretiert werden.

Wir wollen vorweg darauf hinweisen, dass diese Problematik der Quantenmechanik eigen ist und in der klassischen Physik nirgends auftritt. In der klassischen Physik sprechen wir über Objekte wie Teilchen oder elektromagnetischen Feldern, die vorhanden sind, egal ob wir sie beobachten oder nicht. Ihnen kommt eine objektive Realität zu. In der Quantenmechanik ist das nicht mehr der Fall. Wir können nur noch über das sprechen, was wir auch messen können. Die „Dinge an sich" bleiben im Verborgenen. Wie wir sehen werden, sind quantenmechanische Messungen mit Wahrscheinlichkeiten verknüpft. Bevor wir uns dem Zusammenhang zwischen Wel-

lenfunktionen und Wahrscheinlichkeiten zuwenden, wollen wir einige Grundbegriffe
der Wahrscheinlichkeitstheorie auffrischen.

Wiederholung Wahrscheinlichkeitsverteilung
Ein Würfel, der geworfen wird, liefert ein zufälliges Ergebnis aus der Menge

$$\Omega = \{1, 2, 3, 4, 5, 6\}. \tag{4.6}$$

Wenn wir nach der Wahrscheinlichkeit für ein bestimmtes Ergebnis A fragen,
müssen wir das Experiment (hier das Würfeln) oft wiederholen und die Zahl
der günstigen Experimente $N_n(A)$, in denen das Ergebnis A erzielt wird, durch
die Gesamtzahl der Experimente dividieren. Die Wahrscheinlichkeit $P(A)$ für
das Ergebnis A ergibt sich dann zu

$$P(A) = \lim_{n \to \infty} \frac{N_n(A)}{n}, \tag{4.7}$$

wobei der Limes $n \to \infty$ im Sinne einer mathematischen Idealisierung zu
verstehen ist, der in einem tatsächlichen Experiment natürlich nicht erreicht
werden kann. Als ein Beipiel für ein Ereignis A betrachten wir das Elemen-
tarereignis $A = \omega_a$, bei dem der Würfel eine bestimmte Augenzahl $\omega_a \in \Omega$
liefert, in der unteren Grafik (a) die durch gestrichelte rote Linien gekennzeich-
nete Augenzahl drei.

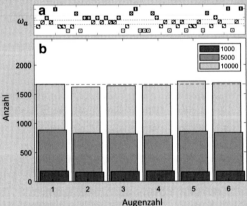

Je öfters das Experiment wiederholt wird, siehe Inset in (b), desto mehr nähert
sich für einen idealen Würfel die Wahrscheinlichkeit für das Würfeln einer
bestimmten Augenzahl dem Grenzwert

$$P(\omega_a) = \lim_{n \to \infty} \frac{N_n(\omega_a)}{n} = \frac{1}{6} \tag{4.8}$$

an. In jedem Fall muss die Summe der Wahrscheinlichkeiten für alle möglichen Elementarereignisse eins ergeben,

$$\sum_a P(\omega_a) = 1. \tag{4.9}$$

Betrachten wir als Nächstes eine kontinuierliche Wahrscheinlichkeitsverteilung, bei der das Ergebnis x aus einem beliebigen Intervall $[x_1, x_2]$ stammen möge,

$$\Omega = \left\{ x \,\middle|\, x \in [x_1, x_2] \right\}. \tag{4.10}$$

Im Prinzip können wir wie zuvor vorgehen, allerdings müssen wir aufpassen, dass als Elementarereignisse nicht einzelne Punkte x_a herangezogen werden dürfen, sondern auch stets eine kleine Umgebung Δx mitberücksichtigt werden muss (ein einzelner Punkt besitzt das Maß null),

$$A = \left\{ x \,\middle|\, x \in [x_a, x_a + \Delta x] \right\}. \tag{4.11}$$

Dies ist in Abb. 4.4 für eine Gaußsche Normalverteilung gezeigt. Wir können nun entsprechend Gl. (4.7) die Wahrscheinlichkeit für das Ergebnis A bestimmen

$$P(A; \Delta x) = \lim_{n \to \infty} \frac{N_n(A)}{n} \xrightarrow[\Delta x \to 0]{} \mathscr{P}(x_a)\Delta x. \tag{4.12}$$

Im letzten Rechenschritt haben wir eine genügend kleine Intervallsbreite Δx angenommen, so dass die Wahrscheinlichkeit als lineare Funktion von Δx angenähert

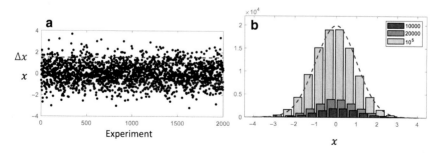

Abb. 4.4 Kontinuierliche Zufallsverteilung. (**a**) Jedes Experiment liefert einen Zufallswert x. Die Wahrscheinlichkeit dafür, dass der Wert in einem Intervall $[x, x + \Delta x]$ liegt, muss aus dem Verhältnis von günstigen Ergebnissen innerhalb der gestrichelten Linien zu der Gesamtzahl der Experimente n bestimmt werden. (**b**) Mit zunehmender Gesamtzahl n nähert sich die Verteilung in diesem Beispiel einer Gaußverteilung an

werden kann. In diesem Bereich führt eine Verringerung der Intervallsbreite dann zu einer entsprechenden Verringerung der günstigen Ereignisse. Nachdem $P(A; \Delta x)$ eine Wahrscheinlichkeit ist, folgt, dass $\mathscr{P}(x_a)$ eine Wahrscheinlichkeit pro Länge oder **Wahrscheinlichkeitsdichte** ist. Aus der Normierung der Wahrscheinlichkeit finden wir

$$\sum_a P(A; \Delta x) = 1 \xrightarrow[\Delta x \to 0]{} \int_{x_1}^{x_2} \mathscr{P}(x)\, dx = 1. \tag{4.13}$$

Das Integral über die Wahrscheinlichkeitsdichte muss somit eins liefern. Offensichtlich ist das die Minimalanforderung an jede Wahrscheinlichkeitsverteilung: Irgendein Ergebnis muss in jedem Fall stattfinden.

Born'sche Interpretation der Wellenfunktion

Nach diesen Betrachtungen zur Wahrscheinlichkeitstheorie können wir uns der Interpretationen der quantenmechanischen Wellenfunktion zuwenden. In den Jahren 1925 bis 1926 fanden Werner Heisenberg, Erwin Schrödinger und Paul Dirac Formulierungen der Quantenmechanik, die wir im nächsten Kapitel diskutieren werden und die als zentrales Element alle die Wellenfunktion benutzen. Allerdings war anfangs nicht klar, welche physikalische Bedeutung dieser Wellenfunktion zukam.

Der erste, der eine Wahrscheinlichkeitsinterpretation der Wellenfunktion vorschlug, war noch im Jahr 1926 Max Born. In seiner Arbeit „Zur Wellenmechanik der Stoßvorgänge" [14] untersuchte er nicht Prozesse, bei denen Elektronen an einem bestimmten Ort gemessen werden, sondern Stossvorgänge, bei denen Elektronen von einem Anfangszustand (einlaufende Welle) in einen Endzustand (auslaufende Welle) gestreut werden. Für diese Streuprozesse fand er:

> Will man nun dieses Resultat korpuskular umdeuten, so ist nur eine Interpretation möglich: ψ bestimmt die Wahrscheinlichkeit [Anmerkung bei der Korrektur: Genauere Überlegung zeigt, dass die Wahrscheinlichkeit dem Quadrat der Größe proportional ist.] dafür, dass das aus z-Richtung kommende Elektron in eine andere Richtung geworfen wird.

Es ist amüsant zu sehen, dass Born bei der nach ihm benannten Wahrscheinlichkeitsinterpretation keine Punktlandung hinlegte, sondern zuerst die Wellenfunktion und dann erst das Quadrat derselben als fundamentale Größe zur Bestimmung der Wahrscheinlichkeit erkannte. Heute wissen wir, dass für komplexe Wellenfunktionen sogar das Betragsquadrat benötigt wird. Allerdings war es Born sofort klar, dass sich durch diese Interpretation die Quantenmechanik grundsätzlich von der klassischen Physik unterscheidet:

> Die Schrödinger'sche Quantenmechanik gibt also auf die Frage nach dem Effekt eines Zusammenstoßes eine ganz bestimmte Antwort; aber es handelt sich um keine Kausalbeziehung. Man bekommt keine Antwort auf die Frage, ‚wie ist der Zustand nach dem Zusammenstoße', sondern nur auf die Frage, ‚wie wahrscheinlich ist ein vorgegebener Effekt des Zusammenstoßes'.

Hier ergibt sich die ganze Problematik des Determinismus. Vom Standpunkt der Quantenmechanik gibt es keine Größe, die im Einzelfalle den Effekt eines Stoßes kausal festlegt.
[...] Ich selber neige dazu, die Determiniertheit in der atomaren Welt aufzugeben. Aber das
ist eine philosophische Frage, für die physikalische Argumente allein nicht maßgebend sind.

Das Zufalls- und Wahrscheinlichkeitsprinzip, auf das sich Born hier beruft, ist
anscheinend tief in die Quantenmechanik eingebaut und wurde bereits an mehreren Stellen angesprochen, zuletzt bei der Diskussion des Doppelspalt-Experimentes
für Elektronen in Abschn. 4.1. Die **Born'sche Interpretation** der Wellenfunktion
verknüpft das Betragsquadrat der Wellenfunktion mit der Wahrscheinlichkeit für
eine Ortsmessung

$$|\psi(x)|^2 \Delta x = \begin{pmatrix} \text{Wahrscheinlichkeit, Teilchen am Ort } x \\ \text{im kleinen Intervall } \Delta x \text{ zu messen} \end{pmatrix}. \tag{4.14}$$

Gl. (4.14) nimmt eine zentrale Rolle in der Quantenmechanik ein. Im Gegensatz zur
klassischen Physik beschreibt die Quantenmechanik also nicht, was kausal passiert,
sondern gibt lediglich Auskunft darüber, was man messen kann.

▶ Die Born'sche Wahrscheinlichkeitsinterpretation besagt, dass die Wahrscheinlichkeit, ein Teilchen am Ort x im Intervall Δx zu messen, durch das Betragsquadrat der
Wellenfunktion $|\psi(x)|^2 \Delta x$ gegeben ist.

Der Wellenfunktion kommt keine objektive physikalische Realität zu, sondern sie
muss im Sinne einer Wahrscheinlichkeit interpretiert werden. In diesem Sinne unterscheidet sich der Mikrokosmos auf eine grundsätzliche Art von unserer Alltagswelt.
In Analogie zur Wahrscheinlichkeitstheorie können wir das Betragsquadrat mit einer
Wahrscheinlichkeitsdichte verknüpfen,

$$|\psi(x)|^2 = \left(\text{Wahrscheinlichkeitsdichte für Teilchen am Ort } x \right). \tag{4.15}$$

Die Wahrscheinlichkeit, das Teilchen in einem bestimmten Intervall $[x, x + \Delta x]$ zu
detektieren, ist dann durch

$$P = \int_x^{x+\Delta x} |\psi(x')|^2 \, dx' \tag{4.16}$$

gegeben. Für genügend kleine Intervalle Δx kann das Integral durch Quadrate genä-
hert werden, und wir erhalten näherungsweise Gl. (4.14). In einem Experiment ist
die Detektionswahrscheinlichkeit somit sowohl durch die Wahrscheinlichkeitsdichte
$|\psi(x)|^2$ als auch durch die Breite der Detektionsbereiche Δx gegeben, wie in Abb. 4.5
gezeigt. In jedem Fall muss die Wellenfunktion einer **Normierung** genügen

$$\int_{-\infty}^{\infty} |\psi(x)|^2 \, dx = 1. \tag{4.17}$$

Abb. 4.5 Ein Teilchen, das mit der Wellenfunktion $\psi(x)$ beschrieben wird, trifft auf einen Detektor mit einer Pixelbreite Δx. Der Ausgang eines einzelnen Experiments ist nur im Sinne einer Wahrscheinlichkeit vorhersagbar, für viele Messungen entspricht die Intensitätsverteilung $|\psi(x)|^2 \Delta x$

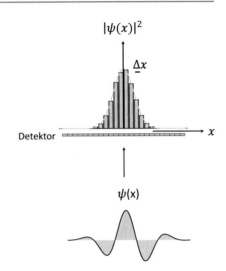

Diese Gleichung besagt, dass das Teilchen irgendwo gemessen werden muss. Ohne diese Normierung könnte die Wellenfunktion nicht im Sinne einer Wahrscheinlichkeit interpretiert werden. Die Amplitude einer Materie-Wellenfunktion ist also nicht frei wählbar, sondern sie muss immer so bestimmt werden, dass Gl. (4.17) erfüllt ist.

Beispiel Gaußfunktion
Betrachten wir eine Gauß'sche Wellenfunktion der Form

$$\psi(x) = A \exp\left[ik_0 x - \frac{(x - x_0)^2}{4\sigma^2}\right]. \qquad (4.18)$$

Wir finden nun für die Normierung aus Gl. (4.17)

$$A^2 \int_{-\infty}^{\infty} e^{-\frac{(x-x_0)^2}{2\sigma^2}} \, dx = A^2 \int_{-\infty}^{\infty} e^{-\frac{x'^2}{2\sigma^2}} \, dx' = A^2 \sqrt{2\pi}\sigma \stackrel{!}{=} 1,$$

wobei wir $x' = x - x_0$ substituiert haben und im letzten Rechenschritt das Gauß'sche Integral aus Gl. (3.20) benutzt haben. Somit finden wir für die normierte Wellenfunktion

$$\psi(x) = \left(2\pi\sigma^2\right)^{-\frac{1}{4}} \exp\left[ik_0 x - \frac{(x - x_0)^2}{4\sigma^2}\right]. \qquad (4.19)$$

4.3 Messung von Ort und Impuls

Ortsmessung

In vielen Fällen ist man nicht an der vollen Wahrscheinlichkeitsverteilung $|\psi(x)|^2$ interessiert, sondern nur an wenigen Momenten dieser Verteilung. Nehmen wir an, wir führen hintereinander eine Reihe von Messungen an jeweils identisch präparierten quantenmechanischen Systemen durch, wobei wir die Teilchen an den Orten

$$x_1, x_2, \ldots x_n$$

messen und n die Gesamtzahl der Messungen ist. Der mittlere Ort kann nun gemäß

$$\bar{x} = \frac{1}{n} \sum_{i=1}^{n} x_i \tag{4.20}$$

bestimmt werden. Ebenso finden wir für die Varianz

$$\text{var}(x) = \frac{1}{n-1} \sum_{i=1}^{n} \left(x_i - \bar{x}\right)^2, \tag{4.21}$$

aus der wir die sogenannte Standardabweichung (englisch *standard deviation*) berechnen können

$$\text{std}(x) = \sqrt{\text{var}(x)}. \tag{4.22}$$

Sie gibt Auskunft darüber, wie stark die Messwerte x_i um den Mittelwert $\bar{x}$ streuen. Für $n \to \infty$ können wir diese Größen auch über die Wahrscheinlichkeitsverteilung der Wellenfunktion bestimmen. Wir erhalten dann für den Mittelwert und die Varianz der Ortsmessungen

$$\bar{x} = \int_{-\infty}^{\infty} \left|\psi(x)\right|^2 x \, dx \tag{4.23a}$$

$$\text{var}(x) = \int_{-\infty}^{\infty} \left|\psi(x)\right|^2 (x - \bar{x})^2 \, dx. \tag{4.23b}$$

Der Mittelwert ist somit gegeben durch die Summe über die Wahrscheinlichkeiten $|\psi(x)|^2 \, dx$, das Teilchen am Ort x im Intervall dx zu finden, gewichtet mit dem Messergebnis x. Eine ähnliche Interpretation kann auch für die Varianz gegeben werden.

Beispiel Gaußfunktion
Betrachten wir wieder die Gauß'sche Wellenfunktion aus Gl. (4.19). Wie in Aufgabe 4.5 näher diskutiert wird, sind der Mittelwert und die Varianz durch

$$\bar{x} = x_0$$
$$\mathrm{var}(x) = \sigma^2 \tag{4.24}$$

gegeben. Der mittlere Ort der Verteilung ist also x_0 und die Breite der Verteilung σ, wie man auch intuitiv hätte vermuten können.

Impulsmessung

Die Überlegungen des letzten Abschnittes lassen sich auch auf Impulsmessungen verallgemeinern. Entsprechend der De-Broglie-Beziehung ist der Impuls einer Welle durch $\hbar k$ gegeben, und entsprechend dem Theorem für Fouriertransformationen kann jedes Wellenpaket in harmonische Partialwellen zerlegt werden. Abb. 4.6 zeigt ein Beispiel einer Impulsmessung. Ein Wellenpaket tritt in einen Bereich ein, in dem ein konstantes Magnetfeld vorhanden ist. Für geladene Teilchen wirkt eine Lorentzkraft, die die Partialwellen entsprechend ihres Impulses auffächert. Nach Durchlaufen des Magnetfelds wird das Wellenpaket somit in seine unterschiedlichen Partialwellen aufgespalten, die dann analog zur zuvor diskutierten Ortsmessung detektiert werden können.

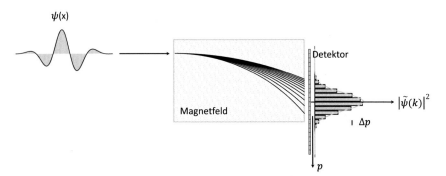

Abb. 4.6 Wahrscheinlichkeitsinterpretation der Wellenfunktion $\tilde{\psi}(k)$. Ein Teilchen wird durch ein Magnetfeld geschickt. Aufgrund der Lorentzkraft kommt es zu einer Aufspaltung der Partialwellen, die Impulsverteilung kann danach wie bei der Ortsmessung gemessen werden

Zur Beschreibung von Impulsmessungen beginnen wir damit, ein Wellenpaket entsprechend Gl. (3.18) in Partialwellen zu zerlegen

$$\psi(x) = \int_{-\infty}^{\infty} e^{ikx} \tilde{\psi}(k) \, \frac{dk}{2\pi} \tag{4.25a}$$

$$\tilde{\psi}(k) = \int_{-\infty}^{\infty} e^{-ikx} \psi(x) \, dx. \tag{4.25b}$$

Unserer Diskussion zur Born'schen Interpretation folgend, können wir das Betragsquadrat von $\tilde{\psi}(k)$ mit der Wahrscheinlichkeit für eine Impulsmessung in Beziehung setzen,

$$|\tilde{\psi}(k)|^2 \, \Delta p = \left(\begin{array}{c} \text{Wahrscheinlichkeit, Teilchen mit Impuls } \hbar k \\ \text{im kleinen Intervall } \Delta p \text{ zu messen} \end{array} \right). \tag{4.26}$$

Der Ausdruck $|\tilde{\psi}(k)|^2$ ist somit eine Wahrscheinlichkeitsdichte im Impulsraum. Der Mittelwert und die Varianz von Impulsmessungen ergeben sich in vollständiger Analogie zur Ortsmessung als

$$\bar{p} = \int_{-\infty}^{\infty} |\tilde{\psi}(k)|^2 \hbar k \, \frac{dk}{2\pi} \tag{4.27a}$$

$$\mathrm{var}(p) = \int_{-\infty}^{\infty} |\tilde{\psi}(k)|^2 (\hbar k - \bar{p})^2 \, \frac{dk}{2\pi}. \tag{4.27b}$$

Beispiel Gaußfunktion
Die Fouriertransformierte des Gauß'schen Wellenpaketes aus Gl. (4.19) lautet

$$\tilde{\psi}(k) = \left(\frac{2\sigma^2}{\pi} \right)^{\frac{1}{4}} e^{-ikx_0 - \sigma^2(k-k_0)^2}. \tag{4.28}$$

Es lässt sich nun leicht zeigen, dass der Impulsmittelwert und die Varianz durch

$$\bar{p} = \hbar k_0$$
$$\mathrm{var}(p) = \frac{\hbar^2}{4\sigma^2} \tag{4.29}$$

gegeben sind. Für das Produkt der Ortsvarianz und Impulsvarianz finden wir somit

$$\mathrm{var}(x)\,\mathrm{var}(p) = \frac{\hbar^2}{4}. \tag{4.30}$$

Dieses Ergebnis ist in Übereinstimmung zu unserer vorherigen Diskussion, dass eine breite Ortsverteilung eine schmale Verteilung im Wellenzahlraum bzw. Impulsraum bewirkt, und umgekehrt. Wir werden auf diesen Punkt am Ende des Kapitels zurückkommen.

Impulsoperator

Betrachten wir nochmals den Mittelwert vieler Impulsmessungen

$$\bar{p} = \int_{-\infty}^{\infty} |\tilde{\psi}(k)|^2 \hbar k \, \frac{dk}{2\pi} = \int_{-\infty}^{\infty} \tilde{\psi}^*(k) \, \hbar k \, \tilde{\psi}(k) \, \frac{dk}{2\pi},$$

wobei wir im letzten Schritt das Betragsquadrat explizit angeschrieben haben. Wir zeigen nun, dass dieses Integral im Wellenzahlraum mit einem einfachen Trick auf ein Integral im Ortsraum umgeschrieben werden kann. Mit Hilfe dieses Tricks ist es oft gar nicht nötig, die Fouriertransformation zur Beschreibung von Impulseigenschaften explizit durchzuführen. Wir beginnen damit, im obigen Integral $\tilde{\psi}(k)$ durch den Ausdruck aus Gl. (4.25b) zu ersetzen

$$\bar{p} = \int_{-\infty}^{\infty} \tilde{\psi}^*(k) \, \hbar k \underbrace{\left[\int_{-\infty}^{\infty} e^{-ikx} \psi(x) \, dx \right]}_{\tilde{\psi}(k)} \frac{dk}{2\pi} . \tag{4.31}$$

Es lässt sich nun leicht zeigen, dass gilt

$$\hbar k \, e^{-ikx} = i\hbar \frac{d}{dx} e^{-ikx}.$$

Mit Hilfe partieller Integration finden wir dann

$$\int_{-\infty}^{\infty} \left(i\hbar \frac{d}{dx} e^{ikx} \right) \psi(x) \, dx$$

$$= i\hbar e^{ikx} \psi(x) \Big|_{-\infty}^{\infty} - \int_{-\infty}^{\infty} e^{-ikx} \left(i\hbar \frac{d}{dx} \psi(x) \right) dx.$$

Unter der Annahme, dass eine normierbare Wellenfunktion im Unendlichen gegen null streben muss, wird der Randterm auf der rechten Seite null. Gl. (4.31) kann somit umgeschrieben werden als

$$\bar{p} = \int_{-\infty}^{\infty} \tilde{\psi}^*(k) \left[\int_{-\infty}^{\infty} e^{-ikx} \left(-i\hbar \frac{d}{dx} \psi(x) \right) dx \right] \frac{dk}{2\pi}$$

$$= \int_{-\infty}^{\infty} \underbrace{\left[\int_{-\infty}^{\infty} e^{-ikx} \tilde{\psi}^*(k) \, \frac{dk}{2\pi} \right]}_{\psi^*(x)} \left(-i\hbar \frac{d}{dx} \psi(x) \right) dx.$$

Beim Übergang von der ersten zur zweiten Zeile haben wir die Integrationen über den Orts- und Wellenzahlraum vertauscht. Man sieht nun sofort, dass der Term in eckigen Klammern genau das komplex Konjugierte von Gl. (4.25a) ist. Der Impulserwartungswert kann somit auch ohne explizite Durchführung der Fouriertransformation ausgeführt werden, nämlich in der Form

$$\bar{p} = \int_{-\infty}^{\infty} \psi^*(x) \left(-i\hbar \frac{d}{dx}\right) \psi(x)\, dx. \tag{4.32}$$

Es erweist sich als günstig, an dieser Stelle den sogenannten **Impulsoperator** einzuführen (siehe auch Abb. 4.7):

$$\hat{p} = -i\hbar \frac{d}{dx}. \tag{4.33}$$

Operatoren spielen in der Quantenmechanik eine wichtige Rolle und werden in diesem Buch stets mit einem übergestellten Dach gekennzeichnet werden. Der Operator für sich genommen ergibt keinen Sinn, sondern er muss noch auf etwas angewendet werden, beispielsweise auf eine Wellenfunktion. Wir werden später sehen, dass Operatoren eng mit Messungen verknüpft sind.

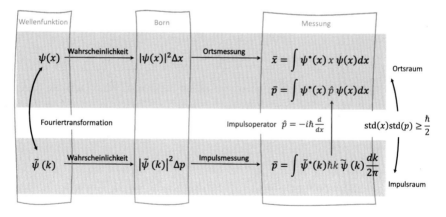

Abb. 4.7 Zusammenfassung Wellenfunktion. Die Wellenfunktion ist das zentrale Element der Quantenmechanik, im Ortsraum ist sie durch $\psi(x)$ und im Impuls- oder Wellenzahlraum durch $\tilde{\psi}(k)$ gegeben, die beiden Größen können durch eine Fouriertransformation ineinander übergeführt werden. Der Wellenfuntion kommt keine objektive Realität zu, sondern sie muss im Sinne einer Wahrscheinlichkeit interpretiert werden: $|\psi(x)|^2 \Delta x$ ist die Wahrscheinlichkeit, ein Teilchen am Ort x im Intervall Δx zu messen, $|\tilde{\psi}(k)|^2 \Delta p$ ist die Wahrscheinlichkeit, ein Teilchen mit dem Impuls $\hbar k$ im Intervall Δp zu messen. Aus den Wahrscheinlichkeitsverteilungen können Größen wie der mittlere Ort $\bar{x}$ oder Impuls $\bar{p}$ bestimmt werden. Zur Bestimmung von $\bar{p}$ kann auch der Impulsoperator $\hat{p}$ benutzt werden. Die Standardabweichungen für die gemessenen Orts- und Impulverteilungen std(x) und std(p) sind nicht unabhängig, sondern über die Heisenberg'sche Unschärferelation aus Gl. (4.35) miteinander verknüpft

▶ Zur Bestimmung der Impulseigenschaften einer Wellenfunktion kann man entweder die Wellenfunktion $\tilde{\psi}(k)$ im Impulsraum benutzen oder den Impulsoperator $\hat{p} = -i\hbar d/dx$ auf die Wellenfunktion $\psi(x)$ im Ortsraum anwenden.

Für den Mittelwert und die Varianz der Impulsmessung erhalten wir dann

$$\bar{p} = \int_{-\infty}^{\infty} \psi^*(x) \left[\hat{p}\,\psi(x) \right] dx \qquad (4.34a)$$

$$\mathrm{var}(p) = \int_{-\infty}^{\infty} \psi^*(x) \left[(\hat{p} - \bar{p})^2 \, \psi(x) \right] dx. \qquad (4.34b)$$

Der Ausdruck in der zweiten Zeile kann entsprechend der obigen Herleitung durch zweifache partielle Integration gewonnen werden, wobei $\hat{p}^2$ im Sinne einer zweifachen Ortsableitung zu verstehen ist.

4.4   Heisenberg'sche Unschärferelation

Wir schließen dieses Kapitel mit der sogenannten Heisenberg'schen Unschärferelation, die von Heisenberg selbst als Unbestimmtheitsrelation bezeichnet wurde. Diese Relation verknüpft die Standardabweichung von Orts- und Impulsmessungen,

$$\mathrm{std}(x)\,\mathrm{std}(p) \geq \frac{\hbar}{2}, \qquad (4.35)$$

Die Herleitung dieser Relation wird weiter unten diskutiert. Wenn wir die Standardabweichung von x mit einer Ortsunschärfe Δx verbinden und die Standardabweichung von p mit einer Impulsunschärfe Δp, so lautet die Heisenberg'sche Unschärferelation in Worte gefasst[1]

$$\left(\begin{array}{c} \text{Unschärfe } \Delta x \\ \text{im Ort} \end{array} \right) \times \left(\begin{array}{c} \text{Unschärfe } \Delta p \\ \text{im Impuls} \end{array} \right) \geq \frac{\hbar}{2}.$$

Für das Gauß'sche Wellenpaket gilt entsprechend Gl. (4.30) genau das Gleichheitszeichen. Die Heisenberg'sche Unschärferelation ist eine fundamentale Beziehung, die für alle Wellenfunktionen erfüllt sein muss. Man kann nun die Ortsunschärfe mit den Teilcheneigenschaften verknüpfen: Je kleiner die Unschärfe Δx, desto besser lässt sich das Wellenpaket lokalisieren. Entsprechend repräsentiert die Impulsunschärfe die Welleneigenschaften: Je kleiner die Unschärfe Δp, desto besser lässt

---

[1]Beachten Sie, dass Δx hier nichts mit dem Ausdruck aus Gl. (4.14) zu tun hat und Δp nichts mit dem Ausdruck in Gl. (4.26).

sich dem Wellenpaket eine Wellenlänge zuordnen. Die Heisenberg'sche Unschärferelation ist dann ein Ausdruck für den Welle-Teilchen-Dualismus der Quantenmechanik: je genauer die Teilcheneigenschaften bestimmt sind, desto unbestimmter sind die Welleneigenschaften, und umgekehrt.

▶ Die Heisenberg'sche Unschärferelation gibt eine untere Schranke für das Produkt von Orts- und Impulsunschärfe an. Je genauer der Ort eines Teilchens bestimmt ist, desto unbestimmter ist sein Impuls, und umgekehrt.

Heisenberg selbst hat seine Unschärferelation auch oft im Sinne von tatsächlichen Messungen interpretiert. Nehmen wir an, wir wollen die Eigenschaften eines Objektes mit einer bestimmten Genauigkeit Δx bestimmen. In einem optischen Experiment benötigen wir dazu Licht mit eine Wellenlänge von $\lambda \approx \Delta x$, siehe dazu auch die Diskussion der Beugungsgrenze aus dem vorigen Kapitel. Im Prinzip könnten wir zur Charakterisierung des Objektes auch Elektronen oder andere Teilchen benutzen, wobei die Wellenlänge λ dann durch die entsprechende De-Broglie-Wellenlänge gegeben wäre. Die Heisenberg'sche Unschärferelation verknüpft nun die Ortsunschärfe Δx mit einer Impulsunschärfe Δp, die während des Messprozesses auf das Objekt übertragen wird. Heisenberg hat für die Beobachtung eines Teilchens in einem Lichtmikroskop folgende Interpretation gewählt [15]:

> Im Augenblick der Ortsbestimmung, also dem Augenblick, in dem das Lichtquant vom Elektron abgebeugt wird, verändert das Elektron seinen Impuls unstetig. [...] Je genauer der Ort bestimmt ist, desto ungenauer ist der Impuls bekannt, und umgekehrt.

In der Quantenmechanik können Ort und Impuls daher nicht gleichzeitig scharf bestimmt werden. Dies ist in starkem Gegensatz zur klassischen Mechanik, bei der sowohl Ort als auch Impuls genau bekannt sind und daraus die zeitliche Entwicklung der Teilchentrajektorie genau vorhergesagt werden kann. In der Quantenmechanik hingegen gibt es eine untere Grenze für die Genauigkeit von Ort und Impuls, und das Konzept einer klassischen Trajektorie muss daher aufgegeben werden. In den nächsten Kapiteln werden wir anhand einer Reihe weiterer Beispiele sehen, dass die Heisenberg'sche Unschärferelation ein wichtiges Werkzeug für die Quantenmechanik darstellt. Die Interpretation im Sinne von Messungen ist oft eine gute Veranschaulichung der Heisenberg'schen Unschärferelation, wobei man doch eine gewisse Vorsicht walten lassen sollte, da wir bei der Herleitung eigentlich nicht wirklich von Messungen gesprochen haben. Wie diese im Rahmen der Quantenmechanik genau beschrieben werden müssen, das wird in Kap. 11 noch genauer untersucht werden.

Herleitung der Unschärferelation*

Im Prinzip lässt sich die Relation allgemein und elegant aus den sogenannten Schwarz'schen Ungleichungen herleiten. Wir wählen hier einen einfacheren Zugang, dem es zwar ein wenig an Eleganz mangelt, der unseren Ansprüchen aber vollständig genügen sollte. Wir beginnen mit dem Ausdruck

$$\mathcal{I}(\lambda) = \int_{-\infty}^{\infty} \left| \left(\lambda(x - \bar{x}) - i(\hat{p} - \bar{p}) \right) \psi(x) \right|^2 dx \geq 0, \qquad (4.36)$$

der nach seiner Konstruktion immer positiv ist. $\hat{p}$ ist der Impulsoperator aus Gl. (4.33), $\bar{x}$, $\bar{p}$ sind die Erwartungswerte von Ort und Impuls, und λ ist ein beliebiger reeller Parameter. Im Folgenden ersetzen wir das Betragsquadrat durch das Produkt des komplexen Terms mit seinem komplex konjugierten Ausdruck und übertragen die Ortsableitung in $\hat{p}\psi^*(x)$ durch partielle Integration auf die Wellenfunktion $\psi(x)$. Nach kurzer Rechnung erhalten wir dann

$$\mathcal{I}(\lambda) = \int_{-\infty}^{\infty} \psi^*(x) \left(\lambda(x - \bar{x}) + i(\hat{p} - \bar{p}) \right) \left(\lambda(x - \bar{x}) - i(\hat{p} - \bar{p}) \right) \psi(x) \, dx,$$

wobei wir benutzt haben, dass $\bar{x}$ und $\bar{p}$ reelle Größen sind. Wenn wir die Ausdrücke in Klammern auflösen, erhalten wir Produkte der Form $(x - \bar{x})^2$ sowie $(\hat{p} - \bar{p})^2$, die genau den weiter oben besprochenen Varianzen entsprechen. Somit finden wir

$$\mathcal{I}(\lambda) = \lambda^2 \mathrm{var}(x) + \mathrm{var}(p) \qquad (4.37)$$
$$- i\lambda \int_{-\infty}^{\infty} \psi^*(x) \left[(x - \bar{x})(\hat{p} - \bar{p}) - (\hat{p} - \bar{p})(x - \bar{x}) \right] \psi(x) \, dx \, .$$

Wäre $\hat{p}$ eine normale Zahl, so würde der Mischterm in eckigen Klammern null ergeben. Für einen Ableitungsoperator müssen wir allerdings vorsichtiger vorgehen. Wir betrachten zuerst den zweiten Ausdruck in eckigen Klammern und schreiben $\hat{p}$ in der Form des Ableitungsoperators von Gl. (4.33) an

$$\left(-i\hbar \frac{d}{dx} - \bar{p} \right) (x - \bar{x}) \psi(x) = -i\hbar \psi(x) + (x - \bar{x})(\hat{p} - \bar{p}) \psi(x).$$

Wir haben die Produktregel für die Ableitung $(x\psi)' = \psi + x\psi'$ benutzt und im zweiten Ausdruck die Ableitung wieder durch den Impulsoperator ersetzt. Der zweite Ausdruck auf der rechten Seite kürzt sich dann mit dem ersten Ausdruck in eckigen Klammern in Gl. (4.37), und wir erhalten für eine normierte Wellenfunktion das Ergebnis

$$\mathcal{I}(\lambda) = \lambda^2 \mathrm{var}(x) + \mathrm{var}(p) + \lambda\hbar \geq 0. \qquad (4.38)$$

Entsprechend unserer Konstruktion muss dieser Ausdruck für alle Werte von λ positiv sein. Gl. (4.38) beschreibt eine Parabel mit positiver Krümmung $\mathrm{var}(x)$, die also nach oben geöffnet ist. Damit der Ausdruck stets positiv ist, muss gelten, dass die Parabel die Abszisse höchstens berühren, aber nicht schneiden darf. Andernfalls wäre $\mathcal{I}(\lambda)$ in dem Bereich zwischen den beiden Schnittpunkten negativ. Am Berührungspunkt erhält Gl. (4.38) die Form einer quadratischen Gleichung, die wir nach λ auflösen können,

$$\lambda_{1,2} = \frac{1}{2\mathrm{var}(x)} \left(-\hbar \pm \sqrt{\hbar^2 - 4\mathrm{var}(x)\,\mathrm{var}(p)} \right). \qquad (4.39)$$

Damit es eine oder gar keine Lösung dieser quadratischen Gleichung gibt, muss der Ausdruck unter der Wurzel entweder gleich oder kleiner als null sein. Diese Bedingung führt uns schließlich zur Heisenberg'schen Unschärferelation aus Gl. (4.35).

4.5 Zusammenfassung

De-Broglie-Wellenlänge Ein freies Teilchen mit dem Impuls p besitzt in der Quantenmechanik die Wellenlänge $\lambda = h/p$. Die zugehörige Materiewellenfunktion $\psi(x) = Ae^{ikx}$ ist eine harmonische Welle mit der Wellenzahl $k = 2\pi/\lambda$.

$\hbar$ Das reduzierte Planck'sche Wirkungsquantum ist über $\hbar = h/2\pi$ mit dem Planck'schen Wirkungsquantum verknüpft. Es kommt in so vielen Gleichungen der Quantenmechanik vor, dass sich die Einführung eines eigenen (durchaus eleganten) Symbols $\hbar$ tatsächlich lohnt.

Materiewellenfunktion $\psi(x)$ Die Materiwellenfunktion $\psi(x)$, von hier an meistens nur als Wellenfunktion bezeichnet, ist das zentrale Objekt der Quantenmechanik. Obwohl aus der Kenntnis von $\psi(x)$ alle Messgrößen bestimmt werden können, kommt ihr selbst keine objektive Realität zu, sondern sie muss im Sinne einer Wahrscheinlichkeit interpretiert werden.

Born'sche Interpretation Die Born'sche Wahrscheinlichkeitsinterpretation besagt, dass die Wahrscheinlichkeit, ein Teilchen am Ort x im Intervall Δx zu messen, durch $|\psi(x)|^2 \Delta x$ gegeben ist. Ähnlich kann man mit Hilfe der Fouriertransformierten $\tilde{\psi}(k)$ die Wahrscheinlichkeit $|\tilde{\psi}(k)|^2 \Delta p$ bestimmen, dass der Impuls $\hbar k$ im Intervall Δp gemessen wird.

Normierung Für jede Wellenfunktion muss gelten, dass das Integral über das Betragsquadrat der Wellenfunktion eins ergibt. Das ist offensichtlich die Grundvoraussetzung dafür, dass die Wellenfunktion im Sinne einer Wahrscheinlichkeit interpretiert werden kann, das Teilchen muss irgendwo detektiert werden. Durch diese Normierung ist die Amplitude einer quantenmechanischen Wellenfunktion festgelegt und kann nie frei gewählt werden.

Impulsoperator Zur Bestimmung der Impulseigenschaften einer Wellenfunktion kann man entweder eine Fouriertransformation durchführen und die Eigenschaften im Impulsraum bestimmen. Alternativ dazu kann man auch den Impulsoperator $\hat{p} = -i\hbar d/dx$ einführen und diesen auf die Wellenfunktion $\psi(x)$ im Ortsraum anwenden.

Heisenberg'sche Unschärferelation Die Heisenberg'sche Unschärferelation $\mathrm{std}(x)\mathrm{std}(p) \geq \hbar/2$ verknüpft die Standardabweichung von Orts- und Impulsmessungen: Je genauer der Ort bestimmt ist, desto unbestimmter ist der Impuls, und umgekehrt. Die Abschätzung ist exakt und somit für alle Wellenfunktionen erfüllt.

Aufgaben

Aufgabe 4.1 Betrachten Sie ein Teilchen mit einer Masse von einem Kilogramm, das sich mit einer Geschwindigkeit von 1 ms^{-1} bewegt. Bestimmen Sie die zugehörige De-Broglie-Wellenlänge und vergleichen Sie diese mit einem Atomdurchmesser von ungefähr 0,1 nm.

Aufgabe 4.2 Bestimmen Sie die De-Broglie-Wellenlänge für ein Elektron mit kinetischen Energien von 1, 10 und 100 eV.

Aufgabe 4.3 Betrachten Sie einen gezinkten Würfel, bei dem die Augenzahlen $\{1, 2, 3, 4, 5, 6\}$ mit den Wahrscheinlichkeiten $\{1/8, 1/8, 1/8, 1/8, 1/8, 3/8\}$ auftreten.

a. Zeigen Sie, dass die Wahrscheinlichkeiten normiert sind.
b. Bestimmen Sie die mittlere Augenzahl und die Standardabweichung.

Aufgabe 4.4 Gegeben sei eine kontinuierliche Wahrscheinlichkeitsverteilung, bei der alle Werte aus dem Intervall $x \in [-1, 1]$ gleich wahrscheinlich sind.

a. Wie groß ist die Wahrscheinlichkeit, ein Ergebnis im Intervall $x \in [0, 1/4]$ zu erhalten?
b. Bestimmen Sie den Mittelwert und die Standardabweichung für die Verteilung.

Aufgabe 4.5 Zeigen Sie, dass der mittlere Ort und die Standardabweichung für die Gauß'sche Verteilung tatsächlich durch Gl. (4.24) gegeben ist. Zur Bestimmung der Momente benutzt man am besten das Gaußintegral aus Gl. (3.20), das nach den Koeffizienten a und b abgeleitet wird,

$$\int_{-\infty}^{\infty} x\, e^{-ax^2+bx}\, dx = \frac{\partial}{\partial b}\left(\int_{-\infty}^{\infty} e^{-ax^2+bx}\, dx\right) = \frac{\partial}{\partial b}\left(\sqrt{\frac{\pi}{a}}\, e^{\frac{b^2}{4a}}\right)$$

$$\int_{-\infty}^{\infty} x^2 e^{-ax^2+bx}\, dx = -\frac{\partial}{\partial a}\left(\int_{-\infty}^{\infty} e^{-ax^2+bx}\, dx\right) = -\frac{\partial}{\partial a}\left(\sqrt{\frac{\pi}{a}}\, e^{\frac{b^2}{4a}}\right).$$

Aufgabe 4.6 Gegeben sei eine Wellenfunktion

$$\psi(x) = A\, \cos\left(\frac{\pi x}{L}\right), \qquad x \in \left[-\frac{L}{2}, \frac{L}{2}\right].$$

a. Bestimmen Sie A so, dass die Wellenfunktion richtig normiert ist.
b. Bestimmen Sie den mittleren Impuls und die Impulsvarianz für die Wellenfunktion.
c. Wie ändert sich die Impulsvarianz als Funktion von L?
d. Berechnen Sie die Ortsvarianz sowie das Produkt von Orts- und Impulsvarianz. Vergleichen Sie das Ergebnis mit der Heisenberg'schen Unschärferelation.

Aufgabe 4.7 Gegeben sei eine Gauß'sche Wellenfunktion $A\,e^{-x^2/2}$. Erklären Sie ohne Lösen eines Integrals, weshalb der mittlere Ort und der mittlere Impuls beide null sind.

Aufgabe 4.8 Benutzen Sie den Impulsoperator $\hat{p}$ aus Gl. (4.33), um folgende Ausdrücke zu bestimmen.

a. $\hat{p}\left(xe^{-x}\right)$
b. $x\,\hat{p}\left(e^{-x}\right)$
c. $\hat{p}\left[f(x)g(x)\right]$, wobei $f(x)$ und $g(x)$ beliebige Funktionen sind.

Aufgabe 4.9 $\hat{p}^2\psi(x) = -\hbar^2\psi''(x)$ ist mit der zweiten Ortsableitung verknüpft, die im Sinne einer Krümmung der Wellenfunktion interpretiert werden kann. Welche der Wellenfunktionen $e^{-x^2/2}, e^{-x^2/4},\ e^{-x^2/8}$ besitzt die größte Impulsinvarianz? Argumentieren Sie mit Hilfe der Impulsvarianz sowie der Krümmung der Wellenfunktion.

Die Schrödingergleichung

5

Inhaltsverzeichnis

Zusammenfassung

Die Schrödingergleichung ist die zentrale Gleichung der Quantenmechanik, die die zeitliche Entwicklung der Wellenfunktion bestimmt. Wir diskutieren den Spezialfall eines freien Teilchens sowie die Lösungsstrategie durch die zeitunabhängige Schrödingergleichung, die für zeitunabhängige Potentiale verwendet werden kann und die in den folgenden Kapiteln eine wichtige Rolle spielen wird. Mit Hilfe der Kopenhagener Interpretation können Messergebnisse unter Benutzung der zeitabhängigen Wellenfunktion vorhergesagt werden.

Mit den Erkenntnissen der letzten beiden Kapitel über Wellen, Materiewellen und deren Wahrscheinlichkeitsinterpretation sind wir nun in der Lage, den vorerst letzten Puzzlestein zur Beschreibung der Quantenmechanik einzufügen. Im Jahr 1926 schlug Erwin Schrödinger eine Gleichung vor, die die zeitliche Entwicklung der Wellenfunktion $\psi(x, t)$ beschreibt. Die nach ihm benannte **zeitabhängige Schrödingergleichung** besagt, dass die zeitliche Entwicklung einer Wellenfunktion gegeben ist durch

U. Hohenester und K. Irgang, *Einführung in die Quantenmechanik*,
https://doi.org/10.1007/978-3-662-65980-9_5

$$i\hbar \frac{\partial \psi(x,t)}{\partial t} = \left(-\frac{\hbar^2}{2m} \frac{\partial^2}{\partial x^2} + V(x,t) \right) \psi(x,t). \tag{5.1}$$

m ist die Masse des Teilchens und $V(x,t)$ ein Potential, über das später noch mehr gesagt werden wird. Gl. (5.1) ist eine partielle Differentialgleichung, deren linke Seite die zeitliche Änderung der Materiewelle beschreibt. Zur eindeutigen Lösung der Schrödingergleichung benötigen wir noch einen Anfangswert

$$\psi(x,0) = \psi_0(x), \tag{5.2}$$

der die Wellenfunktion zu einem Anfangszeitpunkt, hier zur Zeit null, spezifiziert. In einem Experiment beschreibt $\psi_0(x)$ den Zustand, in dem das quantenmechanische System anfangs präpariert wird. Gl. (5.1) übernimmt in der Quantenmechanik die Rolle der Newton'schen Bewegungsgleichungen für ein Teilchen in der klassischen Mechanik, die die zeitliche Entwicklung der dynamischen Größen von Ort und Impuls mit den auf das Teilchen wirkenden Kräften verknüpft, und Gl. (5.2) entspricht den Anfangsbedingungen für das Teilchen. Siehe auch Abb. 5.1. Wir werden weiter unten nochmals genauer ausführen, dass im Gegensatz zur klassischen Mechanik die Wellenfunktion einer zusätzlichen Interpretation bedarf.

▶ Die Schrödingergleichung ist die zentrale Gleichung der Quantenmechanik. Solange keine Messung an einem quantenmechanischen Teilchen durchgeführt wird, bestimmt sie die zeitliche Entwicklung der Wellenfunktion. Zur Lösung der Schrödingergleichung benötigt man eine Anfangsbedingung $\psi_0(x)$.

Die Schrödingergleichung (5.1) kann in eine etwas intuitivere Form gebracht werden. Zuerst rufen wir uns in Erinnerung, dass die Impulseigenschaften der Wellenfunktion durch den in Gl. (4.33) eingeführten Impulsoperator

$$\hat{p} = -i\hbar \frac{\partial}{\partial x} \tag{5.3}$$

bestimmt werden können. Dieser Operator muss wie zuvor diskutiert noch auf etwas wirken, beispielsweise die zeitabhängige Wellenfunktion $\psi(x,t)$, die nun sowohl von der Ortskoordinate x als auch der Zeit t abhängt. Aus diesem Grund haben wir in Gl. (5.3) im Gegensatz zum vorigen Kapitel auch den partiellen Ableitungsoperator verwendet. Der Impulsoperator angewandt auf eine Wellenfunktion liefert dann Auskunft über die Impulseigenschaften des Teilchens. Ebenso können wir einen Operator für die kinetische Energie einführen

$$\frac{\hat{p}^2}{2m} = \frac{1}{2m} \left(-i\hbar \frac{\partial}{\partial x} \right)^2 = -\frac{\hbar^2}{2m} \frac{\partial^2}{\partial x^2}.$$

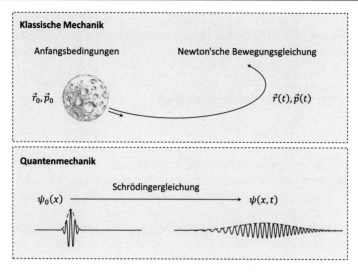

Abb. 5.1 In der klassischen Mechanik beschreiben die Newton'schen Bewegungsgleichungen, wie sich der Ort $\vec{r}(t)$ und der Impuls $\vec{p}(t)$ eines Teilchens im Lauf der Zeit ändern. Um die Bewegungsgleichungen zu lösen, benötigt man noch die Anfangsbedingungen der Orts- und Impulskoordinaten $\vec{r}_0$, $\vec{p}_0$ zum Zeitpunkt null. In der Quantenmechanik beschreibt die Schrödingergleichung die zeitliche Entwicklung der Wellenfunktion. Um die Gleichung zu lösen, benötigt man noch die Wellenfunktion $\psi_0(x)$ zum Zeitpunkt null. Der quantenmechanischen Wellenfunktion kommt keine objektive Realität zu, sie muss im Sinne einer Wahrscheinlichkeit interpretiert werden

Ein Vergleich mit der zeitabhängigen Schrödingergleichung aus Gl. (5.1) zeigt, dass der erste Term in Klammern genau diesem Operator für die kinetische Energie entspricht. Es erweist sich als günstig, einen Operator für die Gesamtenergie des quantenmechanischen Teilchens einzuführen, der die Summe aus kinetischer Energie und potentieller Energie ist. Dieser sogenannte **Hamiltonoperator** besitzt die Form

$$\hat{H}(x,t) = \frac{\hat{p}^2}{2m} + V(x,t) = -\frac{\hbar^2}{2m}\frac{\partial^2}{\partial x^2} + V(x,t). \tag{5.4}$$

Dementsprechend lässt sich die zeitabhängige Schrödingergleichung auch wie folgt anschreiben

$$i\hbar\frac{\partial \psi(x,t)}{\partial t} = \hat{H}(x,t)\,\psi(x,t). \tag{5.5}$$

Beide Schreibweisen von Gl. (5.1) und (5.5) sind in der Literatur gebräuchlich, und es ist ratsam, sich beide zu merken, auch wenn sie genau dieselbe Physik beschreiben.

Wie alle fundamentalen Gleichungen der Physik lässt sich die zeitabhängige Schrödingergleichung nicht aus tieferen Prinzipien herleiten, sondern muss in irgendeiner Form „geraten" werden. Sobald wir sie jedoch als fundamentale Gleichung der Quantenmechanik akzeptiert haben, können wir eine Vielzahl von quantenmechanischen Systemen untersuchen und überprüfen, ob die Vorhersagen der Schrödingergleichung auch tatsächlich mit experimetellen Befunden übereinstimmen. Das werden wir in den folgenden Kapiteln machen. Bevor wir uns ausgewählten Systemen zuwenden, soll noch einmal auf die besondere Rolle der Interpretation der Wellenfunktion eingegangen werden.

5.1   Kopenhagener Interpretation

Als Geburtsstunde der Quantenmechanik wird oft die Arbeit von Max Planck zur Schwarzkörperstrahlung im Jahr 1900 angenommen, von der später noch die Rede sein wird und in der er das nach ihm benannte Wirkungsquantum einführte. Obwohl in den Folgejahren immer mehr Experimente durchgeführt wurden, die nicht im Rahmen der klassischen Physik erklärt werden konnten, dauerte es noch ein gutes Vierteljahrhundert, ehe die grundlegende Gleichung der Quantenmechanik gefunden wurde, dann allerdings nicht in einfacher, sondern dreifacher Form. Werner Heisenberg präsentierte 1925 eine Theorie, die auf dem Konzept von Operatoren aufbaute, 1926 folgten die Theorien von Erwin Schrödinger, siehe Gl. (5.1), und Paul Dirac, der eine besonders kompakte und elegante Formulierung vorschlug, die sich noch heute großer Beliebtheit erfreut. Die Verwirrung über diese unterschiedlichen Theorien legte sich bald, nachdem man erkannte, dass alle im Prinzip dieselbe Physik beschreiben, auch wenn sie unterschiedliche Aspekte betonen. Vor allem in den Anfangsjahren konnten sich viele Physiker:innen besonders mit der Schrödinger'schen Formulierung anfreunden, weil der Umgang mit partiellen Differentialgleichungen aus anderen Gebieten der Physik, wie beispielsweise der Elektrodynamik oder Wärmeleitung, bekannt waren und es rasch gelang, die Schrödingergleichung für einfache Systeme wie Oszillatoren oder das Wasserstoffatom zu lösen. Davon wird in den folgenden Kapiteln noch die Rede sein.

Diese Anfangsjahre der Quantenmechanik waren von einer Aufbruchstimmung getragen und einem vollständigen Zusammenbruch der klassischen Physik zur Beschreibung atomarer Vorgänge. Kein Stein blieb auf dem anderen, alles wurde in Frage gestellt. Insbesondere in dieser Zeit war es wichtig, eine klare Vorstellung zu bekommen, was diese neue Theorie nun beschreiben konnte und wie ihre unterschiedlichen Elemente zu interpretieren waren. In den Jahren 1925 bis 1927 schlug eine Reihe von Physiker:innen, allen voran Niels Bohr und Werner Heisenberg, eine Interpretation der Quantenmechanik vor, die heute unter dem Namen **Kopenhagener Interpretation** bekannt ist. Wir wollen hier einige der wichtigsten Punkte kurz anführen.

- Die Wellenfunktion $\psi(x, t)$ beschreibt vollständig den Zustand des Systems. Solange ein quantenmechanisches Teilchen nicht gemessen wird, ist die zeitliche Entwicklung durch die Schrödingergleichung (5.1) gegeben.
- Bei der Messung eines quantenmechanischen Systems kommt es zum Kollaps der Wellenfunktion und es wird nur ein bestimmtes Ergebnis gemessen. Wir haben das früher als den Teilchencharakter der Quantenmechanik bezeichnet.
- Die Quantenmechanik ist eine statistische Theorie, das Ergebnis einer einzelnen Messung kann nur im Sinne einer Wahrscheinlichkeit vorhergesagt werden. Nur

die Ergebnisse vieler Messungen können mit Hilfe der Wellenfunktion genau vorhergesagt werden.

- In der Quantenmechanik können gewisse Größen nicht gleichzeitig scharf gemessen werden. Im vorigen Kapitel haben wir das im Rahmen der Heisenberg'schen Unschärferelation für Ort und Impuls gezeigt. Die Unmöglichkeit, diese Größen gleichzeitig genau anzugeben, wird auch oft als Komplementarität bezeichnet.

Die Kopenhagener Interpretation war vor allem in den ersten Jahren ein wichtiger Wegweiser. Es gibt durchaus Kritik an ihr, vor allem weil oft nicht so ganz klar ist, was sie denn genau besagt, und auch weil sie in späteren Jahren eine kritische Auseinandersetzung mit der Interpretation der Quantenmechanik eher behinderte als förderte. Erst in jüngerer Vergangenheit rückte die Interpretation wieder in den Fokus des Forschungsinteresses, mit vielen interessanten Entwicklungen wie Dekohärenz und Quanten-Darwinismus, auf die wir in den Schlusskapiteln kurz eingehen werden. Die Kopenhagener Interpretation hat durch diese neueren Untersuchungen ein wenig an Bedeutung verloren, wenngleich alle oben angeführten Punkte weiterhin gültig bleiben.

5.2 Freies Teilchen

Als ein erstes Beispiel zur Lösung der Schrödingergleichung betrachten wir ein freies Teilchen, wobei wir das Potential $V = 0$ setzen. Die zeitabhängige Schrödingergleichung (5.1) lautet dann

$$i\hbar \frac{\partial \psi(x,t)}{\partial t} = -\frac{\hbar^2}{2m} \frac{\partial^2 \psi(x,t)}{\partial x^2}. \tag{5.6}$$

Entsprechend der De-Broglie-Beziehung aus Gl. (4.1), die Wellenzahl und Impuls miteinander verknüpft, finden wir für ein freies Teilchen mit einem wohldefinierten Impuls $\hbar k$ die kinetische Energie

$$E(k) = \frac{\hbar^2 k^2}{2m} = \hbar\omega(k). \tag{5.7}$$

Im letzten Schritt haben wir eine Kreisfrequenz $\omega(k) = E(k)/\hbar$ eingeführt. Für eine harmonische Partialwelle versuchen wir nun folgenden Ansatz für die zeitabhängige Materiewelle:

$$\psi(x,t) = A\, e^{i[kx - \omega(k)t]}. \tag{5.8}$$

Einsetzen in Gl. (5.6) liefert dann

$$\underbrace{\hbar\omega(k)\, A\, e^{i[kx-\omega(k)t]}}_{i\hbar \frac{\partial \psi(x,t)}{\partial t}} = \underbrace{\frac{\hbar^2 k^2}{2m}\, A\, e^{i[kx-\omega(k)t]}}_{-\frac{\hbar^2}{2m}\frac{\partial^2 \psi(x,t)}{\partial x^2}}.$$

Mit Hilfe der Dispersionsrelation (5.7) sieht man sofort, dass die obige Gleichung
erfüllt ist und somit Gl. (5.8) tatsächlich eine Lösung der zeitabhängigen Schrödingergleichung darstellt. Wenn wir es mit keiner harmonischen Welle, sondern einer
komplizierteren Welle zu tun haben, können wir wie in Abschn. 3.4 besprochen vorgehen. Wir zerlegen zuerst die Wellenfunktion in harmonische Partialwellen und
berücksichtigen die Zeitentwicklung der einzelnen harmonischen Wellen entsprechend Gl. (5.8). Wir finden dann für die **Lösung der zeitabhängigen Schrödingergleichung** eines freies Teilchens

$$\psi(x, t) = \int_{-\infty}^{\infty} \exp\left[i\left(kx - \frac{\hbar k^2 t}{2m}\right)\right] \tilde{\psi}(k, 0) \frac{dk}{2\pi}, \tag{5.9}$$

wobei $\tilde{\psi}(k, 0)$ die Fouriertransformierte der Wellenfunktion zum Zeitpunkt null
ist. Als ein repräsentatives Beispiel betrachten wir das Gauß'sche Wellenpaket aus
Gl. (4.19), das wir der Vollständigkeit halber nochmals angeben

$$\psi(x) = \left(2\pi\sigma^2\right)^{-\frac{1}{4}} \exp\left[ik_0 x - \frac{x^2}{4\sigma^2}\right].$$

Die zeitliche Propagation so eines Gauß'schen Wellenpaketes haben wir für klassische Wellen bereits in Abschn. 3.4.2 diskutiert. Im Prinzip können wir die Ergebnisse
aus diesem Abschnitt direkt übernehmen, wobei nur noch die Parameter entsprechend angepasst werden müssen. In Analogie zur nichtlinearen Dispersionsrelation
in Gl. (3.31) entwicklen wir $\omega(k)$ aus Gl. (5.7) für ein freies Teilchen in eine Taylorreihe um k_0,

$$\omega(k) = \frac{\hbar k_0^2}{2m} + \left[\frac{\hbar k_0}{m}\right](k - k_0) + \frac{1}{2}\left[\frac{\hbar}{m}\right](k - k_0)^2.$$

Der erste Term in eckigen Klammern entspricht der zuvor verwendeten Gruppengeschwindigkeit v_g und der zweite Term dem Dispersionsparameter β. Offensichtlich
ist die Beziehung zwischen v_g und dem Schwerpunktimpuls $\hbar k_0$ durch $m v_g = \hbar k_0$
gegeben, wie man auch aufgrund von elementaren Überlegungen hätte vermuten können. Aus Gl. (3.32) erhalten wir dann für die zeitliche Entwicklung eines Gauß'schen
Wellenpaketes die Lösung

$$\psi(x, t) = \left(2\pi\sigma^2(t)\right)^{-\frac{1}{4}} \exp\left[i\left(k_0 x - \frac{\hbar k_0^2 t}{2m}\right) - \frac{(x - v_g t)^2}{4\sigma^2(t)}\right], \tag{5.10}$$

mit der zeitabhängigen Breite

$$\sigma(t) = \sqrt{\sigma^2 + \frac{i\hbar t}{2m}}.$$

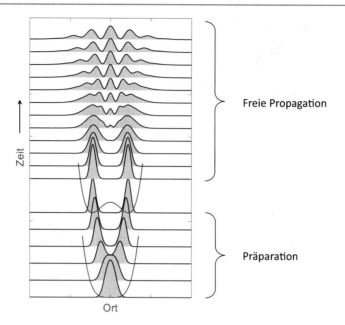

Abb. 5.2 Zeitliche Entwicklung einer Wellenfunktion. Der unterste Graph zeigt das Betragsquadrat einer Wellenfunktion für ein Teilchen, das in einem Potential (rote Linie) eingesperrt ist. In der Präparationsphase wird das Potential langsam in ein Doppelmuldenpotential verformt, so dass die Wellenfunktion in zwei Bereiche getrennt wird. Zum Zeitpunkt null wird das Potential ausgeschaltet, und es erfolgt eine freie Propagation, bei der die Wellenfunktion zerfließt. Wenn die beiden sich verbreiternden Bereiche der Wellenfunktion einander überlagern, kommt es zu Interferenzen, ähnlich wie beim Doppelspalt-Experiment. Für eine experimentelle Realisierung siehe Abb. 5.3

Abb. 5.2 zeigt ein etwas komplizierteres Beispiel, bei dem ein Teilchen zu Beginn durch ein Potential eingesperrt wird. Danach wird in der Präparationsphase das Potential langsam in ein Doppelmuldenpotential verformt und die Wellenfunktion in zwei Bereiche aufgespalten. Zum Zeitpunkt null wird das Potential ausgeschaltet und die Wellenfunktionen entwickeln sich frei entsprechend Gl. (5.9), wobei sich die Wellenfunktion verbreitert wie am Ende von Kap. 3 beschrieben. Wenn die beiden sich verbreiternden Bereiche der Wellenfunktion überlappen, kommt es zu Interferenzen. In gewisser Weise entspricht die gerade geschilderte Zeitentwicklung dem Doppelspalt-Experiment, wobei die Wellenfunktionsanteile in den Potentialmulden den durch die Spalte gehenden Elementarwellen entsprechen.

Eine experimemtelle Realisierung aus der Gruppe von Jörg Schmiedmayer ist in Abb. 5.3 für ultrakalte Rubidiumatome gezeigt. Die Potentiale werden durch zeitlich veränderliche Magnetfelder erzeugt. Zum Zeitpunkt null wird das Potential ausgeschaltet und die Atome fallen im Schwerefeld der Erde nach unten. Dabei zerfließen die Wellenfunktionen und es kommt zur zuvor besprochenen Interferenz. Die gezeigten Experimente werden nicht mit einzelnen Atomen, sondern mit Bose-Einstein-Kondensaten durchgeführt, bei denen alle Atome durch dieselbe Wellenfunktion beschrieben werden. Aus diesem Grund muss das Experiment nicht öfters hinter-

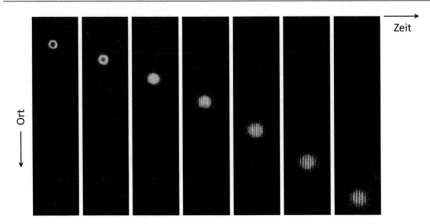

Abb. 5.3 Experimentelle Realisierung der in Abb. 5.2 gezeigten freien Propagation für ultrakalte Rubidiumatome, die in einem Doppelmuldenpotential eingesperrt sind. Zum Zeitpunkt null wird das Potential ausgeschaltet, die Atome fallen im Schwerefeld der Erde nach unten und ihre Wellenfunktion verbreitert sich. Sobald sich die beiden getrennten Bereiche der Wellenfunktion überlagern, beobachtet man Interferenzen. Die Experimente werden nicht mit einzelnen Atomen durchgeführt, sondern mit einem Bose-Einstein-Kondensat, bei dem sich ungefähr tausend Atome identisch verhalten und durch eine Wellenfunktion beschrieben werden können. Die Figuren zeigen Schnappschüsse zu unterschiedlichen Zeiten, zu frühen Zeiten kann man die getrennten Bereiche der Wellenfunktion optisch nicht auflösen [16]

einander durchgeführt werden, sondern die Interferenzen treten bereits in einem einzelnen Experiment klar zutage.

5.3   Potentiale

Potentiale in der klassischen Physik

Wir beginnen damit, den Begriff von Potentialen und potentieller Energie in der klassischen Mechanik zu diskutieren. Die grundlegende Gleichung der Mechanik ist die Newton'sche Bewegungsgleichung

$$m\ddot{x} = F, \tag{5.11}$$

wobei m die Masse, $x(t)$ die Position eines punktförmigen Teilchens und $\ddot{x}(t)$ dessen Beschleunigung ist. F ist die Kraft, die auf das Teilchen wirkt. In Worte gefasst besagt die Gleichung, dass die Änderung des Bewegungszustandes eines Teilchens (linke Seite der Gleichung) durch Kräfte (rechte Seite) hervorgerufen wird. Die Kräfte müssen im Prinzip geraten werden, im Folgenden wollen wir sogenannte „konservative Kräfte" $F(x)$ untersuchen, die nur vom Ort, aber nicht von der Zeit abhängen, und gehen am Ende auch kurz auf zeitabhängige Kräfte ein. In diesem Abschnitt

- zeigen wir, wie Potentiale definiert sind und diskutieren einige Beispiele,
- zeigen wir den Zusammenhang zwischen Potentialen und Kräften und
- zeigen wir, dass für konservative Kräfte die Summe aus kinetischer und potentieller Energie erhalten ist.

Wir beginnen mit dem Potentialbegriff. Eng mit konservativen Kräften verknüpft ist die **potentielle Energie**

$$V(x) = -\int_{x_0}^{x} F(x')dx', \tag{5.12}$$

die der Arbeit entspricht, die man verrichten muss, um ein Teilchen von einem Referenzpunkt x_0 zu einem anderen Punkt x zu verschieben. Für unser eindimensionales Problem sieht man leicht, dass die Arbeit nur von dem Anfangs- und Endpunkt abhängt. Für konservative Kräfte kann dies auch für zwei oder drei Raumdimensionen gezeigt werden. Das negative Vorzeichen in Gl. (5.12) ist eine Konvention, die so gewählt wird, dass man eine *positive* Arbeit verrichtet, wenn man das Teilchen *gegen* die wirkende Kraft verschiebt, wie auch in Abb. 5.4 für ausgewählte Kräfte gezeigt.

Homogenes Schwerefeld Für die Kraft $-mg$ im homogenen Schwerefeld finden wir

$$V(x) = -\int_{x_0}^{x} \big(-mg\big)\, dx' = mg\big(x - x_0\big) \xrightarrow[x_0=0]{} mgx, \tag{5.13}$$

wobei im letzten Rechenschritt der Referenzpunkt $x_0 = 0$ gewählt wurde.

Federkraft Für eine lineare Federkraft $-kx$ gilt

$$V(x) = -\int_{x_0}^{x} \big(-kx'\big)\, dx' = \frac{k}{2}\big(x^2 - x_0^2\big) \xrightarrow[x_0=0]{} \frac{k}{2}x^2. \tag{5.14}$$

Coulombkraft Schließlich untersuchen wir noch die Coulombkraft, die bei der Diskussion des Wasserstoffatoms eine wichtige Rolle spielen wird. Auf zwei Punktladungen q_1 und q_2, die sich in einem Abstand r zueinander befinden, wirkt die

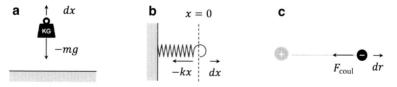

Abb. 5.4 Potential für Schwerefeld, Federkraft und Coulombkraft. (**a**) Wenn ein Körper mit der Masse m im Schwerefeld gehoben wird, benötigt man dazu eine Arbeit $dW = mg\,dx$. (**b**) Für eine Längenänderung dx einer Feder benötigt man die Arbeit $dW = kx\,dx$. (**c**) Die Coulombenergie ist die Arbeit, die man verrichten muss, um den Abstand zweier Ladungen q_1, q_2 um die Strecke dr zu verändern

Coulombkraft

$$F(r) = \frac{1}{4\pi\varepsilon_0} \frac{q_1 q_2}{r^2},$$

wobei ε_0 die Permittivität des Vakuums ist und der Kraftvektor in Verbindungs-richtung der beiden Punktladungen zeigt. Wenn wir die Ladungen entlang dieser Richtung verschieben, benötigen wir dazu die Arbeit

$$V(r) = -\int_{r_0}^{r} \frac{1}{4\pi\varepsilon_0} \frac{q_1 q_2}{r'^2}\, dr' = \frac{q_1 q_2}{4\pi\varepsilon_0}\left(\frac{1}{r} - \frac{1}{r_0}\right) \xrightarrow{r_0 \to \infty} \frac{1}{4\pi\varepsilon_0} \frac{q_1 q_2}{r}. \quad (5.15)$$

Es ist üblich, den Referenzpunkt $r_0 \to \infty$ zu wählen, wie wir es im letzten Rechen-schritt gemacht haben, da bei genügend großem Abstand der Ladungen die Cou-lombkraft gegen null strebt.

Zum Abschluss noch eine kurze Warnung. Üblicherweise benutzt man für $V(x)$ den Begriff potentielle Energie und reserviert den Begriff Potential für die potentielle Energie einer Einheitsmasse oder Einheitsladung. In der Quantenmechanik ist es üblich, den Begriff Potential auch anstelle von potentieller Energie zu verwenden. Wir werden uns dieser Verwendung des Begriffs Potential anschließen und hoffen, dass daraus keine allzu großen Verwirrungen entstehen.

Zusammenhang zwischen Potential und Kraft
Aus der Kenntnis des Potentials kann die zugehörige Kraft bestimmt werden. Wir beginnen mit der fundamentalen Beziehung

$$\int g(x)\, dx = G(x) + C$$

zwischen einer beliebigen Funktion $g(x)$ und der zugehörigen Stammfunk-tion $G(x)$, wobei C eine Integrationskonstante ist. Die Stammfunktion ist so definiert, dass ihre Ableitung wieder $g(x)$ liefert,

$$\frac{dG(x)}{dx} = g(x).$$

In gewissen Sinne kann die Integration also als Umkehrfunktion zur Differen-tiation gesehen werden. Betrachten wir nun das bestimmte Integral

$$\int_{x_0}^{x} g(x')\, dx' = G(x) - G(x_0).$$

Wenn wir beide Seiten der Gleichung nach x ableiten, finden wir

$$\frac{d}{dx}\int_{x_0}^{x} g(x')\, dx' = \frac{dG(x)}{dx} = g(x), \quad (5.16)$$

wobei wir benutzt haben, dass $G(x_0)$ nicht von x abhängt. Die Ableitung des in Gl. (5.12) eingeführten Potentials ergibt dann

$$\frac{dV(x)}{dx} = -\frac{d}{dx}\int_{x_0}^{x}F(x')dx' = -F(x), \qquad (5.17)$$

und wir finden für den Zusammenhang zwischen Potential und Kraft

$$F(x) = -\frac{dV(x)}{dx}. \qquad (5.18)$$

Eine ähnliche Formel kann auch für zwei oder drei Raumdimensionen hergeleitet werden. Gl. (5.18) besagt, dass aus der Kenntnis des Potentials die zugehörige Kraft eindeutig durch Differenzieren gewonnen werden kann. Für konservative Kräfte kann man somit anstelle von Kräften genauso gut die zugehörigen Potentiale benutzen, beide beinhalten dieselbe Information über das physikalische System.

Für konservative Kräfte ist die Summe aus kinetischer und potentieller Energie

$$E = \frac{1}{2}m\dot{x}^2 + V\big(x(t)\big) \qquad (5.19)$$

eine Erhaltungsgröße. Um das zu zeigen, leiten wir zuerst die kinetische Energie mit Hilfe der Produktregel nach der Zeit ab

$$\frac{d}{dt}\left(\frac{1}{2}m\dot{x}\dot{x}\right) = \frac{m}{2}\left(\ddot{x}\dot{x} + \dot{x}\ddot{x}\right) = m\ddot{x}\dot{x}.$$

Ebenso finden wir für die Ableitung der potentiellen Energie

$$\frac{dV}{dt} = \frac{dV}{dx}\frac{dx}{dt} = -F\dot{x},$$

wobei wir im ersten Rechenschritt die Kettenregel und im zweiten Schritt Gl. (5.18) benutzt haben. Wenn wir beide Ableitungen addieren, finden wir

$$\frac{dE}{dt} = m\ddot{x}\dot{x} - F\dot{x} = \big(m\ddot{x} - F\big)\dot{x} = 0. \qquad (5.20)$$

Der Term in Klammern ergibt null aufgrund der Newton'schen Bewegungsgleichung. Die Energie ändert sich somit im Lauf der Zeit nicht, sie ist eine Erhaltungsgröße.

Im Prinzip kann man Potentiale auch für zeitabhängige Kräfte verwenden. Betrachten wir beispielsweise ein zeitlich veränderliches Kraftfeld

$$F(x) = F_0 \cos \omega t. \tag{5.21a}$$

Man kann nun leicht zeigen, dass das Feld auch entsprechend Gl. (5.18) aus einem Potential der Form

$$V(x) = -\left(F_0 \cos \omega t\right) x \tag{5.21b}$$

gewonnen werden kann. Solche Potentiale benötigt man beispielsweise für Systeme, die von äußeren elektrischen Feldern getrieben werden. Wie man leicht zeigen kann, ist die Energieerhaltung für zeitabhängige Kräfte im Allgemeinen nicht mehr gegeben, das System kann Energie von dem äußeren Feld aufnehmen oder es an dieses Feld abgeben.

Potentiale in der Quantenmechanik

Wie benutzt man Potentiale in der Quantenmechanik? Im Prinzip kann man die Potentiale aus der klassischen Mechanik ohne jede weitere Änderung in die Schrödingergleichung aus Gl. (5.1) einsetzen. Das ist natürlich praktisch und wir sollten uns nicht allzu sehr darüber beschweren.

Aber gibt es einen Grund, weshalb der Impuls in der Quantenmechanik durch einen Impulsoperator beschrieben wird, während Ort und Potentiale genauso wie in der klassischen Physik behandelt werden? Für eine vollständige Beantwortung der Frage müssten wir eigentlich mehr über den Formalismus der Quantenmechanik wissen, wir versuchen dennoch eine einfache Antwort: Wir leben in einem Ortsraum und sind es gewohnt, physikalische Vorgänge in diesem Ortsraum zu beschreiben. Im Prinzip lässt sich auch ein Zugang zur Quantenmechanik wählen, in dem der Impulsraum ähnlich wie in der klassischen Physik behandelt wird und stattdessen ein Ortsoperator eingeführt wird, aber bis auf wenige Ausnahmen ist dieser Zugang nicht allzu praktisch. Die Bevorzugung des Ortsraums in dem hier geschilderten Zugang zur Quantenmechanik ist also vor allem unserer Vorliebe für den Ortsraum geschuldet.

Zuletzt noch ein paar Worte zur Rolle der Energie in der Quantenmechanik. In den Anfangsjahren der Quantenmechanik fragte man sich durchaus, ob Größen wie Impuls, Drehimpuls oder Energie in der Quantenmechanik erhalten sind. Die Antwort ist: Ja, sie sind es. Es das Verdienst von Emmy Noether, Erhaltungsgrößen mit Symmetrien in Verbindung gebracht zu haben. Wenn die Potentiale nicht explizit von der Zeit abhängen folgt daraus Energieerhaltung, ähnliche Überlegungen können auch bezüglich Impuls- und Drehimpulserhaltung angestellt werden. Die Erhaltungsgrößen folgen also aus den Symmetrien, und die Konsequenzen sind dieselben in der klassischen Physik wie in der Quantenmechanik. Im nächsten Abschnitt werden wir diskutieren, wie man Energieerhaltung in der Lösung der Schrödingergleichung ausnutzen kann.

5.4   Die zeitunabhängige Schrödingergleichung

Zu Beginn des Kapitels haben wir die zeitabhängige Schrödingergleichung (5.1) eingeführt, die wir nun für ein **zeitunabhängiges Potential** $V(x)$ nochmals anschreiben

$$i\hbar\frac{\partial\psi(x,t)}{\partial t} = \left(-\frac{\hbar^2}{2m}\frac{\partial^2}{\partial x^2} + V(x)\right)\psi(x,t). \tag{5.22}$$

Hand aufs Herz: Haben Sie so eine Differentialgleichung schon einmal gelöst? Oder wissen Sie, wie man sie im Prinzip lösen kann? Falls nein, ist das nicht so schlimm. Wir werden Ihnen in diesem Buch ein paar Lösungsmöglichkeiten präsentieren, die wir vollständig durcharbeiten werden, aber mehr werden wir nicht benötigen.

Gl. (5.22) hat eine spezielle Struktur: Auf der linken Seite wird die Wellenfunktion ausschließlich nach t abgeleitet, auf der rechten Seite wirkt ein Hamiltonoperator, der ausschließlich von x abhängt. Um die Struktur noch besser herauszuarbeiten, bezeichnen wir im Folgenden den zeitlichen Ableitungsoperator mit $\mathbb{L}_1(t) = i\hbar\,\partial/\partial t$ und den Hamiltonoperator mit $\mathbb{L}_2(x) = \hat{H}(x)$. Die Schrödingergleichung lässt sich dann in der Form

$$\mathbb{L}_1(t)\,\psi(x,t) = \mathbb{L}_2(x)\,\psi(x,t) \tag{5.23}$$

umschreiben. Diese partielle Differentialgleichung kann mit Hilfe eines Separationsansatzes

$$\psi(x,t) = \theta(t)\,\phi(x) \tag{5.24}$$

gelöst werden, wobei $\theta(t)$ eine Funktion ist, die nur von t abhängt, und $\phi(x)$ eine Funktion, die nur von x abhängt. Einsetzen des Separationsansatzes in die Differentialgleichung liefert

$$\Big[\mathbb{L}_1(t)\theta(t)\Big]\phi(x) = \theta(t)\Big[\mathbb{L}_2(x)\phi(x)\Big],$$

wobei die eckigen Klammern verdeutlichen, auf welchen Teil der Funktion die Differentialoperatoren wirken. Wir dividieren nun beide Seiten der Gleichung durch die Funktion aus Gl. (5.24) und erhalten

$$\frac{\mathbb{L}_1(t)\theta(t)}{\theta(t)} = \frac{\mathbb{L}_2(x)\phi(x)}{\phi(x)}.$$

Die linke Seite der Gleichung hängt nun ausschließlich von t ab und die rechte Seite ausschließlich von x. Damit diese Gleichung für beliebige Werte von x und t erfüllt ist, müssen beide Seiten gleich einer Konstanten E sein. Wir können somit die Lösung der partiellen Differentialgleichung (5.23) auf folgende zwei Gleichungen zurückführen:

$$\mathbb{L}_1(t)\,\theta(t) = E\,\theta(t) \tag{5.25a}$$

$$\mathbb{L}_2(x)\,\phi(x) = E\,\phi(x). \tag{5.25b}$$

Wir beginnen mit der ersten Gleichung, die in der Form

$$i\hbar\dot{\theta}(t) = E\,\theta(t) \implies \theta(t) = A\,e^{-i\frac{E}{\hbar}t} \tag{5.26}$$

gelöst werden kann, wie man leicht durch explizites Ableiten von $\theta(t)$ sieht. A ist eine Konstante, die wir später bestimmen werden. Für den Ortsanteil der separierten Differentialgleichung erhalten wir

$$\hat{H}(x)\,\phi(x) = E\,\phi(x). \tag{5.27}$$

Diesen Typ von Differentialgleichung nennt man Eigenwertgleichung, und wir werden später sehen, dass sie nur für bestimmte, sogenannte Eigenenergien E_n und Eigenfunktionen $\phi_n(x)$ erfüllt werden kann, wobei n die unterschiedlichen Lösungen nummeriert. Wir erhalten dann anstelle von Gl. (5.27) die **zeitunabhängige Schrödingergleichung**

$$\hat{H}(x)\,\phi_n(x) = E_n\,\phi_n(x). \tag{5.28}$$

In den folgenden Kapiteln werden wir die Lösung von Gl. (5.28) für eine Reihe von unterschiedlichen Potentialen diskutieren. Der Umstand, dass E eine Energie ist, ist natürlich kein Zufall, sondern eine Folge der Energieerhaltung für zeitunabhängige Potentiale. Nehmen wir für den Moment an, dass wir die Eigenwerte E_n und Eigenfunktionen $\phi_n(x)$ bestimmt haben. Die zeitabhängige Wellenfunktion $\psi(x,t) = \theta(t)\,\phi(t)$ kann dann in der Form

$$\psi(x,t) = \exp\left(-i\frac{E_n}{\hbar}t\right)\phi_n(x) \tag{5.29}$$

angeschrieben werden. Sie können nun zur Übung $\psi(x,t)$ in die zeitabhängige Schrödingergleichung einsetzen und überprüfen, dass diese Wellenfunktion tatsächlich eine Lösung darstellt. Wir haben in Gl. (5.29) angenommen, dass $\phi_n(x)$ richtig normiert ist und haben deshalb in Gl. (5.26) die Konstante $A = 1$ gesetzt.

▶ Für zeitunabhängige Potentiale kann man die zeitunabhängige (oder stationäre) Schrödingergleichung benutzen, um die Eigenenergien und Eigenzustände des Hamiltonoperators zu bestimmen. Aus der Kenntnis der Eigenenergien und Eigenzustände kann man dann leicht die Lösungen der zeitabhängigen Schrödingergleichung gewinnen.

Freies Teilchen

Als ein erstes Beispiel betrachten wir die zu Beginn des Kapitels diskutierte Zeitentwicklung eines freien Teilchens. In Wirklichkeit haben wir bei der allgemeinen

Lösung in Gl. (5.9) bereits benutzt, dass harmonische Wellen Eigenzustände des Hamiltonoperators eines freien Teilchens sind,

$$\underbrace{-\frac{\hbar^2}{2m}\frac{d^2}{dx^2}}_{\hat{H}(x)}\underbrace{\left(A\,e^{ikx}\right)}_{\phi_n(x)} = \underbrace{\frac{\hbar^2 k^2}{2m}}_{E_n}\underbrace{\left(A\,e^{ikx}\right)}_{\phi_n(x)}. \tag{5.30}$$

Der Ausdruck für die Eigenenergie auf der rechten Seite entspricht der kinetischen Energie $E(k)$ aus Gl. (5.7). Somit gilt für ein freies Teilchen, dass die Eigenzustände harmonische Wellen sind mit den zugehörigen Eigenenergien $E(k)$. Die Lösung der zeitabhängigen Schrödingergleichung ist demnach

$$\psi(x,t) = A\,\exp\left[i\left(kx - \frac{E(k)}{\hbar}t\right)\right]. \tag{5.31}$$

Für Lösungen der Wellengleichung gilt, dass, wenn $\psi_1(x,t)$ und $\psi_2(x,t)$ zwei Lösungen der Wellengleichung sind, dann auch die gewichtete Summe

$$\psi(x,t) = C_1\,\psi_1(x,t) + C_2\,\psi_2(x,t)$$

eine Lösung ist. Hier sind C_1 und C_2 Konstanten, die so gewählt werden müssen, dass die Gesamtwellenfunktion richtig normiert ist. Zuvor haben wir bei der Lösung der zeitabhängigen Schrödingergleichung die Wellenfunktion zum Zeitpunkt null in harmonische Wellen zerlegt,

$$\psi(x,0) = \int_{-\infty}^{\infty} e^{ikx}\tilde{\psi}(k,0)\,\frac{dk}{2\pi}.$$

Im Lichte unserer jetzigen Betrachtung können wir diese Zerlegung als eine Zerlegung in Eigenzustände interpretieren

$$\psi_0(x) = \int_{-\infty}^{\infty}\left(\text{Eigenzustand}\right)\times\left(\text{Koeffizient für Eigenzustand}\right)\frac{dk}{2\pi}.$$

Mit fortlaufender Zeit erhält nun jeder Eigenzustand entsprechend Gl. (5.31) einen zeitabhängigen Phasenfaktor,

$$\psi(x,t) = \int_{-\infty}^{\infty}\exp\left[i\left(kx - \frac{E(k)}{\hbar}t\right)\right]\tilde{\psi}(k,0)\,\frac{dk}{2\pi}. \tag{5.32}$$

Stationäre und nichtstationäre Zustände

Das zuvor diskutierte Verfahren zur Lösung der zeitabhängigen Schrödinger-gleichung für ein freies Teilchen kann verallgemeinert werden. Wir beginnen mit der zeitabhängigen Lösung aus Gl. (5.29) für einen einzelnen Eigenzustand $\phi_n(x)$ mit der zugehörigen Eigenenergie E_n, die wir hier zum besseren Verständnis noch einmal wiedergeben:

$$\psi(x, t) = \exp\left(-i\frac{E_n}{\hbar}t\right)\phi_n(x).$$

Wir wissen inzwischen, dass der Wellenfunktion keine objektive Realität zukommt und dass wir nur das Betragsquadrat im Sinne einer Wahrscheinlichkeit interpretieren dürfen. Nachdem das Betragsquadrat des zeitabhängigen Phasenfaktors eins ergibt, finden wir

$$\left|\psi(x, t)\right|^2 = \left|\phi_n(x)\right|^2. \tag{5.33}$$

Die Wahrscheinlichkeitsdichte für einen Eigenzustand hängt somit nicht von der Zeit ab, aus diesem Grund werden Eigenzustände auch als **stationäre Zustände** bezeichnet. Andererseits haben wir bereits oben diskutiert, dass auch die Überlagerung von zwei Eigenzuständen

$$\psi(x, t) = C_1 \exp\left(-i\frac{E_1}{\hbar}t\right)\phi_1(x) + C_2 \exp\left(-i\frac{E_2}{\hbar}t\right)\phi_2(x) \tag{5.34}$$

eine Lösung der zeitabhängigen Schrödingergleichung ist, wie man durch explizites Einsetzen leicht zeigen kann. Nehmen wir nun der Einfachheit halber an, dass sowohl die Eigenfunktionen als auch die Koeffizienten reelle Größen sind. Wir finden dann für das Betragsquadrat der Wellenfunktion

$$\left|\psi(x, t)\right|^2 = C_1^2\left|\phi_1(x)\right|^2 + C_2^2\left|\phi_2(x)\right|^2 + 2\,C_1 C_2 \cos\left(\frac{E_1 - E_2}{\hbar}t\right)\phi_1(x)\phi_2(x). \tag{5.35}$$

Der für unsere Diskussion wichtige Beitrag ist der letzte Term, der mit der Differenz der beiden Eigenenergien zeitlich oszilliert. Die Überlagerung von zwei Eigenzuständen mit unterschiedlichen Eigenenergien führt also zu **nichtstationären Zuständen**. Das zugrunde liegende physikalische Prinzip dieser Oszillation haben wir bereits in Abschn. 3.1.1 im Zusammenhang mit Interferometern und dem Doppelspalt-Experiment diskutiert, nämlich das Wellenphänomen von konstruktiver und destruktiver Interferenz.

Im Prinzip lässt sich die Überlagerung von Eigenzuständen noch verallgemeinern. Wie wir in Kap. 11 genauer diskutieren werden, kann jeder Zustand nach den Eigenzuständen eines zeitunabhängigen Hamiltonoperators entwickelt werden

$$\psi(x, 0) = \sum_n C_n\phi_n(x), \tag{5.36}$$

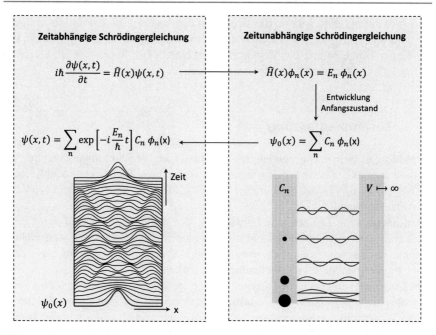

Abb. 5.5 Zusammenhang zwischen zeitabhängiger und zeitunabhängiger Schrödingergleichung. Wenn der Hamiltonoperator nicht von der Zeit abhängt, kann die Schrödingergleichung mit Hilfe der Eigenzustände $\phi_n(x)$ und Eigenenergien E_n gelöst werden. Der Anfangszustand $\psi_0(x)$ wird nach den Eigenzuständen entwickelt, mit fortschreitender Zeit erhält jeder Eigenzustand einen zusätzlichen Phasenfaktor. Im unteren Teil der Figur sind rechts die Eigenzustände für ein Teilchen innerhalb eines Potentialtopfs gezeigt, für eine genauere Diskussion siehe Kap. 7. Die Kreise zeigen die Größe der Koeffizienten C_n, durch deren Überlagerung erhält man den links unten gezeigten Anfangszustand. Mit fortschreitender Zeit läuft das Wellenpaket auseinander und refokussiert nach einer gewissen Zeit

wobei C_n die Entwicklungskoeffizienten sind. Mit fortlaufender Zeit erhält nun jeder Eigenzustand entsprechend Gl. (5.29) einen zusätzlichen Phasenfaktor

$$\psi(x,t) = \sum_n \exp\left(-i\frac{E_n}{\hbar}t\right) C_n\phi_n(x). \tag{5.37}$$

So einfach dieser Ausdruck im Prinzip wirkt, so komplex kann die tatsächliche Zeitentwicklung für komplizierte Anfangszustände aussehen. Ein einfaches Beispiel ist in Abb. 5.5 gezeigt. Zusammenfassend lässt sich sagen:

- Eigenzustände und Eigenenergien der zeitunabhängigen Schrödingergleichung sind ein elegantes Werkzeug zur Lösung der zeitabhängigen Schrödingergleichung: Wir zerlegen einen Anfangszustand nach Gl. (5.36) in seine Eigenzustände, mit fortlaufender Zeit erhält jeder Eigenzustand einen einfachen Phasenfaktor entsprechend Gl. (5.37).
- In einem späteren Kapitel über Dekohärenz werden wir allerdings auch sehen, dass die Natur die Eigenzustände der zeitunabhängigen Schrödingergleichung

oft bevorzugt. Ein System, das sich selbst überlassen wird und mit der Umgebung wechselwirkt, wird meistens in einem seiner Eigenzustände gefunden. In diesem Sinne kommt den Eigenzuständen eine tiefere Bedeutung zu, als man nach der bisherigen Diskussion meinen könnte.

5.5 Zusammenfassung

Zeitabhängige Schrödingergleichung Die zeitabhängige Schrödingergleichung ist die zentrale Gleichung der Quantenmechanik, die die zeitliche Entwicklung einer Wellenfunktion bestimmt. Für eine eindeutige Lösung benötigt man noch den Anfangszustand.

Hamiltonoperator Die zeitliche Entwicklung der Wellenfunktion wird durch den Hamiltonoperator bestimmt, der sich aus einem kinetischen Teil und einem Potential zusammensetzt. Zur Bestimmung der zeitlichen Änderung muss der Hamiltonoperator auf die Wellenfunktion wirken.

Kopenhagener Interpretation Unter der Kopenhagener Interpretation versteht man eine Reihe von Vorschriften, die festlegen, wie man aus der Kenntnis der Wellenfunktion Vorhersagen über den Ausgang von Messungen treffen kann. Insbesondere gilt, dass die Quantenmechanik eine statistische Theorie ist, bei der das Ergebnis einer einzelnen Messung nur im Sinne einer Wahrscheinlichkeit vorhergesagt werden kann. Nur die Ergebnisse vieler Messungen können mit Hilfe der Wellenfunktion genau vorhergesagt werden.

Zeitunabhängige Schrödingergleichung Für zeitunabhängige Potentiale kann man die zeitunabhängige Schrödingergleichung (manchmal auch als stationäre Schrödingergleichung bezeichnet) benutzen, um die Eigenenergien und Eigenzustände des Hamiltonoperators zu bestimmen. Mit Hilfe dieser Eigenzustände kann dann die Lösung der zeitunabhängigen Schrödingergleichung einfach berechnet werden. Die allgemeinere Gleichung ist somit die zeitabhängige Schrödingergleichung, die Lösung der zeitunabhängigen Schrödingergleichung ist jedoch in vielen Fällen deutlich einfacher und liefert dieselben Ergebnisse wie die Lösung der zeitabhängigen Schrödingergleichung.

Aufgaben

Aufgabe 5.1 Betrachten Sie den Hamiltonoperator

$$\hat{H} = -\frac{1}{2}\frac{d^2}{dx^2} + \frac{1}{2}x^2$$

für einen harmonischen Oszillator, wobei wir alle dimensionsbehafteten Größen der Einfachheit halber weggelassen haben.

a. Zeigen Sie, dass $\phi(x) = A\, e^{-x^2/2}$ ein Eigenzustand von $\hat{H}$ ist. Es muss also gelten $\hat{H}\phi(x) = E\phi(x)$.

b. Bestimmen Sie die zugehörige Eigenenergie E.

c. Bestimmen Sie die Lösung $\psi(x, t)$ der zeitabhängigen Schrödingergleichung (in dimensionslosen Einheiten mit $\hbar = 1$)

$$i \frac{\partial \psi(x, t)}{\partial t} = \hat{H}(x)\psi(x, t).$$

Zum Zeitpunkt null möge sich das Teilchen im Eigenzustand $\phi(x)$ befinden.

d. Berechnen Sie die Wahrscheinlichkeitsdichte $|\psi(x, t)|^2$.

Aufgabe 5.2 Betrachten Sie Abb. 5.2. Nehmen wir an, wir würden zum Zeitpunkt null messen, in welcher Potentialmulde sich das Teilchen befindet. Wie würde sich die zeitliche Entwicklung der Wellenfunktion von der in Fig. 5.2 gezeigten unterscheiden?

Aufgabe 5.3 Starten Sie von der zeitabhängigen Schrödingergleichung (5.1).

a. Wie lautet die Gleichung für $\psi^*(x, t)$? Führen Sie auf beiden Seiten von Gl. (5.1) eine komplexe Konjugation durch und benutzen Sie, dass das Potential reell ist.

b. Multiplizieren Sie Gl. (5.1) mit ψ^* und die komplex konjugierte Gleichung mit ψ. Subtrahieren Sie die beiden Gleichungen und zeigen Sie, dass folgende Beziehung erfüllt ist

$$\frac{\partial}{\partial t}\psi^*(x, t)\psi(x, t) = -\frac{i\hbar}{2m}\frac{\partial}{\partial x}\left[\left(\frac{\partial \psi^*(x, t)}{\partial x}\right)\psi(x, t) - \psi^*(x, t)\left(\frac{\partial \psi(x, t)}{\partial x}\right)\right].$$

Diese Gleichung wird oft auch als Kontinuitätsgleichung der Quantenmechanik bezeichnet.

Aufgabe 5.4 Betrachten Sie das Lennard-Jones-Potential

$$V(r) = \frac{A}{r^{12}} - \frac{B}{r^6},$$

wobei A und B positive Konstanten sind. Dieses Potential spielt eine wichtige Rolle zur Beschreibung von Molkülbindungen.

a. Welcher Term dominiert für kleine Werte von r? Und welcher für große Werte?

b. Erstellen Sie eine Skizze.

c. Bestimmen Sie aus dem Lennard-Jones-Potential die zugehörige Kraft.

d. An welcher Position r_0 verschwindet die Kraft? Welche physikalische Bedeutung kommt r_0 zu?

Aufgabe 5.5 Betrachten Sie Lösungen der zeitunabhängigen Schrödingergleichung mit einer komplexen Eigenenergie $E_n + i\Gamma$. Berechnen Sie die zeitabhängige Wahrscheinlichkeitsdichte und argumentieren Sie, weshalb Γ stets null sein muss.

Aufgabe 5.6 Multiplizieren Sie die zeitunabhängige Schrödingergleichung (5.28) von rechts mit $\phi_n^*(x)$ und integrieren Sie über alle Orte x, um einen Ausdruck zu erhalten, bei dem die Eigenenergie durch die Eigenfunktion und den Hamiltonoperator bestimmt werden kann. Wie lautet der Ausdruck?

Über die Quantenmechanik sprechen

6

Inhaltsverzeichnis

Zusammenfassung

Wir diskutieren, worauf man beim Unterrichten der Quantenmechanik in der Schule achten sollte und betrachten einige (Fehl-)Vorstellungen von Schüler:innen. Danach gehen wir auf ein zentrales Experiment der Quantenphysik ein: das Doppelspalt-Experiment. Es wird sowohl fachlich als auch didaktisch beleuchtet, und es werden mehrere Anregungen für konkrete Umsetzungen im Unterricht gegeben.

Der größte und bedeutendste Teil der (Fehl-)Vorstellungen der Schüler:innen kommt aus dem Alltag: Alle begreifbaren, sprich angreifbaren Objekte besitzen jederzeit und gleichzeitig viele Eigenschaften wie Ort, Impuls, Farbe, Volumen, Masse, Temperatur, auch wenn diese vielleicht im Moment unbekannt sind, schwer oder mit den zur Verfügung stehenden Techniken nicht messbar sind. Die Eigenschaften besitzen sie aber jedenfalls. „Sie werden doch nicht behaupten wollen, dass der Mond nicht da oben ist, wenn niemand hinsieht?" fragte Albert Einstein in den 1920er-Jahren Niels Bohr. „Können Sie mir das Gegenteil beweisen?" entgegnete dieser.

Dieses kurze Wortgefecht bringt die Verständnisschwierigkeiten bzw. die Unbegreifbarkeit gut auf den Punkt, an denen wohl alle Schüler:innen sehr zu kämpfen haben. Sie möchten die Aussagen und (Quanten-)Objekte im wahrsten Sinne des Wortes begreifen. Auf Quantenebene existieren aber viele Eigenschaften nicht zugleich oder überhaupt nicht: Einem Elektron im Atom kann man Ort und Impuls

U. Hohenester und K. Irgang, *Einführung in die Quantenmechanik*,
https://doi.org/10.1007/978-3-662-65980-9_6

nicht zugleich exakt zuweisen, Teilchen im Doppelspalt-Experiment haben keine nachvollziehbare Trajektorie. „Die bewegen sich schnell, und da ist es sicherlich schwierig festzustellen, wo die gerade sind" wäre eine übliche Schülerfehlvorstellung hierzu [17]. Möchte die Lehrperson nun die Objekte durch Grafiken, Visualisierungen etc. begreifbar machen, ist sie gezwungen, den Bildern die klassischen Eigenschaften wie Ort UND Impuls, Farbe, Volumen zu geben – welche die dargestellten Quantenobjekte in dieser Form gar nicht besitzen. Diese klassischen Alltagserfahrungen zu überwinden, dahingehend, dass viele Eigenschaften überhaupt nicht oder nicht zugleich existieren, ist wohl eine der größten Herausforderungen, der man mit viel Geduld und Debattierfreude begegnen muss. Schüler:innen werden immer versuchen, die präsentierten Inhalte in ihre bestehenden (Alltags-)Vorstellungen zu integrieren.

Alltagseigenschaften. Welche Farbe hat die Luft? Welche Temperatur hat der Mut? Welchen Ort hat der Tod? Hat die Physikprüfung nächste Woche die Eigenschaft mündlich oder schriftlich?

Diese Fragen sollen mit einem kleinen Augenzwinkern aufzeigen, dass nicht alle Dinge alle Eigenschaften (zugleich) besitzen können, sie können durchaus in der Klasse zum Diskutieren anregen. In der Schule schließen mündliche und schriftliche Prüfung einander bis zu einem gewissen Grad aus, in der Quantenphysik schließen sich Ort und Impuls im Sinne der Heisenberg'schen Unschärferelation aus.

6.1   Wie spricht man über die Quantenmechanik?

Wie spricht man nun „richtig" über die Quantenmechanik? Welche Schwierigkeiten haben Schüler:innen mit der Thematik, und wie erzielt man es, dass sie eine korrekte Vorstellung über die Quantenmechanik erhalten? Das wollen wir im Folgenden diskutieren, schicken unseren Überlegungen außerdem noch ein paar allgemeine Gedanken voraus.

Zu groß. Es gibt die scherzhafte Bemerkung, dass die Quantenmechanik gar nicht so verrückt sei, sondern wir nur einfach zu groß sind: zu groß, um sie anschaulich begreifen zu können, zu groß, um ihre Auswirkungen in unserer Alltagswelt zu bemerken. Eigentlich ist es noch komplizierter. Wir leben in einer klassischen Welt, in der ein Objekt immer nur in einem bestimmten Zustand ist, beispielsweise im Zustand A ODER im Zustand B. Nie ist ein System in einem Überlagerungszustand von A UND B, obwohl das in der Quantenwelt gang und gäbe ist. Das Problem ist, dass wir zur Beschreibung der Quantenwelt unsere klassische Welt benötigen, in der wir Experimente durchführen, um Informationen über die Quantenwelt zu erlangen, siehe auch Abb. 6.1(a). Und dort beobachten wir immer nur entweder A oder B, und eigentlich können wir nur sinnvoll über die Auswirkungen der Quantenwelt auf unsere klassische Alltagswelt sprechen.

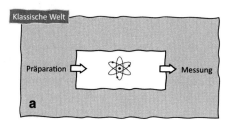
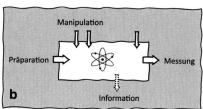

Abb. 6.1 In der Quantenmechanik kann man eigentlich nur über das Ergebnis von Messungen sprechen. (**a**) Dabei wird ein Quantenobjekt in einem bestimmten Zustand präpariert, beispielsweise im Grundzustand, es entwickelt sich im Lauf der Zeit, und schließlich misst man am Ende eine Eigenschaft des Objekts, beispielsweise den Ort oder den Impuls eines Teilchens. (**b**) Das Quantensystem kann während seiner Zeitentwicklung auch durch das Ein- und Ausschalten von äußeren (klassischen) Feldern manipuliert werden. Kritisch wird es, wenn Information über den Zustand des Quantenobjekts in die Umgebung gelangt. Dann verliert es seine seltsamen Quanteneigenschaften, die Wellenfunktion kollabiert. Aus diesem Grund ist es nicht möglich, verlässliche Aussagen darüber zu treffen, wie sich ein Quantenobjekt zwischen Messungen verhält

Zu erfolgreich. Die Quantenmechanik ist jedoch viel zu erfolgreich, um irgendwelche Zweifel an ihrer Gültigkeit aufkommen zu lassen. Bis auf die allgemeine Relativitätstheorie, die noch nicht mit der Quantenmechanik vereinheitlicht werden konnte, gibt es eigentlich keine Beobachtungen oder Experimente, die nicht im Rahmen der Quantenmechanik erklärt werden könnten. Und selbst wenn irgendwann einmal eine große vereinheitlichte Theorie gefunden werden sollte, wird sich wohl nur sehr wenig (wahrscheinlich sogar nichts) an der Gültigkeit der quantenmechanischen Gesetze ändern. In unserem Alltag benutzen wir schließlich auch weiterhin erfolgreich die Newton'sche Mechanik, obwohl wir wissen, dass sie nur näherungsweise gültig ist. Wären wir nur an der Vorhersagekraft der Quantenmechanik interessiert, so gäbe es eigentlich überhaupt keine Probleme: Die Quantenmechanik beschreibt perfekt, was wir beobachten.

Zu neugierig. Allerdings sind wir zu neugierig, um nicht doch zu fragen, was ein quantenmechanisches Teilchen zwischen den Messungen macht. Um es klar zu sagen: Wir können keine vernünftige Aussage darüber treffen. In jedem Experiment, in dem wir Auskunft darüber erlangen könnten, wie sich ein Teilchen bewegt, kommt es zu einem Kollaps der Wellenfunktion. Unsere Unkenntnis darüber, wie sich Quantenobjekte unbeobachtet verhalten, hat also nichts mit irgendeiner Unvollständigkeit der Theorie oder zu ungenauen Messgeräten zu tun, sie ist tief in die Quantenmechanik eingebaut: Die Natur lässt sich nicht in die Karten blicken. In Wirklichkeit ist es sogar so, dass die Wellenfunktion bereits kollabiert, wenn Information über den Zustand des Systems in die Umgebung gelangt, siehe Abb. 6.1(b). Wir müssen also gar nicht aktiv messen, es reicht aus, dass die Information einfach vorhanden ist.

▶ Gesicherte Erkenntnisse über die Quantenwelt erhalten wir nur, indem wir ein Quantenobjekt in einem bestimmten Anfangszustand präparieren, das System sich eine Zeit lang selbst überlassen oder mit Hilfe äußerer Felder auf es einwirken und am Ende eine Eigenschaft des Systems messen. Erst mit Hilfe der Ergebnisse in unserer klassischen Welt können wir über die Quantenwelt sprechen.

Nach diesen einleitenden Worten wenden wir uns nun der Frage zu, wie man im Schulunterricht über Quantenmechanik sprechen könnte und welche Vorstellungen und Fehlvorstellungen bei den Schüler:innen dabei entstehen können [17].

Präparation, Messung

Die einzigen gesicherten Informationen über die Quantenwelt stehen uns in der Form von Messergebnissen in unserer klassischen Welt zur Verfügung. Um diese zu erhalten, müssen wir das System zuerst in einem Anfangszustand präparieren, sich danach selbst überlassen und am Ende eine Messung durchführen. Im Prinzip gilt diese Vorgehensweise auch für Experimente in der klassischen Physik, allerdings benutzen wir dort im Allgemeinen nicht die Begriffe von Präparation und Messung.

Für Schüler:innen ist die Terminologie der „Präparation" oft neu oder ungewohnt, lassen Sie sich Zeit, diesen Begriff sorgfältig einzuführen. Und auch in der Diskussion mit Schüler:innen ist es oft sinnvoll, auf die grundlegende Frage zurückzukommen: Wie lässt sich denn etwas konkret messen? Und wo findet der Kollaps der Wellen-funktion statt, durch den wir Informationen über das Quantensystem erhalten?

Ontologie

Wie verhält sich ein Quantensystem, wenn es nicht beobachtet wird? Man könnte hoffen, dass die Philosophie zu dieser schwierigen Frage etwas beizutragen hat. Die dafür zuständige Disziplin ist die Ontologie, die sich mit der „Lehre des Seins" beschäftigt, sowie die Spezialdisziplin der Quantenontologie, die eine Reihe grund-legender Aussagen über Quantenobjekte liefert:

Q1. Jede messbaren Eigenschaft eines Quantenobjekts (beispielsweise Ort oder Impuls) kann durch eine Messung bestimmt werden.

Q2. Ein Quantenobjekt ist nicht „durchgängig bestimmt", gewisse Eigenschaften können dem Objekt nicht gleichzeitig zugeschrieben werden.

Q3. Das Verhalten von Quantenobjekten kann durch kein Kausalgesetz festgelegt werden.

Das ist nun eigentlich genau das, was wir ohnehin bereits des Öfteren gesagt haben. Und nein, wir können die Frage, was Quantenobjekte zwischen Messungen machen, nicht sinnvoll beantworten.

Modelle

Um eine anschauliche oder bildliche Sprache über Vorgänge in der Quantenwelt zu benutzen, müssen wir auf Modelle zurückgreifen. Ein Modell ist ein vereinfach-tes Abbild der Wirklichkeit. Eigentlich benutzen wir auch in anderen Disziplinen der Physik vereinfachte Abbilder der Wirklichkeit, beispielsweise indem wir in der klassischen Mechanik Reibungseffekte oder andere Umwelteinflüsse vernachlässi-gen oder Objekte auf ihren Schwerpunkt reduzieren. In der Quantenmechanik kommt diesen Modellen jedoch eine besondere Rolle zu, wie wir auch weiter unten anhand der Beispiele des Bohr'schen Atommodells oder der quantenmechanischen Atom- und Molekülmodelle basierend auf Orbitalen diskutieren werden, da die „realen" Objekte nicht mit menschlichen Sinnen erfassbar sind.

Zufall

Zufall gibt es sowohl in unserer klassischen Welt als auch in der Quantenwelt. Wirft man einen Würfel, so ist der einzelne Versuchsausgang zufällig, wobei man über die Verteilung einer sehr großen Wurfserie sehr genaue Aussagen treffen kann. Bei Würfeln, so wie bei allen klassischen Objekten, mit denen Schüler:innen im Alltag zu tun haben, ist es aber so, dass man den Ausgang des Experiments im Prinzip vorhersagen könnte, wenn man alle Ausgangsparameter und Randbedingungen hinreichend genau kennen würde. Im Gegensatz dazu ist die Quantenmechanik intrinsisch zufällig, selbst bei genauer Kenntnis der Anfangsbedingungen kann man den Ausgang eines Experiments nicht vorhersagen. Das kann bisweilen zu Verständnisschwierigkeiten bei Schüler:innen führen: *Zufall existiert beim Münzwurf, warum sollte es bei einem Photon, das durch einen halbdurchlässigen Spiegel geht, anders sein?* Die Wahrscheinlichkeit wird nicht als objektiver Zufall, der sich erst bei Messung realisiert, sondern als messtechnische Ungenauigkeit fehlinterpretiert, die sich bei der Präparation ergibt. Arbeiten Sie gemeinsam mit den Schüler:innen die Unterschiede heraus.

Welle-Teilchen-Dualismus und Quantenobjekt

Wie bereits öfters diskutiert, kommt bei Experimenten mit Quantenobjekten bisweilen der Teilchen- und bisweilen der Wellencharakter zum Tragen. Allerdings kann in der Schule der Begriff „Welle-Teilchen-Dualismus" für die Überwindung der Alltagserfahrungen dabei bisweilen eher hinderlich als hilfreich sein. Er legt einen „Mal-so-mal-so-Ismus", einen „Zwei-Möglichkeiten-Ismus" nahe. Wie so oft ist es an dieser Stelle hilfreich nachzulesen, was Richard Feynman in seinen wunderbaren Feynman Lectures darüber schreibt [19]:

> Quantenmechanik ist die Beschreibung des Verhaltens von Materie und Licht in allen Einzelheiten, insbesondere der Vorgänge in atomaren Dimensionen. In sehr kleinen Dimensionen verhalten sich die Dinge überhaupt nicht so wie etwas, von dem wir direkte Erfahrungen haben. Sie verhalten sich nicht wie Wellen, nicht wie Teilchen, nicht wie Wolken oder Billardkugeln, Gewichte an Federn, oder irgendetwas, was wir je gesehen haben.
>
> Newton dachte, das Licht bestehe aus Teilchen, doch dann entdeckte man, dass es sich wie eine Welle verhält. Später jedoch (zu Beginn des 20. Jahrhunderts) fand man, dass sich Licht tatsächlich manchmal wie ein Teilchen verhält. Ursprünglich glaubte man, das Elektron verhielt sich wie ein Teilchen, dann aber fand man, dass es sich in vieler Hinsicht wie eine Welle verhält. In Wirklichkeit verhält es sich also weder wie das eine noch das andere. Geben wir es also auf. Wir sagen: **„Es ist wie *keins von beiden*."**

Wahrscheinlich wäre es besser, anstelle von Welle-Teilchen-Dualismus ein eigenes Wort zu verwenden, „Quantenobjekt" z.B., das eben gewisse Eigenschaften hat, manche ähnlich wie die uns bekannten Wellen, manche ähnlich wie die uns bekannten Teilchen, manche ähnlich wie die uns bekannte Wahrscheinlichkeitstheorie und manche Eigenschaften eben einfach nicht hat. Ein Quantenobjekt ist etwas Eigenes und nicht ein „Verwandlungskünstler", der mal dies und mal das ist. Da sich der Begriff „Welle-Teilchen-Dualismus" allerdings großer Beliebtheit in Film, Medien und populärwissenschaftlicher Literatur erfreut, sollte er durchaus angesprochen werden und die einhergehenden Schwierigkeiten explizit herausgearbeitet und auf den Punkt gebracht werden.

▶ Quantenobjekte sind etwas Eigenes und keine „Verwandlungskünstler", die mal dies und mal das sind. Insbesondere der Komplementarität kommt eine wichtige Rolle zu: Von einem quantenmechanischen Teilchen kann beispielsweise sein Ort oder Impuls bestimmt werden, allerdings nicht beide gleichzeitig genau.

Bohr'sches Atommodell
Glücklicherweise verrät der Name des Bohr'schen Atommodells bereits das, worum es sich handelt: Es ist ein Modell. Es wurde 1913 von Niels Bohr aufgestellt, zehn Jahre, bevor Schrödinger seine Gleichung niederschrieb. Wir werden in Kap. 9 fachlich noch genauer auf dieses Modell eingehen, möchten aber bereits an dieser Stelle seine Unvollständigkeit aufzeigen: Stellt man sich das Atom wie ein kleines Planetensystem vor, bei dem das Elektron um den Atomkern kreist, so erhält man einen oszillierenden Dipol, der elektromagnetische Wellen abstrahlt. Und zwar so effizient, dass das Elektron in Sekundenbruchteilen in den Kern stürzen würde. Warum das nicht passiert, das kann eigentlich erst die Quantenmechanik erklären. Niels Bohr kombinierte eine klassische Bahnbeschreibung, bei der die Anziehungskraft des Kerns und die Zentrifugalkraft einander entgegenwirken, mit der Annahme, dass der Drehimpuls in Einheiten von $\hbar$ quantisiert ist. Im Sinne der De-Broglie-Beziehung für freie Teilchen kann man sich das so vorstellen, dass die Wellenfunktion des Elektrons bei einem Atomumlauf periodisch sein sollte:

Überraschenderweise erhält man mit diesem einfachen Modell die richtigen Energien des Wasserstoffatoms. Komplexere Atome mit mehr als einem Elektron kann es allerdings nicht korrekt beschreiben. Die Unzulänglichkeiten und möglichen Fehlvorstellungen dieses Zugangs liegen auf der Hand: Es suggeriert eine Bahnkurve, die es nicht gibt, und verstärkt eher eine klassische Sichtweise auf das Elektron. Es gibt durchaus Stimmen, dieses Modell gänzlich aus dem Unterricht zu verbannen. Allerdings ist das Modell weit bekannt und wird bisweilen im Physik- und Chemieunterricht vor der Quantenmechanik bereits antrainiert. Deshalb: Wiederholen Sie das Modell und diskutieren Sie mit den Schüler:innen dessen Unzulänglichkeiten.

Orbitale
In Schülervorstellungen verschwimmen die Elektronen üblicherweise zu Wolken, Schalen oder auch orbitalähnlichen Strukturen um den Atomkern. Vorstellungsprobleme können sein, dass Wolken eigentlich eine mikroskopische Substruktur auf-

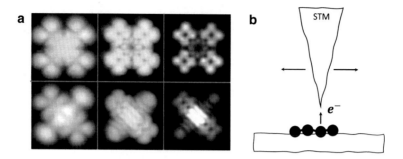

Abb. 6.2 Heutzutage kann man mit Rastertunnelmikroskopen (engl. scanning tunneling micros-
cope, STM) die Aufenthaltswahrscheinlichkeit von Elektronen in Molekülen direkt beobachten.
(a) Experimentelle Ergebisse aus [18] für unterschiedliche Tunnelspitzen und -ströme. (b) Schematische Darstellung. Das Molekül liegt auf einer leitenden Oberfläche. Wenn die STM-Spitze in
die Nähe des Moleküls gebracht wird, können Elektronen vom Molekül in die Spitze tunneln, es
beginnt ein Tunnelstrom zu fließen, der umso größer ist, je höher die Aufenthaltswahrscheinlichkeit
der Elektronen im Molekül ist. Indem die Spitze über das Molekül gerastert wird, erhält man ein
Bild des Molekülorbitals

weisen, welche Elektronen als Elementarteilchen nicht haben, und die Schalen bzw.
Orbitale oft als hart und mit richtiger Oberfläche vorgestellt werden. Dies kann wiederum Molekülbindungen nicht hinreichend erklären. Arbeiten Sie heraus, dass es
sich um Darstellungen von $|\psi(x)|^2$ und damit Aufenthaltswahrscheinlichkeiten han-
delt. Die Flächen begrenzen dabei den Raum, in dem das Elektron bei einer Messung
zu 90 % angetroffen wird. Vor der Messung hat es keinen exakt definierten Aufent-
haltsort, dieser wird erst mit der Messung festgelegt und könnte auch außerhalb des
dargestellten Orbitals liegen. Zur Messung von Orbitalen siehe auch Abb. 6.2.

Heisenberg'sche Unschärferelation
Die Heisenberg'sche Unschärferelation gehört zu den wenigen Werkzeugen der
Quantenmechanik, mit denen man qualitative und einfache Abschätzungen über
quantenmechanische Vorgänge durchführen kann. Die Unschärferelation ist in den
Formalismus der Quantenmechanik eingebaut, sie muss nicht zusätzlich angenommen werden, sondern folgt direkt aus ihr. Leider gibt es unseres Wissens nach keine
für Schüler:innen einfach verständliche Herleitung. Erschwerend kommt bisweilen
dazu, dass die Heisenberg'sche Unschärferelation in zumindest drei unterschiedlichen Formen verwendet wird.

H1. Zuerst einmal ist die Unschärferelation $\Delta x \Delta k \geq \frac{1}{2}$ oder $\Delta x \Delta p \geq \hbar/2$ eine allgemeine Welleneigenschaft: wie in Abb. 3.5 dargestellt, ist eine schmale Wellen-
funktion im Ortsraum aus vielen Partialwellen aufgebaut, also breit im Impulsraum, und umgekehrt. Ein quantenmechanisches Teilchen, das eingesperrt wird,
hat immer eine gewisse Impulsunschärfe. Diese sogenannte Nullpunktsenergie
wird in den kommenden Kapiteln eine wichtige Rolle spielen. Sie liefert auch ein
einfaches Argument, weshalb in einem quantenmechanischen Atom das Elektron nicht in den Kern fällt: Eine stärkere Lokalisierung des Elektrons in der

Nähe des Kerns würde zu einer größeren Impulsunschärfe und somit auch einer größeren kinetischen Energie führen, die den Zugewinn an potentieller Energie kompensieren würde.

H2. Heisenberg selbst hat seine Unschärferelation auch im Sinne von tatsächlichen Experimenten an einzelnen Quantensystemen interpretiert: Um den Ort eines Teilchens genau zu bestimmen, benötigt man Photonen mit einer kleinen Wellenlänge bzw. einer großen Wellenzahl. Bei der Wechselwirkung dieser Photonen mit dem beobachtenden Teilchen kommt es dann zu einem Impulsübertrag $\approx \hbar k$ auf das Teilchen, der es verhindert, Ort und Impuls eines Teilchens gleichzeitig scharf zu messen. Für Schüler:innen ist diese Interpretation oft irreführend, weil sie als die ganze Wahrheit gehalten werden könnte. Sie bildet aber nur einen Teil der Heisenberg'schen Unschärferelation ab, deren wichtigster Bestandteil die Orts-und-Impuls-nicht-zugleich-Existenz ist. Weiterhin kann in $\Delta x \Delta p \geq \hbar/2$ die Ortsunschärfe Δx leicht fälschlicherweise als „Abstand zwischen wahrem und gemessenem Ort" oder als „Ortsänderung aufgrund der Messung" fehlinterpretiert werden.

H3. In den letzten Jahrzehnten hat sich vor allem die statistische Interpretation durchgesetzt: Misst man an einer Vielzahl von identisch präparierten Quantenobjekten die Orte und Impulse, so sind die Orts-Standardabweichung Δx und jene des Impulses Δp miteinander verknüpft, ihr Produkt kann niemals den Wert $\hbar/2$ unterschreiten. So wäre für den Schulunterricht eine Schreibweise als $\sigma_x \sigma_p \geq \hbar/2$ möglicherweise klarer bzw. anschlussfähiger an den Mathematik-Unterricht, da Δx aus der Differentialrechnung eher als „Änderungsgröße" bekannt ist und σ_x oder s_x aus der Stochastik als Standardabweichung.

Und dann gibt es noch die Zeit-Energie-Unschärfe. Ähnlich wie die unter H1 diskutierte Ort-Wellenzahl-Unschärfe $\Delta x \Delta k \approx 1$ gilt auch eine Zeit-Frequenz-Unschärfe $\Delta t \Delta \omega \approx 1$: Ein monofrequenter Sinuston ($\Delta \omega = 0$) dauert unendlich lang ($\Delta t \to \infty$), ein extrem kurzer Ton ($\Delta t \approx 0$) besitzt ein extrem breites Spektrum ($\Delta \omega \to \infty$). Durch Multiplikation der Zeit-Frequenz-Unschärfe mit $\hbar$ gelangt man dann zur Zeit-Energie-Unschärfe $\Delta t \Delta E \approx \hbar$, die wir in den nächsten Kapiteln öfters benutzen werden. Beispielsweise gilt beim Tunneleffekt, dass sich ein Teilchen für eine kurze Zeit $\hbar/\Delta E$ eine Energie ΔE „borgen" kann, um eine klassisch verbotene Energiebarriere zu überwinden. Oder dass die Spektrallinie eines Atomzustands mit einer endlichen Lebensdauer Δt eine gewisse spektrale Breite $\hbar/\Delta t$ besitzt.

6.2   Der Doppelspalt als didaktischer Alleskönner

> Das zentrale Geheimnis der Quantentheorie steckt im Doppelspalt-Experiment.
> (Richard Feynman)

In diesem Abschnitt gehen wir genauer auf das Doppelspalt-Experiment ein und diskutieren Realisierungsmöglichkeiten im Schulunterricht. Historisch können drei Versionen des Experiments hervorgehoben werden. Young führte es bereits um 1800 mit normalem Licht durch und zeigte damit eindeutig den Wellencharakter des Lichts, das „Wellige". Im Jahr 1908 konnte Taylor es mit einzelnen Photonen durchführen und damit sowohl das „Körnige" als auch das „Stochastische" darlegen. Jönsson führte das Experiment 1960 mit einzelnen Elektronen durch und bestätigte damit die Theorie auch für Teilchen. Heutzutage kann es sogar mit Fulleren-Molekülen, das sind „Fußbälle" aus etwa 60 Kohlenstoffatomen, erfolgreich durchgeführt werden. Für ein ordentliches Verständnis der Quantenmechanik ist es sinnvoll, von Anfang an „Welliges", „Körniges" und „Stochastisches" mitzudenken und die Theorie ganz zu lassen. Daher ist es für den Schulunterricht sinnvoll, das Taylor- (und das Jönsson-) Experiment von Beginn an vollständig vorzustellen. Teilweise sind sogar die Originalarbeiten für Schüler:innen lesbar und können zusätzliche Authentizität schaffen. Im Schulkontext experimentell durchgeführt werden kann leider nur das Young-Experiment, für Taylor und Jönsson ist man auf Simulationen und Videos angewiesen.

Die Schüler:innen kommen mit ihren Vorstellungen zu Licht, z. B. als „klassische" Teilchen, Photonen, in den Unterricht und sollen keineswegs ihre altbewährten Konzepte über Bord werfen, sondern diese erweitern. Die neuen Konzepte, Begriffe und Formulierungen müssen „umformuliert", eine neue Sprache „geschaffen, geschliffen, ausgehandelt und geübt" werden – so formuliert es Josef Leisen in seiner im Jahr 2000 erschienenen Handreichung zu Quantenphysik/Mikroobjekte [8]. Er erklärt das Doppelspalt-Experiment folgendermaßen:

> Man schickt gleichartig präparierte Mikroobjekte auf einen geeigneten Doppelspalt. Das stochastisch verteilte Aufleuchten einzelner Schirmstellen in einem Interferenzstreifenmuster zeigt in dem Verhalten der Mikroobjekte ‚Welliges‘, ‚Körniges‘ und ‚Stochastisches‘. Das ‚Wellige‘ zeigt sich in den Interferenzstreifen, das ‚Körnige‘ in dem Aufleuchten lokalisierbarer Schirmstellen und das ‚Stochastische‘ zeigt sich in dem Zufallscharakter des Aufleuchtens, wobei gewisse Schirmstellen mit höherer Wahrscheinlichkeit aufleuchten als andere. Es ist sinnvoll, das ‚klassische Wellen- und Teilchenkonzept‘ neu zu denken und zu formulieren: Wir ordnen gleichartig präparierten Mikroobjekten eine (mathematische) Wahrscheinlichkeitswelle ψ zu, der im Sinne einer Messgröße selbst keine Realität zukommt. $|\psi|^2 dV$ ist eine Messgröße und beschreibt die Wahrscheinlichkeit, mit der die Mikroobjekte auf dem Schirm auftreffen."

Eine derartige Sprache muss nicht nur von Schülerseite geübt werden, auch von der Lehrerseite verlangt sie einiges ab.

Das Doppelspalt-Experiment: genauer hingesehen

Schickt man Mikroobjekte oder Wellen durch einen Einzelspalt, so erhält man ein Interferenzmuster, welches recht einfach über das Huygens'sche Prinzip der Elementarwellen erklärt werden kann, siehe Abb. 2.2 und 3.3. Das Interferenzbild der Einzelspalte bildet nun eine Einhüllende für das Doppelspalt-Experiment (Abb. 6.3): Dort, wo gemäß des Einzelspalts überhaupt Licht hinkommen kann, können sich Interferenzmaxima und -minima aufgrund des Doppelspalts bilden. Dort, wo ein „Einzelspalt-Minimum" ist, können keine „Doppelspalt-Maxima" beobachtet wer-

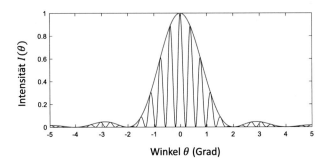

Abb. 6.3 Intensitätsverteilung $I(\theta)$ als Funktion des Ablenkwinkels θ, die an einem Schirm beobachtet wird, der sich weit weg vom Spalt befindet. Die schwarze Linie zeigt die tatsächliche Intensitätsverteilung, die rote Linie ist die Einhüllende, die man auch bei einem Einzelspalt beobachten würde

den. In der Figur ist die Einhüllende in Rot gezeichnet, die tatsächliche Intensitätsverteilung hinter dem Doppelspalt in Schwarz.

Verwendet man ein optisches Gitter, eine CD oder Ähnliches für das „Doppelspalt"-Experiment, so werden die Maxima immer schärfer, je mehr Spalte man hinzufügt bzw. beleuchtet. Die Cosinus-ähnliche Form des Interferenzmusters verschwindet, die Minima bzw. dunklen Bereiche zwischen den Maxima werden breiter und die Maxima immer „punktförmiger". An der Einhüllenden aus den Einzelspalten ändert dies allerdings nichts, so dass immer noch ein ähnliches Bild wie in Abb. 6.3 entsteht. Für die Demonstration der Einhüllenden ist ein solches Experiment gut geeignet, da man mit einem starken Laser genug Intensität erhält, um auch noch höhere Ordnungen zu sehen. Allerdings sollte darauf hingewiesen werden, dass es sich streng genommen nicht mehr um ein DOPPELspalt-Experiment handelt.

Fehlvorstellungen zum Doppelspalt

Beim Doppelspalt mischen sich oft sehr viele Fehlvorstellungen zusammen: Die geradlinigen Strahlen bzw. die eigentlich exakte Flugbahn der Photonen werden irgendwie gestört. Dies könnten Effekte an den Rändern der Spalte sein, dies könnten andere Photonen, Elektronen am Weg sein. Durch das Abdecken eines Spaltes entstehen eben andere Störungen als bei zwei Spalten. Weiter passt es gut mit der mit Fehlvorstellungen zur Heisenberg'schen Unschärferelation und Messungenauigkeit zusammen: Durch die „Messung" des Ortes am Spalt würde der Impuls verändert. Auch könnte der spätere Auftreffort bereits bei der Präparation festgelegt werden; er ist nur deshalb unbekannt, da wir nicht alle Ausgangsparameter hinreichend genau kennen. Wir möchten an dieser Stelle nochmals festhalten: Photonen besitzen die Eigenschaft Ort „im Flug" überhaupt nicht, der Großteil der Photonen geht ins nullte Maximum und erfährt überhaupt keine Impulsänderung.

6.3 Das Doppelspalt-Experiment mit Schulmitteln

Wichtig ist es, dass für die Schüler:innen die drei Wesenszüge herauskommen: das „Wellige", „Körnige" und „Stochastische". Das „Körnige" ist üblicherweise einfach verständlich, die Strahlenoptik kann damit im Vorfeld gut geklärt werden, Photonen sind häufig bekannt. Das „Stochastische" kann über Gedankenexperimente zu einzelnen Photonen („Körnern") plausibel dargelegt und über Videos und Simulationen anschaulich präsentiert werden. Das „Wellige" ist für Schüler:innen oft die größte Herausforderung. Daher kann man mit den folgenden Experiment-Varianten durchaus das ,Wellige' hervorheben, ohne die anderen Wesenszüge zu vergessen! Diese sollten immer erwähnt werden, sowohl um die Quantenphysik ganz zu lassen als auch um die neue Fachsprache immer wieder zu „schaffen, schleifen, aushandeln und üben". Das Doppelspalt-Experiment eignet sich bereits für den Einstieg in die Quantenmechanik und man kann immer wieder darauf zurückkommen und andere Gesichtspunkte beleuchten. Auf diese Weise können die Schüler:innen ihr bestehendes Wissen bzw. ihre bestehenden Vorstellungen erweitern und überarbeiten.

Das „richtige" Doppelspalt-Experiment
Das echte Doppelspalt-Experiment kann nur mit einem qualitativ guten Doppelspalt und einem starken Laser durchgeführt werden, immerhin braucht es einen sehr geringen Abstand der beiden sehr schmalen Spalte, was zugleich zu sehr wenig Lichtintensität hinter den Spalten führt. Wir reden hier von der Größenordnung der verwendeten Wellenlänge, also Mikrometer. Passende Doppelspalte und Laser sind im Lehrmittelhandel erhältlich. Aushelfen kann man sich außerdem damit, dass man einen „großen" Doppelspalt nimmt und diesen so lange dreht, bis der optische Abstand klein genug ist (siehe auch das Lineal-Spalt-Experiment). Macht man dies, sollte im Unterricht angemerkt werden, dass sich die Spalte nicht mehr in einer Ebene befinden und man das Experiment abgeändert hat. Bei Verwendung eines starken Lasers ist in hohem Maße auf die Sicherheit Acht zu geben. Mit experimentellem Geschick kann man einen der beiden Spalte abdecken und so das Einzelbild mit der Einhüllenden erhalten und zeigen, dass die Summe der Einzelbilder NICHT das Interferenzmuster erklären kann und dass das Doppelspaltbild innerhalb der Einhüllenden entsteht.

Das Lineal-Spalt-Experiment

Materialliste:
Abgedunkelter Raum mit weißer Rückwand
1 Laserpointer
1 Schüler:innen-Lineal
2 Stativmaterial (für Laser und Lineal)

Das Lineal-Spalt-Experiment hat den Vorteil, dass es ausschließlich alltägliche Materialien verwendet und die Schüler:innen selbst das Lineal zur Verfügung stellen können und somit aktiv eingebunden werden. Für die Durchführung spannt man ein Lineal oder Geodreieck mit der Markierung nach oben ein, wie in Abb. 6.4 gezeigt. Ein paar Zentimeter höher spannt man den Laserpointer ein und leuchtet möglichst

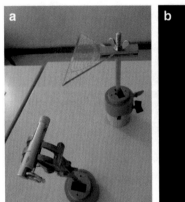

Abb. 6.4 Das Lineal-Spalt-Experiment. (**a**) Ein Lineal oder Geodreieck wird mit der Markierung nach oben eingespannt sowie ein paar Zentimeter höher der Laserpointer. Dieser leuchtet möglichst flach auf die Markierung des Lineals, der Stahl wird auf eine weiße Wand oder Leinwand reflektiert. (**b**) Am Schirm wird dann das Interfernzbild sichtbar, der Abstand der Maxima kann durch den Einfallswinkel des Laserstrahls verändert werden

flach auf die Markierung des Lineals auf eine weiße Wand oder Leinwand, so dass der Strahl (nur von der Millimetermarkierung) reflektiert wird, auf eine ein bis zwei Meter entfernte weiße Wand, Leinwand oder ein Blatt Papier. Durch Weiterdrehen des Lineals kann der „Spaltabstand" verändert und dessen Auswirkungen auf das Interferenzbild untersucht werden. Schüler:innen könnten einwenden, dass die Punkte an der Wand die Reflexionen vom Lineal wären. Dann müssten aber bei einem flacheren Winkel, d. h. engerer „Spaltabstand", die Punkte näher zueinander rücken – es wird aber genau das Gegenteil beobachtet, da es sich um Interferenz und nicht um ein Spiegelbild handelt. Bei einer sauberen Durchführung erkennt man auch gut die Einhüllende, welche nicht über einfache Reflexionen erklärbar ist.

Aus wackeltechnischen Gründen ist es empfehlenswert, den Laserpointer so einzuspannen, siehe Abb. 6.4, dass er automatisch eingeschaltet ist. Natürlich ist auf die Augen-Sicherheit besonders hinzuweisen. Je sauberer das Lineal ist, je besser der Raum abgedunkelt werden kann, je homogener und weiter entfernt die Rückwand ist und je mehr Leistung der Laserpointer hat, desto besser funktioniert das Experiment. Wir möchten aber auch auf ein paar Schwachpunkte hinweisen: Es handelt sich nicht um zwei, sondern um viele „Spalte", eigentlich sind es nicht einmal Spalte, da eine Reflexion stattfindet. Außerdem sind die „Spalte" nicht orthogonal zur Laserrichtung, sondern „verdreht". Man führt also nicht das eigentliche Doppelspalt-Experiment durch, sondern nur etwas „Ähnliches". Dennoch zeigt es gut, was es zeigen soll, ist deutlich schülernäher und durch das Weiterdrehen dynamischer als das „richtige" Doppelspalt-Experiment. Verwendet man diese Lineal-Variante als Einstiegsexperiment ins Thema, können die Schwachpunkte vorerst weggelassen werden, sollten aber zu späterem Zeitpunkt unbedingt wieder aufgegriffen werden.

Das „Doppelschall"-Experiment

Materialliste:
Größerer, akustisch trockener Raum zum Umhergehen
2 Lautsprecher
1 Frequenz- bzw. Tongenerator

Das „Doppelschall"-Experiment besticht durch die Möglichkeit für die Schüler:-innen, etwas real zu erleben. Der sonst oft sehr visuell-kognitive Unterricht zur Quantenphysik kann hier von auditiv-haptischen Erlebnissen unterstützt werden. Dafür braucht man zwei Lautsprecher, welche sich in einem fixen Abstand zueinander befinden und über welche ein Ton (eine einzelne Frequenz) abgespielt wird. Diesen kann man über einen Frequenzgenerator erzeugen, aber auch im Internet findet man leicht Tongeneratoren. Wichtig ist, dass es eine Sinusschwingung ist, der Ton nicht zu hoch ist, da sonst die Maxima und Minima (zu) eng beieinander liegen, und die Lautsprecherqualität halbwegs gut ist. Nun können die Schüler:innen im Raum umhergehen und konstruktive und destruktive Interferenz am eigenen Körper erleben. Weist man die Schüler:innen an, in den Lautstärke-Minima stehen zu bleiben, bekommt man auch sehr schnell die räumliche Verteilung dieser und kann die Gleichung $v = \lambda\, f$ kontrollieren bzw. die Schallgeschwindigkeit v ausrechnen. Das Experiment kann für verschiedene Frequenzen und Abstände der Lautsprecher wiederholt werden.

Aufzupassen ist auf Reflexionen, welche von den Wänden kommen können und damit zusätzliche „Tonquellen" sind und man somit wieder vom DOPPELspalt-Experiment wegkommt. Ein akustisch trockener Raum oder ein leiser Bereich außerhalb sind daher zu empfehlen. Anzumerken ist natürlich, dass man mit dem Schall klassische Wellen aus der Akustik betrachtet. Wobei das Medium zur Ausbreitung und damit die mikroskopische Bewegung eigentlich auch „körnig" ist. Man könnte auch hier argumentieren, dass nicht vollständig klar ist, welches Luftmolekül genau wo auf unser Trommelfell kracht, die sehr große Gesamtzahl der mikroskopischen Luftmoleküle aber einen kontinuierlichen Eindruck erwecken. Dennoch hinkt das Gedankenexperiment mit den Luftmolekülen: Diese verhalten sich (halbwegs) klassisch und deterministisch. Würde man die Anfangsbedingungen exakt kennen, könnte man das Auftreffen am Trommelfell exakt vorherbestimmen. (Abgesehen von Quanteneffekten, aber da beißt sich die Katze in den Schwanz, wenn man versucht, den Indeterminismus der Quantenphysik mit Quanteneffekten zu belegen.) In der Quantenphysik herrscht hingegen der objektive Zufall. Abgesehen davon bleiben die Luftmoleküle mehr oder weniger am Platz und geben „nur" ihre Bewegungsenergie weiter, während sich das Photon durch die Apparatur „bewegt", wobei es eigentlich überhaupt keine Trajektorie besitzt. Schall ist eine Anregung der Luft, Licht eine Anregung elektromagnetischer Felder. Man sieht, es gibt hier breiten Raum für intensive Diskussionen, bei denen man die Fachsprache und Denkmuster wieder „schaffen, schleifen, aushandeln und üben" kann.

Das „bunte Gitter"-Experiment

Materialliste:
Abgedunkelter Raum und weißer Rückwand
1 helle gebündelte weiße Lichtquelle
1 CD oder Strichgitter
2 Stativmaterial (für CD und Lichtquelle)

Das „bunte Gitter"-Experiment ist zwar von der klassischen Quantenmechanik bereits etwas entfernt, schlägt aber den Bogen zurück in die Optik und ist daher gut für eine Wiederholung bzw. Verknüpfung von Wissen geeignet. Schickt man monochromatisches Licht durch ein optisches Liniengitter, so erhält man sehr scharfe Maxima (Punkte). Da die Beugung abhängig von der Wellenlänge ist, entsteht bei weißem Licht um jedes ursprüngliche Maximum ein „Regenbogen". Für ein gutes Resultat muss das weiße Licht gut gebündelt auf das Gitter geschickt werden. Als Gitter kann man auch eine CD verwenden (Spurabstand bzw. Gitterkonstante von 1.6 μm), die 1. und 2. Ordnung können beobachtet werden. Möchte man die CD als Transmissionsgitter verwenden, kann man die Reflexionsschicht entfernen. DVDs und Blue-Rays sind nicht geeignet, da der Spurabstand zu klein ist und damit die höheren Ordnungen „zu weit außen" und damit nicht sichtbar sind. Möchte man mehr Ordnungen bzw. Regenbögen sehen, benötigt man ein Gitter mit größerer Gitterkonstante.

Nun kann man mit den Schüler:innen einerseits die Optik wiederholen, Spektralfarben und Wellenlängenabhängigkeiten besprechen, andererseits benötigt man für eine ordentliche Erklärung des Entstehens der „Regenbögen" die Quantenphysik. Zusätzlich kann man z. B. verschiedene Lichtquellen analysieren, immerhin hat man praktisch ein Spektrometer gebaut. Außerdem kann man auf Absorption und Emission und das Bohr'sche Atommodell eingehen und schließlich diesen Vorgang und mit dem Entstehen eines „echten" Regenbogens vergleichen. So kann man die Quantenphysik in ein größeres Ganzes einbetten und wiederum die (neue) Sprache „schleifen, aushandeln und üben".

Mit diesen Experimenten kann das Doppelspalt-Experiment von verschiedenen Blickwinkeln beleuchtet und mit anderen Themengebieten verknüpft werden. Da es schwierig ist, die neue Sprache zu erlernen und perfektionieren, benötigt man häufige Wiederholungen und Diskussionsübungen, welche die abwechslungsreichen Varianten liefern können. Dabei sollte stets auf die drei Wesenszüge „wellig", „körnig" und „stochastisch" sowie die Heisenberg'sche Unschärferelation hingewiesen werden.

6.4   Zusammenfassung

Fehlvorstellungen Die meisten Fehlvorstellungen entstehen durch Projektion alltäglicher Eigenschaften wie Form, Farbe, Ort, Impuls auf die Quantenwelt, welche diese zum Teil nicht (zugleich) haben. Ebenso gibt es im Alltag keinen objektiven Zufall. Würde man alle Anfangsbedingungen eines Münzwurfs genau kennen, könnte man das Endergebnis eindeutig vorhersagen. In der Quantenmechanik realisiert sich das Ergebnis tatsächlich erst bei der Messung, über den „Weg dorthin" kann man keine deterministische Aussage treffen.

Heisenberg'sche Unschärferelation Sie wird oft als „Nicht-zugleich-messbar-Relation" fehlinterpretiert. Es handelt sich hierbei um eine Aussage über die Standardabweichungen von Orts- und Impulsmessungen eines Ensembles von Quantenobjekten. Das Produkt dieser Abweichungen kann den Wert $\hbar/2$ nicht unterschreiten.

Welle-Teilchen-Dualismus Dieser darf keinesfalls als „Mal-so-mal-so-Dualismus" interpretiert werden. Vielmehr handelt es sich um Quantenobjekte, die in der Alltagswelt kaum Entsprechungen finden, welche „körnige", „wellige" und „stochastische" Eigenschaften (zugleich) aufweisen und eher etwas „Drittes" sind.

Doppelspalt-Experiment Es ist das wohl bedeutendste Element des Unterrichts zur Quantenphysik und kann in mehreren Varianten immer wieder aufgegriffen werden. Für die vollständigen Beschreibung benötigt man die drei Wesenszüge: „wellig", „körnig" und „stochastisch". Das „Wellige" kann mit Schulmaterialien sehr gut experimentell dargestellt werden, für das „Körnige" und insbesondere das „Stochastische" ist man auf Gedankenexperimente und Simulationen bzw. Filme angewiesen.

Aufgaben

Aufgabe 6.1 Eine 11-jährige Schülerin fragt Sie, warum es kein Licht-Mikroskop gibt, mit dem man Atome ansehen kann bzw. ob es bei technischem Fortschritt einmal ein Licht-Mikroskop geben wird, mit dem man Atome ansehen kann. Erklären Sie, warum dies physikalisch unmöglich ist und nehmen Sie Ihre Erklärung mit einem Recorder (Handy) auf. Analysieren Sie anschließend Ihre Erklärung auf: 1. altersgerechte Sprache, 2. korrekte Fachsprache und 3. mögliche Fehlvorstellungen. Verfassen Sie ggf. eine neue Erklärung und wiederholen Sie das Aufnehmen und Analysieren.

Aufgabe 6.2 Wählen Sie eine Ihnen befreundete oder verwandte Person aus, die sich nicht mit Quantenmechanik auskennt, und erklären Sie ihr den Welle-Teilchen-Dualismus in möglichst einfacher Sprache. Diese soll Ihnen diesen anschließend adäquat wiedergeben.

Aufgabe 6.3 Erstellen Sie einen möglichst einfachen Erklärungstext zum Mach-Zehnder-Interferometer, wobei Sie davon ausgehen sollen, dass das Doppelspalt-Experiment bereits bekannt ist. Achten Sie auf die drei Wesenszüge „wellig", „körnig" und „stochastisch".

Aufgabe 6.4 Arbeiten Sie einen kurzen Radioshow-Beitrag zum Doppelspalt-Experiment aus und nehmen Sie diesen mit einem Recorder (Ihrem Handy) auf. Gleichen Sie Ihre Darstellung mit jener von Josef Leisen (siehe Abschn. 6.3) ab und analysieren Sie Ihre eigene Fachvokabeldichte.

Aufgabe 6.5 Führen Sie das „Lineal-Spalt-Experiment" selbst durch und erstellen Sie ein konkretes Arbeitsblatt für den Unterricht. Nehmen Sie außerdem zwei kurze Video-Sequenzen auf: eine, in der Sie das Arbeitsblatt und den Arbeitsauftrag erklären und eine, in der Sie das Experiment nochmals abschließend zusammenfassen und die wichtigsten Sachen herausstreichen. Mit dem Arbeitsblatt und den beiden Dateien sollte auch eine fachfremde Lehrperson ohne weitere Einarbeitung diese Stunde halten können.

Aufgabe 6.6 In Abschn. 4.1 wird von einem „wunderschönen Video" und in Abschn. 6.2 von „Originalarbeiten" zum Taylor- bzw. Jönsson-Experiment gesprochen. Suchen Sie diese heraus und gestalten Sie eine Distance-Learning-Einheit dazu.

Aufgabe 6.7 In Abschn. 5.2 wird von „Bose-Einstein-Kondensaten" gesprochen. Finden Sie heraus, worum es sich dabei genau handelt. Erstellen Sie einen kurzen Lesetext und eine Testfrage dazu, welche darauf abzielt zu prüfen, dass die Schüler:innen neues Wissen integrieren, reflektieren und interpretieren können.

Potentialstufen

7

Inhaltsverzeichnis

Zusammenfassung

Wir diskutieren die Lösung der Schrödingergleichung für eine Potentialstufe, an der eine einlaufende Welle reflektiert und transmittiert wird, sowie eines Potentialtopfs, in dem es zu einer Lokalisierung der Welle und einer Quantisierung der Eigenenergien kommt. Für Potentialbarrieren endlicher Höhe beobachtet man den Tunneleffekt, bei dem ein quantenmechanisches Teilchen durch einen klassisch verbotenen Bereich tunneln kann.

In diesem Kapitel wollen wir das Verhalten von Teilchen untersuchen, die auf eine Potentialstufe auflaufen, wie in Abb. 7.1 für ein klassisches Teilchen dargestellt. Potentialstufen und Potentialbarrieren zählen zu den einfachsten physikalischen Systemen, an denen man die Effekte eines Potentials untersuchen kann. Für ein klassisches Teilchen ist die Diskussion rasch abgehandelt. Nehmen wir an, das Teilchen bewegt sich mit der Geschwindigkeit v auf die Potentialstufe zu. Wenn die kinetische Energie kleiner als die Höhe V_0 der Potentialstufe ist, wird das Teilchen reflektiert und bewegt sich danach mit der Geschwindigkeit $-v$ in die entgegengesetzte Richtung. Ist die kinetische Energie größer als V_0, so überschreitet das Teilchen die Potentialstufe und bewegt sich danach mit verminderter Geschwindigkeit v' weiter.

© Der/die Autor(en), exklusiv lizenziert an Springer-Verlag GmbH, DE, ein Teil von
Springer Nature 2023
U. Hohenester und K. Irgang, *Einführung in die Quantenmechanik*,
https://doi.org/10.1007/978-3-662-65980-9_7

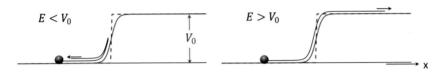

Abb. 7.1 Potentialstufe für klassisches Teilchen. Wir nehmen an, dass das Teilchen zum Zeitpunkt null eine Geschwindigkeit v besitzt und sich auf die Potentialstufe zubewegt. (links) Wenn die kinetische Energie E geringer ist als die Höhe V_0 der Potentialstufe, dann wird das Teilchen reflektiert. (rechts) Ist die kinetische Energie größer als V_0, so überkommt das Teilchen die Stufe und bewegt sich danach mit verminderter Geschwindigkeit v', da ein Teil der kinetischen Energie in potentielle Energie umgewandelt wird

Die verminderte Geschwindigkeit kann mit Hilfe der Energieerhaltung

$$\frac{1}{2}mv^2 = \frac{1}{2}mv'^2 + V_0 \tag{7.1}$$

bestimmt werden, wobei wir angenommen haben, dass zu Beginn die gesamte Energie kinetisch ist (linke Seite der Gleichung) und nach Überschreiten der Potentialstufe ein Teil der Energie in potentielle Energie umgewandelt wird (rechte Seite der Gleichung). Damit ist unsere Diskussion des klassischen Teilchens beendet.

Der Einfluss einer Potentialstufe auf die Bewegung eines quantenmechanischen Teilchens ist deutlich komplexer. Die genaue Analyse im Rahmen der Schrödingergleichung wird im nächsten Abschnitt gegeben, wir beginnen damit, die zugrundeliegende Physik anhand der in Abb. 7.2 gezeigten zeitlichen Entwicklung der Wahrscheinlichkeitsdichten zu diskutieren. Abbildung (a) zeigt die Propagation eines freien Wellenpaketes, wie zuvor im letzten Kapitel diskutiert, wobei die Wellenfunktion im Lauf der Zeit langsam zerfließt. Im oberen Teil der Abbildung ist die Impulsverteilung als Funktion der kinetischen Energie gezeigt, aufgrund der Lokalisierung im Ortsraum besitzt das Wellenpaket im Impulsraum ebenfalls eine Verbreiterung. In Abbildung (b) ist die zeitliche Entwicklung des Wellenpakets gezeigt, das auf eine Potentialstufe aufläuft, wobei die kinetische Energie E geringer ist als die Höhe V_0 der Potentialstufe. Es kommt zu einer Reflexion des Paketes, in unmittelbarer Nähe zur Potentialstufe erkennt man starke Oszillationen aufgrund der Interererenz zwischen einlaufender und reflektierter Welle. Schließlich erkennt man in Abbildung (c), dass für $E > V_0$ ein Teil der Welle reflektiert wird, während der restliche Teil transmittiert wird und sich danach mit einer geringeren Gruppengeschwindigkeit fortbewegt.

Das in Abb. 7.2 gezeigte Verhalten ist ein klassisches Wellenphänomen. Der in Kap. 1 besprochene Strahlteiler basiert auf ähnlichen Überlegungen und auch für akustische oder Wasserwellen kann man Ähnliches beobachten. Dennoch werden wir weiter unten sehen, dass dieses Wellenverhalten in Kombination mit dem Teilchenverhalten der Quantenmechanik zu neuartigen und spannenden Effekten führt. Bevor wir diese diskutieren, untersuchen wir genauer das Verhalten einer harmonischen Welle an einer Potentialstufe.

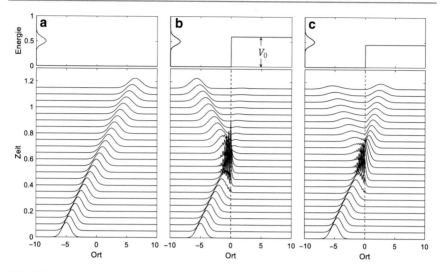

Abb. 7.2 Quantenmechanisches Teilchen und Potentialstufe. (**a**) Ein freies Teilchen bewegt sich in positiver x-Richtung, wobei die Wellenfunktion im Lauf der Zeit zerfließt. Wir zeigen die Wahrscheinlichkeitsdichte als Funktion des Ortes x, wobei die Funktionen zu unterschiedlichen Zeiten vertikal verschoben sind. Im oberen Teil der Abbildung ist die Impulsverteilung als Funktion der kinetischen Energie gezeigt. (**b**) Wenn die kinetische Energie des Teilchens kleiner als die Höhe V_0 der Potentialstufe ist, kommt es zu einer Reflexion des Teilchens. In unmittelbarer Nähe der Potentialstufe kommt es zu Interferenzen zwischen der einlaufenden und reflektierten Welle. (**c**) Wenn die kinetische Energie des Teilchens größer als V_0 ist, wird ein Teil der Welle reflektiert und der restliche Teil transmittiert

7.1   Reflexion und Transmission an einer Potentialstufe

Im Folgenden betrachten wir eine harmonische Welle mit der Wellenzahl k, die auf eine Potentialstufe der Höhe V_0 aufläuft, wobei ein Teil der Welle reflektiert und ein anderer Teil transmittiert wird. Siehe auch Abb. 7.3. Für die Wellenfunktion links und rechts der Potentialstufe machen wir folgenden Ansatz

$$\text{Bereich } x < 0: \qquad \phi(x) = e^{ikx} + r\, e^{-ikx} \qquad (7.2a)$$

$$\text{Bereich } x > 0: \qquad \phi(x) = \qquad t\, e^{ik'x}. \qquad (7.2b)$$

r und t sind die Reflexions- und Transmissionskoeffizienten, die wir noch bestimmen werden. Die Wellenzahl k' im Bereich rechts der Potentialstufe kann aus der Energieerhaltung bestimmt werden:

$$E = \frac{\hbar^2 k^2}{2m} = \frac{\hbar^2 k'^2}{2m} + V_0 \implies k' = \frac{\sqrt{2m(E - V_0)}}{\hbar}. \qquad (7.3)$$

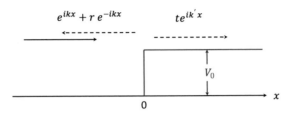

Abb. 7.3 Reflexion und Transmission an einer Potentialstufe. Eine harmonische Welle mit der Wellenzahl k läuft auf eine Potentialstufe der Höhe V_0 auf, ein Teil wird reflektiert und ein Teil transmittiert. r und t sind die Reflexions- und Transmissionskoeffizienten, k' ist die Wellenzahl im Bereich der Potentialstufe

Wir setzen als Nächstes den Ansatz aus Gl. (7.2) in die zeitunabhängige Schrödingergleichung ein und erhalten auf beiden Seiten der Potentialstufe

$$\left[-\frac{\hbar^2}{2m}\frac{d^2}{dx^2} \right]\left(e^{ikx} + r\,e^{-ikx} \right) = \left[\frac{\hbar^2 k^2}{2m} \right]\left(e^{ikx} + r\,e^{-ikx} \right)$$

$$\left[-\frac{\hbar^2}{2m}\frac{d^2}{dx^2} + V_0 \right] t\,e^{ik'x} = \left[\frac{\hbar^2 k'^2}{2m} + V_0 \right] t\,e^{ik'x}.$$

Unter Benutzung der Energieerhaltung aus Gl. (7.3) sieht man dann sofort, dass die Gleichungen tatsächlich erfüllt sind und Gl. (7.2) somit eine Lösung der zeitunabhängigen Schrödingergleichung darstellt. Um die Koeffizienten r und t zu bestimmen, müssen wir zwei zusätzliche Forderungen an die Wellenfunktion stellen. Wie genauer in Aufgabe 7.1 ausgeführt, muss aufgrund der Wahrscheinlichkeits- und Impulserhaltung die Wellenfunktion überall **stetig und stetig differenzierbar** sein. Wenn wir die Wellenfunktion aus Gl. (7.2) und deren Ableitung unmittelbar links und rechts der Potentialstufe an der Stelle $x = 0$ auswerten, erhalten wir

$$e^{ik0} + re^{-ik0} = te^{ik'0} \qquad \Longrightarrow \quad 1 + r = t$$

$$ike^{ik0} - ikre^{-ik0} = ik'te^{ik'0} \qquad \Longrightarrow \quad k(1 - r) = k't. \qquad (7.4)$$

Aus diesen beiden Gleichungen kann man nun leicht die beiden Unbekannten bestimmen, und wir erhalten nach kurzer Rechnung das Endergebnis

$$\text{Bereich } x < 0: \qquad \phi(x) = e^{ikx} + \left[\frac{k - k'}{k + k'} \right] e^{-ikx} \qquad (7.5a)$$

$$\text{Bereich } x > 0: \qquad \phi(x) = \qquad \left[\frac{2k}{k + k'} \right] e^{ik'x}. \qquad (7.5b)$$

Die Terme in eckigen Klammern entsprechen genau den Koeffizienten r, t. Man kann nun nachprüfen, dass diese Lösung überall die zeitunabhängige Schrödingergleichung erfüllt sowie stetig und stetig differenzierbar ist. Aus diesem Grund stellt Gl. (7.5) die gesuchte Lösung dar.

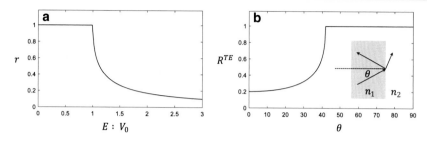

Abb. 7.4 Absolutbetrag von Reflexionskoeffizient für (**a**) quantenmechanisches Teilchen, das auf Potentialstufe der Höhe V_0 aufläuft, und (**b**) elektromagnetische Welle, die auf eine Grenzschicht zwischen Glas (Brechungsindex $n_1 = 1.5$) und Luft ($n_2 = 1$) trifft. Die Geometrie und der Einfallswinkel sind im Inset dargestellt

▶ Bei einer Welle, die auf eine Potentialstufe trifft, wird im Allgemeinen ein Teil reflektiert und der andere Teil transmittiert.

Abb. 7.4(a) zeigt den Absolutbetrag des Reflektionskoeffizienten für unterschiedliche Verhältnisse von $E : V_0$. Wenn E kleiner als V_0 ist, wird die Welle vollständig reflektiert. Wenn E größer als V_0 ist, wird ein Teil der Welle transmittiert und der Rest reflektiert.

Vergleich mit klassischer Lichtwelle

Ein ähnliches Verhalten findet man auch für eine elektromagnetische Welle, die auf eine Grenzschicht zwischen zwei Dielektrika trifft, in der Abb. 7.4 zwischen Glas und Luft. Wir nehmen an, dass die Frequenz der Welle konstant gehalten wird und der elektrische Feldvektor parallel zur Grenzschicht ist, wobei diese Details nicht wirklich von Bedeutung sind. Abhängig vom Einfallswinkel wird die Wellenzahl senkrecht zur Grenzschicht verringert, ab einem gewissen Winkel reicht die „kinetische Energie" der Welle nicht mehr aus, um die dielektrische Potentialstufe zu überkommen, es kommt zu einer Totalreflexion der einlaufenden Welle.

7.2 Evaneszente Wellen und Tunneln

Beobachten wir einmal genauer, wie für $E < V_0$ die Welle an der Potentialstufe reflektiert wird. Bei aufmerksamer Betrachtung von Abb. 7.2(b) sehen wir, dass die Welle nicht abrupt reflektiert wird, sondern dass ein kleiner Ausläufer in den klassisch verbotenen Bereich $x > 0$ hineinragt. Im Prinzip kommt das nicht unerwartet: Ein Knick in der Wellenfunktion könnte entsprechend einer Fourierzerlegung nur durch extrem viele harmonische Partialwellen erzeugt werden, was zu einer extrem hohen kinetischen Energie führen würde. Die Welle geht daher einen Kompromiss ein und lugt ein wenig in den Bereich der Potentialbarriere, die daraus resultierende erhöhte potentielle Energie wird durch eine Erniedrigung der kinetischen Energie kompensiert.

Natürlich können wir mit den Ergebnissen des vorigen Abschnitts das Problem auch quantitativ analysieren. Aus Gl. (7.3) für die Energieerhaltung finden wir, dass für $E < V_0$ die Wellenzahl k' rein imaginär wird,

$$k' = \pm \frac{\sqrt{2m(E - V_0)}}{\hbar} = \pm i \frac{\sqrt{2m(V_0 - E)}}{\hbar} = \pm i\kappa, \qquad (7.6)$$

wobei wir im letzten Rechenschritt die reelle Größe κ eingeführt haben. Was bedeutet eine rein imaginäre Wellenzahl? Einsetzen in die harmonische Wellenfunktion

$$e^{i(\pm i\kappa x)} = e^{\mp \kappa x} \qquad (7.7)$$

zeigt, dass eine imaginäre Wellenzahl zu einer exponentiell ansteigenden oder abfallenden Exponentialfunktion führt. Damit die Wellenfunktion normierbar bleibt, dürfen wir nur den abfallenden Beitrag behalten, das ist also $e^{-\kappa x}$ für $x > 0$. Solche exponentiell abfallenden Wellen werden auch oft als **evaneszente Wellen** bezeichnet.

Vergleich mit klassischer Lichtwelle
Evaneszente Wellen spielen auch in der Optik eine Rolle. Beispielsweise ragen bei einer Totalreflexion an einer Grenzschicht die elektromagnetischen Wellen ein wenig in das Dielektrikum auf der anderen Seite der Grenzschicht, und es kommt zu einer kleinen Phasenverschiebung verglichen mit einer abrupt reflektierten Welle, die als Goos-Hänchen-Effekt bekannt ist.

Evaneszente Wellen spielen eine wichtigere Rolle, wenn die Potentialstufe durch eine Potentialbarriere ersetzt wird. In Abb. 7.5 trifft ein Wellenpaket auf die Barriere auf und wird an ihr größtenteils reflektiert. Allerdings dringt ein kleiner Teil des Pakets in Form einer evaneszenten Welle in die Barriere ein. Wenn die Barriere genügend dünn ist, dringt die evaneszente Welle zum hinteren Teil der Barriere vor, wo sie wieder in eine propagierende Welle umgewandelt wird. Allerdings kommt es aufgrund des exponentiellen Wellencharakters innerhalb der Barriere zu einem starken Abfall und nur ein geringer Teil der Welle gelangt durch sie hindurch. Dieser Effekt, bei dem ein quantenmechanisches Teilchen durch einen klassisch verbotenen Bereich gelangt, wird auch als **quantenmechanisches Tunneln** bezeichnet.

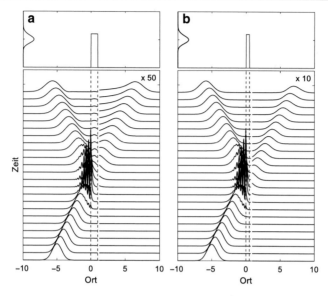

Abb. 7.5 Reflexion an einer Potentialbarriere. Die reflektierte Welle ragt ein wenig in den klassisch verbotenen Bereich innerhalb der Barriere und fällt in diesem exponentiell ab. Wenn die Barriere dünn genug ist, lugt die evaneszente Welle auf der anderen Seite der Barriere hinaus, wo sie wieder in eine propagierende Welle umgewandelt wird. Zur besseren Darstellung wurde die Wahrscheinlichkeitsdichte auf der rechten Seite der Barriere mit einem Faktor von (**a**) 50 und (**b**) 10 vergrößert

Vergleich mit klassischer Lichtwelle
Ähnliches Verhalten kann man auch für Lichtwellen beobachten, wie in Abb. 7.6 schematisch gezeigt. Bei der Totalreflexion an einer Grenzschicht zwischen Glas und Luft ragen die evaneszenten elektromagnetischen Felder in den Bereich jenseits der Barriere. In Anwesenheit einer benachbarten Grenzschicht können die evaneszenten Felder wieder in propagierende Wellen umgewandelt werden, Licht „tunnelt" durch den Luftspalt.

Die Besonderheit von quantenmechanischem Tunneln beruht auf dem Umstand, dass der quantenmechanischen Wellenfunktion keine objektive Realität zukommt, sondern dass sie im Sinne einer Wahrscheinlichkeit interpretiert werden muss. Eine extrem geringe Wellenamplitude jenseits der Barriere bedeutet dann, dass die Wahrscheinlichkeit, das Teilchen jenseits der Barriere zu finden, entsprechend klein ist. Allerdings gilt selbst bei einer sehr geringen Amplitude, dass eine gewisse Wahrscheinlichkeit besteht, das Teilchen irgendwann jenseits der Barriere zu finden – und dann wirklich das ganze Teilchen, mit allen damit verbundenen Konsequenzen. Das bedeutet, dass ein quantenmechanisches Teilchen mit einer bestimmten Wahrscheinlichkeit durch einen klassisch verbotenen Bereich tunneln kann.

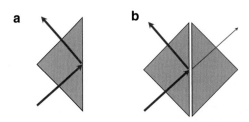

Abb. 7.6 Optisches Analogon zum quantenmechanischen Tunneln. (**a**) Ein Lichtstrahl trifft auf eine Grenzschicht zwischen zwei dielektrischen Medien, beispielsweise Glas und Luft, und erfährt eine Totalreflexion. Die elektromagnetischen Felder fallen jenseits der Grenzschicht allerdings nicht abrupt ab, sondern zeigen ein evaneszentes Verhalten. (**b**) Wenn man ein zweites Prisma in unmittelbare Nähe zum ersten bringt, können die evaneszenten Wellen im zweiten Prisma wieder in propagierende Wellen umgewandelt werden, Licht „tunnelt" durch den Luftspalt zwischen den Prismen

▶ Quantenmechanisches Tunneln beschreibt einen Prozess, bei dem die Wellenfunktion eines Teilchens in einer Potentialbarriere evaneszent abfällt und jenseits der Barriere in eine propagierende Welle umgewandelt wird. Selbst wenn die Amplitude der propagierenden Wellen extrem klein ist, besitzt ein quantenmechanisches Teilchen somit eine geringe Wahrscheinlichkeit, einen klassisch verbotenen Bereich zu durchtunneln.

Es gibt eine Reihe von wichtigen Effekten, die auf quantenmechanischem Tunneln beruhen, die wir hier nur kurz erwähnen, für die Sie aber anderswo ausführliche Diskussionen finden können.

- Viele Atomkerne sind instabil und können zerfallen, beispielsweise im α-Zerfall unter Aussendung eines sogenannten Heliumkerns, der von jeweils zwei Protonen und Neutronen gebildet wird. Allerdings muss dieses α-Teilchen eine Barriere überwinden, da es durch die starke Wechselwirkung an die anderen Nukleonen gebunden ist. In einem einfachen Bild kann der Zerfall als quantenmechanisches Tunneln beschrieben werden, bei dem das Teilchen die Barriere der starken Wechselwirkung durchtunnelt. Die Wahrscheinlichkeiten für den Zerfall sind so gering, dass es oft viele Jahre benötigt, bis ein Kern zerfällt. Dennoch erfolgt ein **radioaktiver Zerfall** in einem Akt, bei dem sich das α-Teilchen dann plötzlich vom Kern löst.
- In einem **Rastertunnelmikroskop** wird eine Metallspitze nahe an eine leitende Oberfläche gebracht. Bei genügend geringem Abstand können Elektronen durch die Barriere zwischen Metall und der zu beobachtenden Oberfläche tunneln, es beginnt ein Tunnelstrom zu fließen, der experimentell gemessen werden kann. Indem man die Metallspitze über eine unbekannte Oberfläche bewegt und den Tunnelstrom misst, erhält man genaue Informationen über die Eigenschaften der Oberfläche. Diese Art der Mikroskopie hat unser Bild von Oberflächen und Nanostrukturen in den letzten Jahrzehnten grundlegend revolutioniert, siehe auch Abb. 6.2.

7.3   Teilchen in der Schachtel

Betrachten wir ein Teilchen, das durch zwei unendlich hohe Potentialwände in seiner Bewegung eingeschränkt wird, wie in Abb. 7.7 dargestellt. Wir untersuchen zuerst das Verhalten der Wellenfunktion an einer der Potentialstufen. Mit dem Reflexionskoeffizienten aus Gl. (7.5),

$$r = \frac{k - i\kappa}{k + i\kappa}, \quad \hbar\kappa = \sqrt{2m(V_0 - E)}, \tag{7.8}$$

könnnen wir die an der Potentialwand einlaufende Welle mit der auslaufenden Welle verknüpfen. Jenseits der Potentialstufe besitzt die Wellenfunktion die Form $\exp(-\kappa x)$, somit bestimmt $1/\kappa$ die Eindringtiefe in die Potentialstufe. Wenn die Höhe der Potentialstufe V_0 nun gegen unendlich strebt, so strebt auch κ gegen unendlich und die Eindringtiefe gegen null. Gleichzeitig gilt für den Reflexionskoeffizienten

$$r = \frac{k - i\kappa}{k + i\kappa} \xrightarrow[\kappa \to \infty]{} -1.$$

D. h., dass die reflektierte Welle das umgekehrte Vorzeichen zur einlaufenden Welle besitzt, die Summe aus ein- und auslaufender Welle an der Potentialstufe ergibt somit null. Damit finden wir für den Potentialtopf aus Abb. 7.7, dass die Wellenfunktion folgende **Randbedingungen** erfüllen muss:

$$\phi(0) = \phi(L) = 0. \tag{7.9}$$

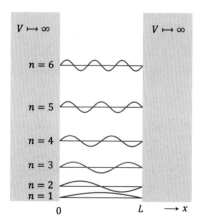

Abb. 7.7 Eigenzustände eines Teilchens in der Schachtel. Die Bewegung eines Teilchens wird durch zwei unendlich hohe Potentialwände beschränkt. Dadurch kommt es zu den Randbedingungen, dass die Wellenfunktion an den Stellen $x = 0$ und $x = L$ gleich null sein muss. Diese Bedingungen können nur für bestimmte, diskrete Eigenenergien erfüllt werden. Die zugehörigen Eigenszustände sind vertikal verschoben an der Position der zugehörigen Eigenenergien dargestellt

Vergleich mit klassischer Lichtwelle
Die Randbedingung der Potentialstufe ist ähnlich wie für eine elektromagnetische Welle, die auf einen metallischen Spiegel auftrifft. In einem Metall können sich die Metallelektronen frei bewegen, dadurch wird das elektrische Feld
der elektromagnetischen Welle aus dem Metall verdrängt. Für einen idealen
elektrischen Leiter muss das elektrische Feld an der Oberfläche verschwinden, die Welle wird somit genauso wie unsere oben diskutierte Materiewelle
vollständig reflektiert.

Wir wenden uns nun der Lösung der zeitunabhängigen Schrödingergleichung

$$-\frac{\hbar^2}{2m}\frac{d^2\phi(x)}{dx^2} = E\phi(x) \tag{7.10}$$

zu, wobei zusätzlich noch die Randbedingungen aus Gl. (7.9) erfüllt sein müssen. Wie
wir im Folgenden zeigen werden, können diese Randbedingungen nicht für beliebige
Energien E erfüllt werden, sondern nur für bestimmte, diskrete **Eigenenergien.**
Die zugehörige Rechnung ist ziemlich einfach, aber auch sehr aufschlussreich. Die
allgemeine Lösung der Differentialgleichung (7.10) ist gegeben durch

$$\phi(x) = C\,e^{ikx} = A\,\cos(kx) + B\,\sin(kx), \tag{7.11}$$

mit den noch zu bestimmenden Koeffizienten A, B und $\hbar k = \sqrt{2mE}$. Wir werten
nun die erste Randbedingung aus

$$\phi(0) = A \overset{!}{=} 0, \tag{7.12a}$$

wobei wir $\cos 0 = 1$ und $\sin 0 = 0$ ausgenutzt haben. Damit finden wir $A = 0$. Für
die zweite Randbedingung gilt

$$\phi(L) = B\sin(kL) \overset{!}{=} 0 \quad\Longrightarrow\quad kL = n\pi, \tag{7.12b}$$

wobei n eine ganze Zahl sein muss. Die Wellenzahl muss also so gewählt werden,
dass die Wellenfunktion bei $x = L$ verschwindet, wie in Abb. 7.7 gezeigt. Beachten
Sie, dass die Lösung $B = 0$ ausgeschlossen werden muss, weil die Wellenfunktion
$\phi(x) = 0$ nicht normierbar ist und somit nicht im Sinne einer Wahrscheinlichkeit
interpretiert werden kann. Aus demselben Grund muss auch n von null verschieden
sein. Wir finden somit für die **Eigenfunktionen**

$$\phi_n(x) = \sqrt{\frac{2}{L}}\sin\left(\frac{n\pi x}{L}\right), \quad n = 1, 2, 3, \ldots \tag{7.13}$$

Der Vorfaktor wurde so gewählt, dass die Funktion normiert ist

$$\int_0^L |\phi_n(x)|^2 \, dx = 1, \tag{7.14}$$

wie man durch Lösen des Integrals leicht überprüfen kann. Die **Eigenenergien** erhält man durch Einsetzen in die Dispersionsrelation aus Gl. (7.3) für ein freies Teilchen,

$$E_n = \frac{\hbar^2 \pi^2 n^2}{2mL^2}. \tag{7.15}$$

Bevor wir uns der Diskussion der Eigenzustände und Energien zuwenden, soll noch ein grundsätzlicher Punkt angesprochen werden. Obwohl die obige Analyse überraschend einfach ist, enthält sie dennoch einen für die Quantenmechanik wichtigen Aspekt: Durch Einsperren eines Teilchens kommt es zu Randbedingungen, die an die Wellenfunktion gestellt werden müssen, beispielsweise das Verschwinden der Wellenfunktion an den Rändern oder für andere Potentiale ein genügend rascher Abfall im Unendlichen, sodass die Wellenfunktion normierbar bleibt. Diese Bedingungen können im Allgemeinen nicht für beliebige Energien, sondern nur für bestimmte, diskrete Eigenenergien erfüllt werden. Dies führt zur sogenannten **Energiequantisierung.** Wir werden in den folgenden Kapiteln für andere Einsperrpotentiale genau dasselbe Verhalten finden, obwohl das Grundprinzip nicht ganz so leicht zu erkennen sein wird. Das Quantisierungsprinzip gilt auch für andere, klassische Wellensysteme, beispielsweise für eine schwingende Saite, die eingespannt wird: Durch die Festlegung der Schwingungsknoten an den Rändern kann die Saite nur mehr mit bestimmten Frequenzen schwingen, wobei $n = 1$ der Grundschwingung entspricht und die weiteren Anregungen als harmonische Oberschwingungen bezeichnet werden.

▶ Wenn ein quantenmechanisches Teilchen in seiner Bewegung eingesperrt wird, können die Bedingungen an die Wellenfunktion (Normierbarkeit und Stetigkeitsbedingungen) nur für bestimmte, diskrete Eigenenergien erfüllt werden. Es kommt zu einer Energiequantisierung.

Die Grundzustandsenergie von Gl. (7.15) hat einen von null verschiedenen Wert

$$E_1 = \frac{\hbar^2 \pi^2}{2mL^2},$$

im Gegensatz zu einem klassischen Teilchen in der Schachtel, das im Grundzustand in Ruhe ist. Die Grundzustandsenergie wird in der Quantenmechanik auch als **Nullpunktsenergie** bezeichnet. Ein ähnliches Verhalten werden wir auch für andere Einsperrpotentiale finden. Es gibt ein einfaches Argument, weshalb das so ist. Entsprechend der Heisenberg'schen Unschärferelation ist die Ortsunschärfe mit der Impulsunschärfe über Gl. (4.35) verknüpft. In der einfachsten Abschätzung ist die Ortsunschärfe durch die Abmessung L der Schachtel gegeben und wir verknüpfen die Impulsunschärfe mit der kinetischen Energie entsprechend var$(p) \approx 2mE$. Wir erhalten dann

$$(L^2) \times (2mE) \approx \hbar^2 \quad \Longrightarrow \quad E \approx \frac{\hbar^2}{2mL^2}. \qquad (7.16)$$

Diese einfache Abschätzung unterscheidet sich um einen Faktor $\pi^2 \approx 10$ vom exakten Ergebnis. Das grundlegende physikalische Prinzip ist offensichtlich, dass zur Lokalisierung eines Wellenpaketes entsprechend dem Fouriertheorem eine gewisse Zahl von Impulskomponenten benötigt wird und diese Impulsbreite dann für die Nullpunktsenergie verantwortlich ist. Für das Teilchen in der Schachtel ist die wichtige Beobachtung, dass die Nullpunktsenergie wie $E \propto 1/L^2$ skaliert.

▶ Ein quantenmechanisches Teilchen, das in seiner Bewegung eingesperrt wird, besitzt aufgrund der Heisenberg'schen Unschärferelation im Grundzustand eine endliche Nullpunktsenergie.

Schließlich gehen wir noch kurz auf die in Abb. 7.7 gezeigten Eigenzustände ein. Man erkennt, dass mit zunehmendem Anregungsgrad n die Zahl der Knoten zunimmt. Andersherum ausgedrückt, kann man aus der Zahl der Knoten auf den Anregungsgrad zurückschließen. Dieses Prinzip gilt auch für alle anderen in diesem Buch untersuchten Potentiale. Und schließlich erkennt man noch, dass bei Spiegelungen der Funktionen an der Stelle $x = L/2$ diese in gerade und ungerade Funktionen eingeteilt werden können. Die Funktionen mit ungeradem n sind gerade Funktionen und die mit geradem n ungerade Funktionen. Entsprechende Klassifizierungen können für alle anderen Potentiale mit einer Spiegelsymmetrie (hier um den Punkt $x = L/2$) durchgeführt werden.

Ein schönes Beispiel für Quantisierung und Nullpunktsenergie sind Quantenpunkte, die oft als Marker in der Medizin sowie heutztage auch vermehrt für Bildschirme und Fernseher verwendet werden. Quantenpunkte sind kleine Halbleiter-Nanokristalle, in denen sich die Ladungsträger frei bewegen können. In Halbleitern gibt es zwei Arten von Ladungsträgern, nämlich Elektronen im Leitungsband und Löcher (fehlende Elektronen) im Valenzband. Aufgrund der Einsperrung der Ladungsträger kommt es zur Energiequantisierung und zu unterschiedlichen Nullpunktsenergien, wie in Abb. 7.8 schematisch für Quantenpunkte unterschiedlicher Größe gezeigt. Wenn Elektronen und Löcher rekombinieren, beispielsweise in einer elektrisch kontaktierten Schicht, dann wird ein Lichtquant ausgesandt, dessen Energie genau vom energetischen Abstand der niedrigsten Energieniveaus bestimmt ist. Entsprechend Gl. (7.16) ist die Farbe für die größten Quantenpunkte rot und für die kleinsten Quantenpunkte blau.

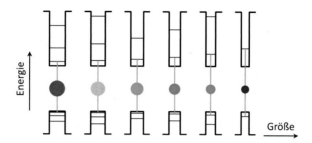

Abb. 7.8 Quantenpunkte sind Halbleiter-Nanostrukturen, in denen sich Elektronen im Leitungsband und Löcher im Valenzband frei bewegen können. Aufgrund der geometrischen Einengung kommt es zur Ausbildung von quantisierten Eigenzuständen ähnlich dem Teilchen in der Schachtel, wobei die Nullpunktsenergie für abnehmende Größe zunimmt. Bei einer Rekombination von Elektronen und Löchern kommt es zur Aussendung eines Photons, wobei die Farbe von rot für große Quantenpunkte bis blau für kleine Quantenpunkte variiert

7.4   Endliche Potentialbarrieren*

Man soll aufhören, wenn es am schönsten ist. Im Prinzip haben wir Ihnen die wichtigsten Dinge über Potentialstufen und Potentialbarrieren erzählt. Auf der anderen Seite sind quantenmechanische Beschreibungen von Potentialstufen so einfach zu behandeln, dass man noch eine Reihe von weiteren spannenden Dingen daran untersuchen kann. Ein paar davon möchten wir Ihnen im Folgenden zeigen. Wenn Sie mit der bisherigen Diskussion zufrieden sind, können Sie allerdings auch gerne bis zu den Aufgaben oder zum Beginn des nächsten Kapitels vorblättern.

Fabry-Pèrot-Resonator*

Wir untersuchen zuerst das in Abb. 7.9(b) gezeigte System, bei dem ein Halbraum I durch eine Potentialbarriere von einem Potentialtopf II getrennt ist. Betrachten wir zuerst nur die Potentialbarriere aus Abb. 7.9(a), die die Bereiche I und II trennt. Man kann zeigen (siehe Aufgabe 7.8), dass die Reflexion und Transmission an der Potentialbarriere ähnlich behandelt werden kann wie zuvor für eine einfache Potentialstufe diskutiert, und zwar mit den verallgemeinerten Reflexions- und Transmissionskoeffizienten r' und t'. Weiter unten werden wir annehmen, dass t' klein ist, so dass der Großteil einer einlaufenden Welle reflektiert wird und nur ein kleiner Bruchteil durch die Barriere gelangt.

Wir nehmen nun an, dass im Bereich I eine nach rechts propagierende Welle e^{ikx} auf die Potentialbarriere trifft und ein Teil Ae^{-ikx} reflektiert wird. Innerhalb des Potentialtopfs II bezeichnen wir die rechtslaufende Welle mit Be^{ikx} und die linkslaufende Welle mit Ce^{-ikx}. Zur Bestimmung der Koeffizienten A, B und C stellen wir nun Bedingungen an die Wellenfunktionen. Zuerst beachten wir, dass die im Bereich I nach links laufende Welle Ae^{-ikx} auf zwei unterschiedliche Arten erzeugt werden kann: entweder durch direkte Reflexion der einlaufenden Welle oder

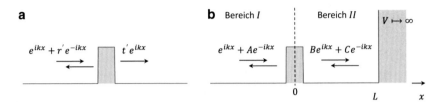

Abb. 7.9 Fabry-Pèrot-Resonator für Teilchen in der Schachtel. (**a**) Die Reflexion und Transmission an einer Potentialbarriere kann mit Hilfe von verallgemeinerten Reflexions- und Transmissionskoeffizienten r', t' beschrieben werden. (**b**) Beim Resonator wird ein Halbraum (Bereich *I*) durch eine durchlässige Potentialbarriere von einem Potentialtopf (Bereich *II*) getrennt. Eine von links kommende Welle wird mit einer gewissen Wahrscheinlichkeit in den Potentialtopf durchgelassen

durch eine Transmission der Welle aus dem Potentialtopf. Wir finden also

$$A = r' + t'C. \tag{7.17a}$$

Ebenso finden wir für den nach rechts laufenden Teil der Welle im Potentialtopf, dass er durch Transmission durch die Barriere oder durch Reflexion im Potentialtopf erzeugt werden kann,

$$B = t' + r'C. \tag{7.17b}$$

Schließlich nehmen wir an, dass die Potentialwand an der Stelle $x = L$ unendlich hoch ist, so dass der zugehörige Reflexionskoeffizient $r = -1$ ist und somit gilt, dass die linkslaufende Welle durch Reflexion der rechtslaufenden Welle entstanden ist,

$$C e^{-ikL} = r(B e^{ikL}). \tag{7.17c}$$

Aus den drei Gl. (7.17a) können nun die unbekannten Koeffizienten bestimmt werden. Wir finden nach kurzer Rechnung

$$A = r' + \frac{r t'^2 2e^{2ikL}}{1 - r'r\, e^{2ikL}} \tag{7.18a}$$

$$B = \frac{t'}{1 - r'r\, e^{2ikL}}. \tag{7.18b}$$

Wir nehmen nun der Einfachheit halber an, dass die verallgemeinerten Reflexions- und Transmissionkoeffizienten r', t' innerhalb eines nicht zu großen k-Bereiches durch konstante Werte angenähert werden können. Abb. 7.10 zeigt den Absolutbetrag der Wellenamplitude B innerhalb des Potentialtopfs für unterschiedliche Werte von t' (siehe Inset). Man erkennt deutlich Resonanzen an den Stellen $k_n = n\pi/L$ in Übereinstimmung mit der zuvor diskutierten Quantisierungsbedingung für das Teilchen in der Schachtel. Wie kann das sein? In unserer bisherigen Analyse haben wir nirgends Eigenzustände verwendet und auch die Koeffizienten r', t' hängen nicht von k ab.

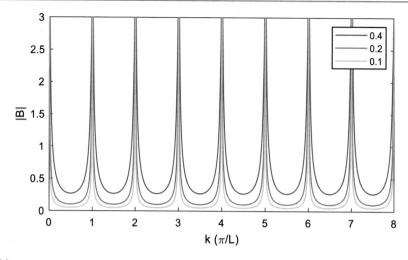

Abb. 7.10 Amplitudenbetrag der Welle innerhalb des Resonators für unterschiedliche Werte des Transmissionskoeffizienten t' (siehe Inset). Mit abnehmendem t' wird die Barriere immer undurchlässiger und die Resonanzen für $k_n = n\pi/L$ sind immer stärker ausgeprägt

Offensichtlich werden die Resonanzen durch den Nennerterm in Gl. (7.18b) hervorgerufen. Wann immer

$$rr' e^{2ikL} \approx 1 \tag{7.19}$$

gilt, wird der Nenner klein und die Amplitude B entsprechend groß. Zum besseren Verständnis entwicklen wir den Bruch in Gl. (7.18b) in eine Reihe. Für die geometrische Reihe gilt

$$\frac{1}{1-x} = 1 + x + x^2 + \dots$$

Damit finden wir

$$B = t'\left(1 + rr'e^{2ikL} + \left(rr'\right)^2 e^{4ikL} + \dots\right).$$

Die Wellenamplitude im Potentialtopf setzt sich somit aus unendlich vielen Beiträgen zusammen. Der erste Term beschreibt die direkte Transmission der einlaufenden Welle in den Potentialtopf, der zweite beschreibt einen zusätzlichen Rundlauf der Welle im Potentialtopf, wobei die Welle an der unendlich hohen Potentialwand (r) und der Potentialbarriere (r') reflektiert wird und zusätzlich eine Propagationsphase e^{2ikL} aufakkumuliert. Entsprechend können alle weiteren Beiträge im Sinne von mehrfachen Umläufen im Potentialtopf interpretiert werden. Hier kommt der entscheidende Punkt: Wenn die Phasen der unterschiedlichen Partialwellen zufällig sind, kommt es zu einer destruktiven Phaseninterferenz, wie zuvor in Abschn. 3.5.1 diskutiert. Nur wenn Gl. (7.19) erfüllt ist, interferieren die Partialwellen nach jedem Umlauf konstruktiv miteinander und es bildet sich eine stehende Welle aus.

▶ Die Eigenzustände eines eingesperrten Teilchens sind dadurch ausgezeichnet, dass die Wellenfunktion an den Rändern phasenrichtig reflektiert wird und es zur Ausbildung einer stehenden Welle kommt.

In Abb. 7.10 erkennt man, dass für endliche Transmissionskoeffizienten t' die Resonanzen nicht unendlich scharf sind, sondern eine gewisse Breite aufweisen. Mit einer Verkleinerung von t' kommt es zu immer schärferen Resonanzen, bis es schließlich bei vollständiger Abkoppelung des Potentialtopfs von dem Halbraum zu unendlich scharfen Resonanzen kommt. Diese entsprechen genau den Eigenzuständen des Teilchens in der Schachtel. Es gibt ein einfaches Argument, um dieses Verhalten qualitativ zu verstehen. Bei unserer Diskussion von Wellen in Kap. 3 haben wir gesehen, dass die Breiten Δx und Δk von Wellenfunktionen im Orts- und Wellenzahlraum reziprok zueinander sind:

$$\Delta x \, \Delta k \approx 1,$$

d. h., dass eine breite Funktion im Ortsraum eine schmale Funktion im Wellenzahlraum bedingt und umgekehrt. Eine ganz analoge Beziehung kann man auch für Vorgänge im Zeitbereich finden

$$\Delta t \, \Delta \omega \approx 1,$$

wobei ein kurzes Zeitsignal eine breite Frequenzverteilung bedingt und umgekehrt. Wenn wir beide Seiten der Gleichung mit $\hbar$ multiplizieren und $\hbar \Delta \omega = \Delta E$ mit einer Energieunschärfe verbinden, so erhalten wir die **Heisenberg'sche Energie-Zeit-Unschärferelation**

$$\Delta t \, \Delta E \approx \hbar. \tag{7.20}$$

Für unseren Resonator bedeutet dies nun Folgendes: Aufgrund der Kopplung der Zustände im Topf an den Halbraum besteht eine gewisse Wahrscheinlichkeit, dass ein Teilchen innerhalb der Schachtel aus dieser wieder heraustunnelt. Der Zustand hat somit eine endliche Lebensdauer Δt. Entsprechend der Energie-Zeit-Unschärfe aus Gl. (7.20) führt diese Lebensdauer zu der zuvor diskutierten Energieunschärfe aus Abb. 7.10.

Schachtel mit endlicher Potentialbarriere*

Unser zweites Beispiel ist ein Potentialtopf, dessen Wände eine endliche Höhe V_0 besitzen, wie in Abb. 7.11 dargestellt. Die Lösungen der zeitunabhängigen Schrödingergleichung (7.10) innerhalb des Potentialtopfs sind wieder links- und rechtslaufende Wellen, die nun allerdings nicht abrupt an den Stellen $x = 0$ und $x = L$ reflektiert werden, sondern auch ein wenig in die Barriere eindringen können. Wie zuvor diskutiert, können die Reflexionseigenschaften durch den Koeffizienten

$$r(k) = \frac{k - i\kappa(k)}{k + i\kappa(k)}, \quad \kappa(k) = \sqrt{\frac{2mV_0}{\hbar^2} - k^2}$$

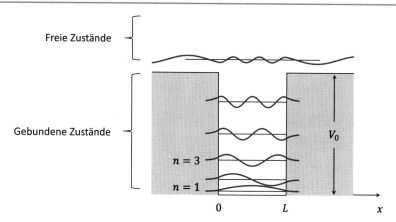

Abb. 7.11 Eigenzustände und Eigenenergien für endlichen Potentialtopf. Aufgrund der endlichen Potentialbarriere sind nur noch einige Zustände gebunden, wobei die Wellenfunktion in die Barriere tunnelt. Zusätzlich gibt es ein Kontinuum von ungebundenen Zuständen, die den Charakter von harmonischen Wellen haben, in der Nähe des Topfes aber aufgrund des Potentials $V(x)$ modifiziert werden

beschrieben werden, wobei wir die Wellenzahlabhängigkeit von $\kappa(k)$ explizit angegeben haben. Die Resonatorbedingung aus Gl. (7.19) für die stehende Welle im Potentialtopf lautet somit

$$r^2(k)\,e^{2ikL} = 1 \quad \Longrightarrow \quad r(k)e^{ikL} = \pm 1. \tag{7.21}$$

Wenn wir beide Seiten der Gleichung mit dem Nenner von $r(k)$ multiplizieren und die Exponentialfunktion aufteilen, erhalten wir

$$\big(k - i\kappa(k)\big)e^{ikL/2} = \pm\big(k + i\kappa(k)\big)e^{-ikL/2}.$$

Wir können nun auf beiden Seiten der Gleichung den Real- und Imaginärteil bilden

$$k\cos\left(\frac{kL}{2}\right) + \kappa(k)\sin\left(\frac{kL}{2}\right) = \pm\left[k\cos\left(\frac{kL}{2}\right) + \kappa(k)\sin\left(\frac{kL}{2}\right)\right]$$

$$k\sin\left(\frac{kL}{2}\right) - \kappa(k)\cos\left(\frac{kL}{2}\right) = \mp\left[k\cos\left(\frac{kL}{2}\right) - \kappa(k)\sin\left(\frac{kL}{2}\right)\right].$$

Zur Bestimmung von $\kappa(k)$ benutzen wir für das positive Vorzeichen die zweite Gleichung und für das negative Vorzeichen die erste Gleichung. Nach kurzer Rechnung erhalten wir dann

$$\kappa(k) = \begin{cases} k\tan\left(\dfrac{kL}{2}\right) & \text{für positives Vorzeichen} \\[2ex] -k\cot\left(\dfrac{kL}{2}\right) & \text{für negatives Vorzeichen.} \end{cases} \tag{7.22}$$

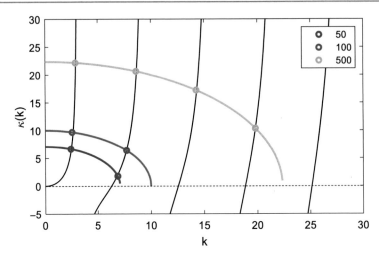

Abb. 7.12 Lösung der transzendenten Gleichung zur Bestimmung der Eigenenergien für das Teilchen in der endlichen Schachtel. Die schwarzen Linien zeigen $k\,\tan(k/2)$, die farbigen Linien die Funktion $\sqrt{v_0 - k^2}$ für unterschiedliche Werte von v_0 (siehe Inset). Die Eigenenergien sind durch die Schnittpunkte der beiden Kurven gegeben und durch Symbole gekennzeichnet

Dies ist eine sogenannte transzendente Gleichung, die nicht in geschlossener Form gelöst werden kann. Abb. 7.12 zeigt eine graphische Lösung dieser Gleichung für das positive Vorzeichen: Die schwarzen Linien zeigen $k\,\tan(kL/2)$, die farbigen Linien die Funktion $\kappa(k)$ für unterschiedliche Werte von V_0. Die Schnittpunkte der Kurven entsprechen den Eigenenergien, bei denen die Anforderungen von stetig und stetig differenzierbaren Funktionen überall gegeben sind.

Wie aus Abb. 7.12 ersichtlich, findet man abhängig von der Höhe der Potentialstufe eine Reihe von gebundenen Zuständen. Die zugehörigen Eigenfunktionen sind in Abb. 7.11 gezeigt. Sie ähneln den Wellenfunktionen für das Teilchen im unendlich hohen Potentialtopf, allerdings tunneln die Wellenfunktionen in die Barriere. Zusätzlich gibt es neben den gebundenen Zuständen ein Kontinuum von freien Teilchenzuständen mit $E \geq V_0$, von denen einer dargestellt ist. Aufgrund des Einsperrpotentials kommt es zu einer Modifikation der Wellenfunktion im Bereich der Potentialschachtel. Schließlich sind in Abb. 7.13 die Eigenwerte der gebundenen Zustände als Funktion von V_0 gezeigt: Mit abnehmendem Wert von V_0 gibt es immer weniger gebundene Zustände innerhalb der Schachtel, die Eigenenergien der gebundenen Zustände werden immer kleiner. Dies kann auf das tiefere Eindringen der Wellenfunktion in die Barriere und der damit verbundenen schwächeren Lokalisierung zurückgeführt werden.

7.5   Zusammenfassung

Bedingungen für Wellenfunktion Es gibt eine Reihe von Bedingungen, die an jede Wellenfunktion gestellt werden müssen. Eine Wellenfunktion muss normierbar sein, damit sie im Sinne einer Wahrscheinlichkeit interpretiert werden kann, sie

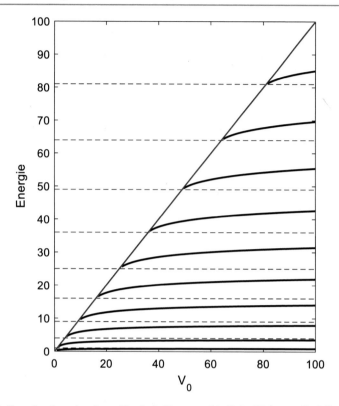

Abb. 7.13 Energien der gebundenen Zustände für unterschiedliche Werte von V_0. Mit abnehmendem Wert von V_0 dringt die Wellenfunktion stärker in die Barriere und die Energie wird immer weiter abgesenkt. Die rote Linie zeigt die Grenze $E = V_0$ zwischen gebundenen und freien Zuständen, die gestrichelten Linien entsprechen den Eigenenergien für einen unendlich hohen Potentialtopf

muss somit im Unendlichen abfallen. Zusätzlich muss gelten, dass Wellenfunktionen überall stetig und stetig differenzierbar sind. Diese Bedingungen können aus einer sorgfältigen Analyse der Schrödingergleichung gewonnnen werden. Eine Ausnahme sind unendliche Potentialbarrieren, bei denen die Wellenfunktion an der Stelle der Barriere einen Knoten besitzt und innerhalb der Barriere verschwindet.

Energiequantisierung Wenn man die Bewegung eines Teilchens in alle Richtungen mit einem beliebigen Einsperrpotential einschränkt, dann gilt allgemein, dass die Lösung der zeitunabhängigen Schrödingergleichung unter Berücksichtigung der oben genannten Bedingungen an die Wellenfunktion nur für bestimmte, diskrete Eigenenergien erfüllt werden kann: es kommt zu einer Energiequantisierung.

Evaneszente Wellenfunktion Evaneszente Wellen sind Lösungen der Wellengleichung, bei denen die Welle in einen klassisch verbotenen Bereich eintritt, das ist ein Bereich, in dem die potentielle Energie größer als die Gesamtenergie ist und in diesem exponentiell abfällt.

Tunneleffekt Beim quantenmechanischen Tunneln dringt eine propagierende Welle in einen klassisch verbotenen Bereich ein, in dem die Wellenamplitude der resultierenden evaneszenten Welle exponentiell abfällt. Wenn der klassisch verbotene Bereich eine endliche Breite besitzt, gelangt ein kleiner Teil der evaneszenten Welle an das Ende der Barriere und wird dort wieder in eine propagierende Welle umgewandelt. Im Sinne der quantenmechanischen Wahrscheinlichkeitsinterpretation bedeutet eine kleine Wellenamplitude jenseits der Barriere, dass das Teilchen mit einer geringen Wahrscheinlichkeit diese durchtunneln kann.

Teilchen in der Schachtel Beim Problem des Teilchens in der Schachtel wird die Bewegung eines Teilchens in beide Richtungen durch unendlich hohe Potentialbarrieren eingeschränkt. Indem man verlangt, dass die Wellenfunktion normierbar ist und Knoten an der Rändern besitzt, kann die zeitunabhängige Schrödingergleichung nur für bestimmte, diskrete Eigenenergien erfüllt werden, die durch eine Quantenzahl n nummeriert werden.

Nullpunktsenergie Im Grundzustand des Teilchens in der Schachtel besitzt das Teilchen eine endliche Energie. Dies kann man mit Hilfe der Teilchenlokalisierung $\text{std}(x) \approx L$ und der Heisenberg'schen Unschärferelation $\text{std}(x)\text{std}(p) \approx \hbar$ verstehen.

Knotensatz Im Grundzustand besitzt die Wellenfunktion des Teilchens in der Schachtel bis auf die beiden Ränder keine Knoten. Die Zahl der Knoten nimmt mit zunehmender Quantenzahl n zu, aus der Zahl der Knoten kann verkehrt herum auf die Quantenzahl n rückgeschlossen werden.

Zeit-Energie-Unschärfe Ein Zustand mit einer endlichen Lebensdauer Δt besitzt aufgrund der Heisenberg'schen Zeit-Energie-Unschärferelation eine gewisse Energieunschärfe $\Delta E \approx \hbar/\Delta t$.

Aufgaben

Aufgabe 7.1 Für stationäre Zustände lautet die Kontinuitätsgleichung aus Aufgabe 5.3

$$\frac{d}{dx}\left[\frac{d\phi^*(x)}{dx}\phi(x) - \phi^*(x)\frac{d\phi(x)}{dx}\right] = 0.$$

Integrieren Sie beide Seiten der Gleichung über ein kleines Intervall $[-\varepsilon, \varepsilon]$, wobei Sie am Ende $\varepsilon \to 0$ setzen. Die rechte Seite der Gleichung liefert null, die linke Seite kann explizit gelöst werden. Zeigen Sie, dass die daraus resultierende Gleichung erfüllt ist, wenn die Wellenfunktion stetig und stetig differenzierbar ist.

Aufgabe 7.2 Bestimmen Sie mit Hilfe von Gl. (7.4) die Reflexions- und Transmissionskoeffizienten r und t.

Aufgabe 7.3 Betrachten Sie ein Elektron innerhalb eines Potentialtopfs mit der Länge $L = 1$ nm. Berechnen Sie die Nullpunktsenergie in Elektronenvolt.

Aufgabe 7.4 Eine klassische schwingende Saite ist im Grundzustand in Ruhe. Ein quantenmechanisches Teilchen besitzt eine Nullpunktsenergie. Weshalb verhält sich eine klassische Saite anders als ein quantenmechanisches Teilchen?

Aufgabe 7.5 Betrachten Sie eine Schachtel mit $-L/2 \leq x \leq L/2$. Die Wellenfunktion in der Schachtel kann in der allgemeinen Form

$$\phi(x) = Ae^{ikx} + Be^{-ikx}$$

angeschrieben werden. Für einen stationären Zustand muss gelten, dass die rechtslaufende Welle durch Reflexion der linkslaufenden Welle erzeugt wird,

$$A \exp\left[-\frac{ikL}{2}\right] = rB \exp\left[\frac{ikL}{2}\right].$$

a. Wie lautet die zweite Gleichung, die die linkslaufende Welle mit der rechtslaufenden Welle verknüpft?
b. Bestimmen Sie die Koeffizienten A und B für $r = -1$. Es muss gelten, dass die Wellenfunktion in der Schachtel normiert ist.

Aufgabe 7.6 Betrachten Sie ein Teilchen in der Schachtel, das sich in zwei Dimensionen bewegen kann. Die zeitunabhängige Schrödingergleichung lautet

$$-\frac{\hbar^2}{2m}\left[\frac{\partial^2}{\partial x^2} + \frac{\partial^2}{\partial y^2}\right]\phi(x, y) = E\phi(x, y),$$

mit $x \in [0, L]$ und $y \in [0, L]$. Außerhalb der Schachtel möge das Einsperrpotential gegen unendlich gehen, so dass wir wieder die Randbedingungen erhalten, dass die Wellenfunktion am Rand der Schachtel null ist.

a. Erstellen Sie eine Skizze.
b. Zeigen Sie, dass die Lösung durch einen Separationsansatz

$$\phi(x, y) = \mathcal{X}(x)\mathcal{Y}(y)$$

gelöst werden kann. Benutzen Sie die Diskussion aus Abschn. 5.4, um zwei Gleichungen für $\mathcal{X}(x)$ und $\mathcal{Y}(y)$ zu erhalten.
c. Bestimmen Sie die Eigenfunktionen $\phi(x, y)$ und Eigenenergien E, die nun von zwei Quantenzahlen n_x und n_y abhängen. Benutzen Sie zur Lösung die Ergebnisse aus diesem Kapitel.
d. Diskutieren Sie das Ergebnis. Inwiefern unterscheiden sich die Lösungen in einer und zwei Dimensionen?

Aufgabe 7.7 Eine elektromagnetische Welle bewegt sich in der xy-Ebene. Die Gerade $x = 0$ trennt zwei Bereiche mit dem Brechungsindex eins für $x < 0$ und $n > 1$ für $x > 0$. Gegeben sei eine einlaufende harmonische Welle, die auf die Grenzschicht $x = 0$ trifft

$$f(x) = \begin{cases} e^{i(k_x x + k_y y)} + r e^{i(-k_x x + k_y y)} & \text{für } x < 0 \\ t e^{i(k_x' x + k_y)} & \text{für } x > 0. \end{cases}$$

Wir haben benutzt, dass k_y erhalten ist.

a. Erstellen Sie eine Skizze.
b. Das Betragsquadrat der Wellenzahl links der Grenzschicht lautet $k_x^2 + k_y^2 = k_0^2$. Auf der rechten Seite erhalten wir $n^2 k_0^2 = k_x'^2 + k_y^2$. Benutzen Sie die Beziehung, um k_x' zu bestimmen.
c. Benutzen Sie die Parametrisierung $k_x = k_0 \cos\theta$, $k_y = k_0 \sin\theta$ und tragen Sie den Winkel θ in der Skizze ein. Ab welchem Winkel θ_t wird die Welle auf der rechten Seite evaneszent und kann sich nicht mehr ausbreiten? In der Optik kommt es bei diesem Winkel zu einer sogenannten Totalreflexion.
d. Bestimmen Sie die Koeffizienten r und t unter der Annahme, dass die Wellenfunktion an der Grenzschicht stetig und stetig differenzierbar ist.
e. Vergleichen Sie die quantenmechanische und dielektrische Barriere: Welche Größen entsprechen einander? Diskutieren Sie die Rolle des Potentials V_0 für die elektromagnetische Welle.

Aufgabe 7.8 Bestimmen Sie die verallgemeinerte Reflexions- und Transmissionskoeffizenten für eine Potentialbarriere mit der Höhe V_0. Betrachten Sie eine Barriere, die von $0 \le x \le L$ reicht und wählen Sie für die Wellenfunktion den Ansatz

$$\phi(x) = \begin{cases} e^{ikx} + r' e^{-ikx} & \text{für } x < 0 \\ A e^{-\kappa x} + B e^{\kappa x} & \text{für } 0 \le x \le L \\ t' e^{ikx} & \text{für } L < x. \end{cases}$$

a. Erstellen Sie eine Skizze und schreiben Sie die Wellenfunktionen in den einzelnen Bereichen an.
b. Wie lauten die Bedingungen, damit die Wellenfunktion stetig und stetig differenzierbar ist?
c. Bestimmen Sie κ mit Hilfe der Energieerhaltung.
d. Bestimmen Sie die verallgemeinerten Reflexions- und Transmissionskoeffizienten r' und t' (die Rechnung ist etwas aufwändig und als Zusatzaufgabe für Mutige gedacht).

Aufgabe 7.9 Benutzen Sie die Energie-Zeit-Unschärferelation aus Gl. (7.20), um die energetischen Verbreiterung eines Zustandes mit einer Lebensdauer von einer Nanosekunde abzuschätzen. Geben Sie das Ergebnis in Elektronenvolt an.

Harmonischer Oszillator

8

Inhaltsverzeichnis

Zusammenfassung

Wir lösen die Schrödingergleichung für den harmonischen Oszillator, bei dem auf ein quantenmechanisches Teilchen, das aus seiner Ruhelage ausgelenkt wird, lineare Rückstellkräfte wirken. Wir diskutieren Molekülschwingungen, die Wärmekapazität von klassischen und quantenmechanischen Oszillatoren sowie die Schwarzkörperstrahlung und das Planck'sche Strahlungsgesetz, das bei der Entwicklung der Quantenmechanik eine wichtige Rolle spielte.

Auf ein Teilchen, das sich in einer stabilen Gleichgewichtsposition befindet, wirken keine Kräfte. Wenn das Teilchen aus der Gleichgewichtsposition ausgelenkt wird, entstehen Kräfte, die das Teilchen zurückzubewegen versuchen. Bei kleiner Auslenkung sind diese Kräfte proportional zur Auslenkung und es gilt $F = -kx$, mit einer Federkonstante k. Das System eines Teilchens unter Einfluss einer Federkraft wird üblicherweise als harmonischer Oszillator bezeichnet. Wie unsere bisherigen Überlegungen nahelegen, handelt es sich in den meisten Fällen nicht wirklich um Systeme, in denen die Kräfte durch Federn übertragen werden, sondern um beliebige Systeme nahe ihrer Gleichgewichtsposition. Der harmonische Oszillator ist somit ein allgemeines Modell zur Beschreibung eines häufig auftretenden Verhaltens und spielt eine wichtige Rolle in unterschiedlichen Bereichen der Physik.

Wir beginnen mit der Beschreibung des harmonischen Oszillators im Rahmen der klassischen Physik. Die Newton'sche Bewegungsgleichung für einen Oszillator mit

U. Hohenester und K. Irgang, *Einführung in die Quantenmechanik*,
https://doi.org/10.1007/978-3-662-65980-9_8

der Masse m und der Federkonstante k lautet

$$m\ddot{x} = -kx, \tag{8.1}$$

wobei $x(t)$ die zeitabhängige Auslenkung ist. Wir führen zuerst die **Resonanzfrequenz**

$$\omega = \sqrt{\frac{k}{m}} \tag{8.2}$$

ein. Man kann nun leicht zeigen, dass die Lösung von Gl. (8.1) die Form

$$x(t) = A\,\cos(\omega t - \delta) \tag{8.3}$$

besitzt, wobei die Amplitude A und die Phasenverschiebung δ aus den Anfangsbedingungen $x(0)$ und $\dot{x}(0)$ bestimmt werden können. Wir finden das bekannte Ergebnis, dass ein harmonischer Oszillator mit der Resonanzfrequenz schwingt. Damit haben wir das Problem des harmonischen Oszillators im Rahmen der klassischen Physik gelöst.

8.1   Eigenzustände und Eigenenergien

Der Hamiltonoperator für den harmonischen Oszillator lautet

$$\hat{H}(x) = -\frac{\hbar^2}{2m}\frac{d^2}{dx^2} + \frac{1}{2}kx^2 = -\frac{\hbar^2}{2m}\frac{d^2}{dx^2} + \frac{1}{2}m\omega^2 x^2. \tag{8.4}$$

Wir haben das Potential des harmonischen Oszillators aus Gl. (5.14) verwendet und haben im letzten Schritt die Federkonstante durch die Eigenfrequenz ausgedrückt. Die zeitunabhängige Schrödingergleichung lautet somit

$$\left[-\frac{\hbar^2}{2m}\frac{d^2}{dx^2} + \frac{1}{2}m\omega^2 x^2 \right] \phi_n(x) = E_n\,\phi_n(x), \tag{8.5}$$

wobei $\phi_n(x)$ die Eigenzustände und E_n die Eigenenergien des harmonischen Oszillators sind, die wir im Folgenden bestimmen wollen. Es gibt nun einen Trick zur Bestimmung der Eigenzustände, der zwar nur für den harmonischen Oszillator funktioniert, aber so elegant ist, dass es schade wäre, ihn nicht zu präsentieren. Wir beginnen damit, dass wir eine charakteristische Energie $\hbar\omega$ für den Oszillator einführen und den Hamiltonoperator in der Form

$$\hat{H} = \hbar\omega \left[-\frac{\hbar}{2m\omega}\frac{d^2}{dx^2} + \frac{m\omega}{2\hbar}x^2 \right]$$

umschreiben. Es erweist sich nun als günstig, die Operatoren

$$\hat{a} = \left(\frac{m\omega}{2\hbar}\right)^{\frac{1}{2}} \left[x + \frac{\hbar}{m\omega}\frac{d}{dx}\right] \tag{8.6a}$$

$$\hat{a}^\dagger = \left(\frac{m\omega}{2\hbar}\right)^{\frac{1}{2}} \left[x - \frac{\hbar}{m\omega}\frac{d}{dx}\right] \tag{8.6b}$$

einzuführen. Wir werden später in Kap. 11 sehen, dass die Operatoren $\hat{a}$, $\hat{a}^\dagger$ nicht unabhängig sind, sondern dass $\hat{a}^\dagger$ der hermitsch konjugierte Operator zu $\hat{a}$ ist, aber für den Moment ist es nicht notwendig, diese Beziehung auszunutzen. Es lässt sich nun leicht zeigen, dass gilt

$$\hbar\omega\,\hat{a}^\dagger\hat{a} = \frac{m\omega^2}{2}\left[x - \frac{\hbar}{m\omega}\frac{d}{dx}\right]\left[x + \frac{\hbar}{m\omega}\frac{d}{dx}\right] = \frac{m\omega^2}{2}\left[x^2 - \frac{\hbar^2}{m^2\omega^2}\frac{d^2}{dx^2} - \frac{\hbar}{m\omega}\right].$$

Der letzte Term in eckigen Kammern kommt aufgrund des Ableitungsterms in $\hat{a}^\dagger$ auf den Term x in $\hat{a}$ zustande. Somit finden wir

$$\hat{H} = \hbar\omega\left(\hat{a}^\dagger\hat{a} + \frac{1}{2}\right) = \hbar\omega\left(\hat{a}\hat{a}^\dagger - \frac{1}{2}\right), \tag{8.7}$$

wobei der zweite Ausdruck in Analogie zur obigen Rechnung durch explizites Ausrechnen von $\hbar\omega\,\hat{a}\hat{a}^\dagger$ hergeleitet werden kann. Zur Bestimmung der Eigenzustände und Eigenenergien gehen wir nun folgendermaßen vor:

- Wir nehmen an, dass wir einen Eigenzustand $\phi_n(x)$ mit der Energie E_n bereits gefunden haben. Wie wir diesen tatsächlich bestimmen, werden wir am Ende diskutieren.
- Es lässt sich nun zeigen, dass dann auch $\hat{a}\phi_n(x)$ und $\hat{a}^\dagger\phi_n(x)$ Eigenzustände der zeitunabhängigen Schrödingergleichung sind, und zwar mit den Energien $E_n - \hbar\omega$ und $E_n + \hbar\omega$. Somit lassen sich aus einem einzelnen Eigenzustand unendlich viele weitere gewinnen.
- Nachdem das harmonische Potential nach unten beschränkt ist, muss das System einen Grundzustand besitzen. Diesen können wir durch $\hat{a}\,\phi_0(x) = 0$ bestimmen, da der Grundzustand die niedrigste Energie besitzt und durch Anwenden von $\hat{a}$ kein weiterer Zustand mit niedrigerer Energie erzeugt werden kann.

Wir untersuchen die einzelnen Punkte nun ausführlicher. Im Prinzip erweist sich die ganze Analyse als überraschend einfach. Wir beginnen damit, dass wir die Eigenwertgleichung von links mit $\hat{a}$ oder $\hat{a}^\dagger$ multiplizieren

$$\hat{a}\,\hat{H}\,\phi_n(x) = E_n\,\hat{a}\,\phi_n(x) \tag{8.8a}$$

$$\hat{a}^\dagger\hat{H}\,\phi_n(x) = E_n\,\hat{a}^\dagger\phi_n(x). \tag{8.8b}$$

Wir haben benutzt, dass E_n ein reiner Zahlenwert ist und daher mit $\hat{a}$, $\hat{a}^\dagger$ vertauscht werden kann. Mit Hilfe von Gl. (8.7) lässt sich nun zeigen, dass

$$\hat{a}\,\hat{H} = \hat{a}\,\left[\hbar\omega\left(\hat{a}^\dagger\hat{a} + \frac{1}{2}\right)\right] = \hbar\omega\left[\left(\hat{a}\hat{a}^\dagger - \frac{1}{2}\right) + 1\right]\hat{a} = \left(\hat{H} + \hbar\omega\right)\hat{a}$$

$$\hat{a}^\dagger\hat{H} = \hat{a}^\dagger\left[\hbar\omega\left(\hat{a}\hat{a}^\dagger - \frac{1}{2}\right)\right] = \hbar\omega\left[\left(\hat{a}^\dagger\hat{a} + \frac{1}{2}\right) - 1\right]\hat{a}^\dagger = \left(\hat{H} - \hbar\omega\right)\hat{a}^\dagger$$

gilt. Wir können Gl. (8.8) also umschreiben zu

$$\hat{H}\left[\hat{a}\,\phi_n(x)\right] = \left(E_n - \hbar\omega\right)\left[\hat{a}\,\phi_n(x)\right] \tag{8.9a}$$

$$\hat{H}\left[\hat{a}^\dagger\phi_n(x)\right] = \left(E_n + \hbar\omega\right)\left[\hat{a}^\dagger\phi_n(x)\right]. \tag{8.9b}$$

Somit haben wir gezeigt, dass $\hat{a}\phi_n(x)$ und $\hat{a}^\dagger\phi_n(x)$ ebenfalls die Eigenwertgleichung erfüllen, allerdings mit den erniedrigten und erhöhten Eigenwerten $E_n - \hbar\omega$ und $E_n + \hbar\omega$. Alles, was uns zur Lösung des Problems noch fehlt, ist die Bestimmung eines Eigenzustandes, aus dem wir dann durch Anwenden von $\hat{a}$, $\hat{a}^\dagger$ alle anderen gewinnen können. Wir betrachten im Folgenden den Grundzustand $\phi_0(x)$. Nachdem das Potential des harmonischen Oszillators nach unten beschränkt ist (es besitzt an der Stelle null ein Minimum), darf es energetisch unterhalb des Grundzustandes keine weiteren Zustände geben. Es muss also gelten

$$\hat{a}\,\phi_0(x) = 0.$$

Einsetzen der Definition für den Operator $\hat{a}$ aus Gl. (8.6) liefert dann

$$\left(\frac{m\omega}{2\hbar}\right)^{\frac{1}{2}}\left[x + \frac{\hbar}{m\omega}\frac{d}{dx}\right]\phi_0(x) = 0 \implies \frac{d\phi_0(x)}{dx} = -\left(\frac{m\omega x}{\hbar}\right)\phi_0(x). \tag{8.10}$$

Die Lösung dieser Differentialgleichung ist durch

$$\phi_0(x) = \left(\frac{m\omega}{\pi\hbar}\right)^{\frac{1}{4}}\exp\left[-\frac{m\omega}{2\hbar}x^2\right] \tag{8.11}$$

gegeben, wie man durch explizites Einsetzen in die Differentialgleichung zeigen kann. Die zugehörige Eigenenergie ist

$$E_0 = \frac{1}{2}\hbar\omega. \tag{8.12}$$

Ausgehend vom Grundzustand können wir nun alle weiteren **Eigenzustände des harmonischen Oszillators** durch Anwenden des Operators $\hat{a}^\dagger$ gewinnen,

$$\phi_n(x) = \frac{1}{\sqrt{n!}}\left(\hat{a}^\dagger\right)^n\phi_0(x). \tag{8.13}$$

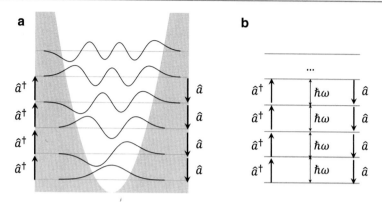

Abb. 8.1 (**a**) Eigenzustände und Eigenenergien des harmonischen Oszillators. (**b**) Die Erzeugungs- und Vernichtungsoperatoren $\hat{a}^\dagger$, $\hat{a}$ erzeugen oder vernichten eine Anregung $\hbar\omega$ des Oszillators

Der Vorfaktor wurde so gewählt, dass die Wellenfunktion richtig normiert ist. Die zugehörigen Eigenenergien lauten dann

$$E_n = \hbar\omega \left(n + \frac{1}{2} \right), \tag{8.14}$$

wobei $n \geq 0$ gelten muss. Zur Bestimmung der Eigenzustände aus Gl. (8.13) kann man entweder den Grundzustand $\phi_0(x)$ entsprechend der Vorschrift von $\hat{a}^\dagger$ aus Gl. (8.6) mehrfach ableiten, oder man kann benutzen, dass diese Ableitungen die aus der Funktionentheorie bekannten Hermitepolynome $\mathcal{H}_n(x)$ liefern. Wir zeigen das hier nicht explizit, sondern geben einfach das Endergebnis wieder,

$$\phi_n(x) = \frac{1}{\sqrt{2^n n!}} \left(\frac{m\omega}{\pi\hbar} \right)^{\frac{1}{4}} \exp\left[-\frac{m\omega}{2\hbar} x^2 \right] \mathcal{H}_n\left(\sqrt{\frac{m\omega}{\hbar}} x \right). \tag{8.15}$$

▶ Die Eigenenergien des harmonischen Oszillators sind durch $E_n = \hbar\omega(n + 1/2)$ gegeben, wobei $\hbar\omega$ die charakteristische Energie des Oszillators ist und n eine ganze Zahl größer oder gleich null. Durch Zuführen einer Energie $\hbar\omega$ kann der Oszillator somit unabhängig von seinem Schwingungszustand in den nächsten Energiezustand angeregt werden.

Abb. 8.1(a) zeigt das harmonische Potential und die niedrigsten Eigenzustände des harmonischen Oszillators. Eine Eigenheit des harmonischen Oszillators ist, dass benachbarte Eigenenergien sich jeweils um dasselbe Energiequant $\hbar\omega$ unterscheiden, d. h., dass die Energieniveaus äquidistant sind. In Übereinstimmung mit dem Teilchen aus der Schachtel des vorigen Kapitels finden wir:

- Durch die Einschränkung der Bewegung innerhalb des Oszillatorpotentials besitzen die Lösungen der zeitunabhängigen Schrödingergleichung nur bestimmte, diskrete Eigenenergien.

- Im Grundzustand besitzt der Oszillator eine sogenannte Nullpunktsenergie. Dies kann man wiederum mit Hilfe der Heisenberg'schen Unschärferelation verstehen: Ein Impuls null, wie bei der klassischen Lösung, wäre mit einer unendlichen Ortsunschärfe und einer unendlichen potentiellen Energie verbunden. Aus diesem Grund geht das Teilchen im Grundzustand einen Kompromiss ein zwischen einer kleinen Bewegung und einer kleinen Auslenkung. Man kann zeigen, dass für die Unschärfen beim harmonischen Oszillator genau $\Delta x \Delta p = \hbar/2$ gilt.

- Die angeregten Energien des harmonischen Oszillators sind äquidistant. Weiterhin gilt, dass der n-te Anregungszustand genau n Knoten besitzt. Aus der Zahl der Knoten lässt sich somit direkt der Anregungsgrad des Oszillators bestimmen.

In Kap. 5 haben wir bei der Diskussion der zeitunabhängigen Schrödingergleichung gesehen, dass die Eigenzustände eine Zeitabhängigkeit der Form

$$\psi(x,t) = e^{-i\omega(n+\frac{1}{2})t} \phi_n(x)$$

besitzen, wobei wir die Eigenenergie aus Gl. (8.14) für den harmonischen Oszillator benutzt haben. $\phi_n(x)$ ist eine der Eigenfunktionen aus Gl. (8.15). Offensichtlich gilt, dass das Betragsquadrat dieser Wellenfunktion, das wir im Sinne einer Wahrscheinlichkeit interpretieren können, nicht von der Zeit abhängt: Eigenzustände sind stationäre Zustände. Allerdings lässt sich ein beliebiger Zustand immer als eine Überlagerung aus Eigenzuständen darstellen

$$\psi(x,0) = \sum_{n=0}^{\infty} C_n \phi_n(x) \quad \Longrightarrow \quad \psi(x,t) = e^{-i\frac{1}{2}\omega t} \sum_{n=0}^{\infty} C_n e^{-i\omega nt} \phi_n(x). \quad (8.16)$$

Bisher ist unsere Diskussion gleich wie in Abschn. 5.4. Vielleicht erinnern Sie sich noch, dass wir dort diskutiert haben, wie das Wellenpaket eines freien Teilchens im Lauf der Zeit auseinanderläuft. Wir werden nun zeigen, dass für den harmonischen Oszillator eine andere Zeitabhängigkeit resultiert und dass für beliebige Wahl der Koeffizienten C_n aus Gl. (8.16) das Wellenpaket nach einer Schwingungsperiode T fokussiert. Für die Schwingungsperiode gilt

$$\omega T = 2\pi,$$

siehe auch Gl. (1.5). Somit finden wir

$$\psi(x, t+T) = e^{-i\frac{1}{2}\omega(t+T)} \sum_{n=0}^{\infty} C_n e^{-i\omega n(t+T)} \phi_n(x)$$

$$= e^{-i\frac{1}{2}\omega t - i\pi} \sum_{n=0}^{\infty} C_n e^{-i\omega nt} e^{-2\pi i n} \phi_n(x) = e^{-i\pi} \psi(x,t), \quad (8.17)$$

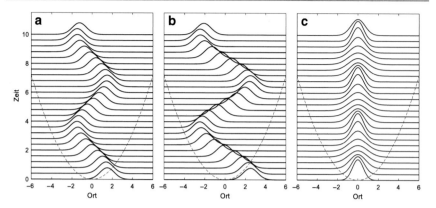

Abb. 8.2 Zeitliches Verhalten des Betragsquadrates einer Wellenfunktion für einen harmonischen Oszillators. (**a,b**) Wenn der Grundzustand des harmonischen Oszillators ausgelenkt wird, kommt es zu einer Oszillation des Wellenpaketes, ohne dass das Paket auseinanderfließt. Solche Zustände werden als kohärente Zustände bezeichnet. (**c**) Eine Verringerung der Ortsbreite des Zustandes zum Zeitpunkt null führt zu einem sogenannten gequetschten Zustand, dessen Breite sich im Lauf der Zeit periodisch ändert

wobei wir ausgenutzt haben, dass für ganzzahlige n gilt $e^{2\pi i n} = 1$. Somit kehrt jedes Wellenpaket nach einer Zeit T in die Ausgangsform zurück (abgesehen von einem irrelevanten globalen Phasenfaktor $e^{-i\pi}$). Abb. 8.2 zeigt einige Beispiele. In (a) wird der Grundzustand des harmonischen Oszillators zum Zeitpunkt null ausgelenkt, danach oszilliert er mit der Periode T, ohne seine Form zu ändern. Wie weiter oben diskutiert, besitzt der Zustand eine Ortsunschärfe Δx und eine Impulsunschärfe Δp in Übereinstimmung mit der Heisenberg'schen Unschärferelation. Wir erhalten somit eine zeitliche Entwicklung des harmonischen Oszillators, die der klassischen Bewegung sehr ähnlich ist mit dem Hauptunterschied, dass sich Ort und Impuls nicht genau bestimmen lassen. Auslenkungszustände des Grundzustandes werden als **kohärente Oszillatorzustände** bezeichnet und spielen eine wichtige Rolle bei der Beschreibung des Übergangs von der Quantenmechanik zur klassischen Physik. In Abb. 8.2 ist die Zeitentwicklung eines stärker ausgelenkten Zustandes gezeigt. Neben diesen kohärenten Zuständen gibt es noch eine Vielzahl von quantenmechanischen Zuständen, die keine klassischen Analoga besitzen, wie beispielsweise den gequetschten Zustand in (c), bei dem die Ortsunschärfe Δx zum Zeitpunkt null verringert wird. Entsprechend der Heisenbergschen Unschärferelation vergrößert sich somit die Impulsunschärfe Δp. Die zeitliche Entwicklung des gequetschten Zustandes besteht dann in einer periodischen Modulation von $\Delta x(t)$.

8.2 Molekülschwingungen*

Der harmonische Oszillator spielt eine wichtige Rolle bei der Beschreibung von Molekülschwingungen. In diesem Abschnitt wollen wir einige Punkte dazu besprechen, allerdings ohne besonders tief in die Details zu gehen. Das Potential eines zweiatomigen Moleküls kann gut durch das sogenannte **Morsepotential**

$$V(x) = D_e \left[1 - e^{-a(x-x_0)} \right]^2 \qquad (8.18)$$

angenähert werden, mit dem Gleichgewichtsabstand x_0, der Dissoziationsenergie D_e und einem Parameter a, der die Steifigkeit des Potentials bestimmt. Siehe auch Abb. 8.3. Das Morsepotential unterscheidet sich in zwei wichtigen Punkten vom harmonischen Potential. Erstens, für kleine Abstände der Atomkerne führt das Morsepotential zu einer starken Abstoßung, im Gegensatz zur harmonischen Näherung, bei der die Kerne einander beliebig nahekommen können. Zweitens strebt das Morsepotential für große Abstände gegen einen konstanten Wert D_e. Dies bedeutet, dass die beiden Kerne unter Zuführung einer Energie D_e voneinander getrennt werden können, deshalb auch die Bezeichnung einer Dissoziationsenergie. Für kleine Auslenkungen $x - x_0$ kann das Potential aus Gl. (8.18) in eine Potenzreihe entwickelt werden

$$V(x) \approx \frac{1}{2} m \omega^2 \left(x - x_0 \right)^2, \qquad \omega = \sqrt{\frac{2D_e}{m}} a. \qquad (8.19)$$

Wie in der Figur gezeigt, ist diese harmonische Näherung in der Nähe der Gleichgewichtslage überaus gut und wird umso schlechter, je weiter man sich von dieser entfernt. Der harmonische Oszillator kann daher problemlos zur Beschreibung von schwach angeregten Molekülschwingungen herangezogen werden. Wenn man an starken Anregungen oder der Dissoziation von Molekülen interessiert ist, sollte man auf realistischere Molekülpotentiale wie beispielsweise das Morsepotential zurückgreifen. In Abb. 8.3 zeigen wir auch die Eigenenergien für das Morsepotential und die harmonische Näherung. Man erkennt, dass die Energien für die niedrigsten Anregungszustände gut übereinstimmen. Mit zunehmender Anregung verringert sich der Niveauabstand für das Morsepotential, ähnlich zur Diskussion des vorigen Kapitels für das Teilchen im unendlichen und endlichen Potentialtopf. Auch für das Morsepotential existiert eine maximale Anregungszahl, bei stärkerer Anregung kommt es zur Dissoziation.

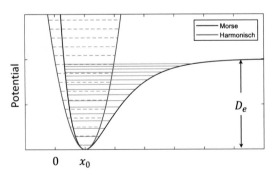

Abb. 8.3 Morsepotential und harmonische Näherung. Das Morsepotential beschreibt ein realistisches Potential zwischen zwei Atomen, die Gleichgewichtsposition ist x_0 und die Dissoziationsenergie ist D_e. In der Nähe von x_0 kann das Potential harmonisch angenähert werden

Die bisherigen Überlegungen gelten für ein zweiatomiges Molekül. Wie geht man im Fall von komplexeren Molekülen vor? Aus der klassischen Mechanik ist das Konzept der sogenannten **Normalschwingungen** bekannt, bei der für mehrere über lineare Federkräfte gekoppelte Teilchen eine Reihe von Schwingungsmoden eingeführt werden, die jede für sich die Form eines harmonischen Oszillators besitzen. Ein System aus n Teilchen besitzt insgesamt $3n$ Freiheitsgrade, weil sich jedes Teilchen in die drei Raumrichtungen bewegen kann. Wenn die Teilchen durch Kräfte gebunden sind, benötigt man drei Freiheitsgrade für die Translation des Gesamtsystems und weitere drei für Rotationen. Die Gesamtzahl an möglichen Schwingungsmoden ergibt sich dann zu

$$(\# \text{Freiheitsgrade für Schwingungen}) = 3n - 6.$$

Mit Hilfe der Normalschwingungen können die Schwingungen in unabhängige Oszillatoren zerlegt werden. Abb. 8.4 zeigt die drei Normalschwingungen für ein Wassermolekül, die in eine (**a**) Scherschwingung sowie eine (**b**) symmetrische und (**c**) asymmetrische Streckschwingung unterteilt werden können. Jede dieser Schwingungen hat eine charakteristische Frequenz, die in der Figur angegeben ist und für Moleküle üblicherweise im Infraroten liegt.

▶ Die Bewegungsfreiheitsgrade eines Moleküls können in Translationen, Rotationen und Schwingungen unterteilt werden. Mit Hilfe der Normalschwingungen erhält man eine Reihe von Schwingungsmoden, von denen jede wie ein harmonischer Oszillator beschrieben werden kann.

Das Prinzip von Normalschwingungen lässt sich problemlos auf die Quantenmechanik übertragen. Molekülschwingungen werden dann durch eine Reihe unabhängiger harmonischer Oszillatoren beschrieben, wobei jeder so behandelt wird, wie es zu Beginn des Kapitels diskutiert wurde. Eine Besonderheit für Schwingungen ist, dass zur Anregung eines Schwingungsquants immer dieselbe Energie $\hbar\omega$ benötigt wird, unabhängig davon, wie stark der Oszillator zuvor bereits angeregt ist. Das nutzt man in der Molekülspektroskopie aus, in der man einem Molekül Energie in der Form von Photonen anbietet. Wann immer die Photonenenergie $h\nu$ mit der Schwingungsenergie $\hbar\omega$ übereinstimmt, wird ein Photon absorbiert. Aus der Reduktion der Lichtintensität für diese Frequenzen kann man dann Rückschlüsse auf die Art und

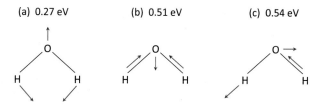

Abb. 8.4 Normalschwingung Wasser. (**a**) Scherschwingung, (**b**) symmetrische und (**c**) asymmetrische Streckschwingung. Die zugehörigen Schwingungsenergien $\hbar\omega$ sind in Elektronvolt angegeben

Konzentration der Moleküle ziehen, die charakteristischen Schwingungsfrequenzen $\hbar\omega$ dienen dabei als eindeutiger Fingerabdruck für eine bestimmte Molekülsorte.

8.3 Wärmekapazität*

Die Wärmekapazität eines Körpers beschreibt seine Fähigkeit, thermische Energie zu speichern. In diesem Abschnitt untersuchen wir die Wärmekapazität von harmonischen Oszillatoren im Rahmen der klassischen Physik und der Quantenmechanik. Wir werden zeigen, dass Unterschiede zwischen den beiden Beschreibungsmodellen auch für makroskopische Körper und hohe Temperaturen beobachtbar sind. Aus diesesm Grund spielte die Thematik eine wichtige Rolle bei der Entwicklung der Quantenmechanik, insbesondere in Zusammenhang des Planck'sches Strahlungsgesetzes, das wir weiter unten kurz diskutieren werden.

Ludwig Boltzmann ist der Begründer der statistischen Physik. Eine seiner wichtigsten Erkenntnisse war, dass in einem makroskopisch großen System mit der Temperatur T die Wahrscheinlichkeit dafür, dass ein Zustand mit der Energie E thermisch besetzt ist, gegeben ist durch

$$p(E) = \frac{1}{Z} e^{-\frac{E}{k_B T}} . \tag{8.20}$$

Hier ist k_B die Boltzmannkonstante und Z eine Konstante, die so gewählt wird, dass die Wahrscheinlichkeit auf eins normiert ist. Gl. (8.20) ist allgemeingültig und kann sowohl im Rahmen der klassischen Physik als auch der Quantenmechanik benutzt werden.

Wiederholung Gleichverteilungssatz

Wir beginnen mit einem klassischen Oszillator, dessen Energie durch die Summe von kinetischer und potentieller Energie gegeben ist. Die mittlere thermische Energie U des Oszillators ist

$$U = \frac{\int_{-\infty}^{\infty} \int_{-\infty}^{\infty} e^{-\frac{1}{k_B T}\left(\frac{p^2}{2m} + \frac{1}{2}m\omega^2 x^2\right)} \left(\frac{p^2}{2m} + \frac{1}{2}m\omega^2 x^2\right) dx\, dp}{\int_{-\infty}^{\infty} \int_{-\infty}^{\infty} e^{-\frac{1}{k_B T}\left(\frac{p^2}{2m} + \frac{1}{2}m\omega^2 x^2\right)} dx\, dp} = k_B T. \tag{8.21}$$

Die Wahrscheinlichkeit der thermischen Besetzung ist durch die Exponentialfunktion im Zähler gegeben, der Nenner sorgt für die richtige Normierung der Wahrscheinlichkeit. Die innere Energie ist somit das Produkt von Besetzungswahrscheinlichkeit und Energie, entsprechend der Exponentialfunktion und dem Klammerausdruck im Zähler, wobei noch über alle möglichen Orte und Impulse integriert wird. Bei der Lösung der Integrale haben wir benutzt, dass sie vom Typ des Gauß'schen Integrals aus Gl. (3.20) sind und analytisch berechnet werden können. Gl. (8.21) wird als **Gleichverteilungssatz** der statistischen Physik bezeichnet. Er besagt, dass die innere Energie eines Oszillators in einer Dimension durch $k_B T$ gegeben ist, und zwar unabhängig von dessen Masse und Resonanzfrequenz. Die Wärmekapazität eines klassischen Oszillators ergibt sich somit zu

$$C_{kl} = \left(\frac{\partial U}{\partial T} \right) = k_B. \tag{8.22}$$

Für n Oszillatoren in drei Dimensionen finden wir entsprechend $C_{kl} = 3nk_B$.

▶ Entsprechend dem Gleichverteilungssatz der klassischen Thermodynamik trägt ein klassischer Oszillator stets mit der Boltzmannkonstante k_B zur Wärmekapazität bei.

Abb. 8.5 zeigt die klassisch erwartete und die tatsächlich beobachtete Wärmekapazität für einen Oszillator mit der Eigenfrequenz ω. Man erkennt, dass diese für hohe Temperaturen gut mit der klassischen Vorhersage übereinstimmt. Für Temperaturen kleiner als $k_B T \approx \hbar\omega$ zeigt sich jedoch, dass C_{kl} viel größer ist als der beobachtete Wert.

Wir untersuchen nun die Wärmekapazität im Rahmen einer quantenmechanischen Beschreibung. Im Prinzip können wir weiterhin Gl. (8.20) für die Bestimmung der Besetzungswahrscheinlichkeit benutzen, allerdings müssen wir beachten, dass die möglichen Energien durch Gl. (8.14) gegeben sind und der Oszillator nur unter

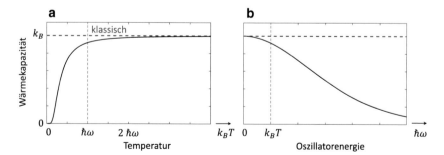

Abb. 8.5 Wärmekapazität für eindimensionalen harmonischen Oszillator (durchgezogene Linien) und klassische Vorhersage durch Gleichverteilungssatz (gestrichelte Linie). (**a**) Wärmekapazität als Funktion der Temperatur für festgehaltene Oszillatorenergie $\hbar\omega$. Für $k_B T \leq \hbar\omega$ weicht die Wärmekapazität stark von der klassischen Vorhersage ab. (**b**) Wärmekapazität als Funktion der Oszillatorenergie $\hbar\omega$ für festgehaltene Temperatur

Zuführung eines Energiequants $\hbar\omega$ angeregt werden kann. Für die innere Energie erhalten wir

$$U = \frac{\sum_{n=0}^{\infty} e^{-\frac{\hbar\omega}{k_B T}\left(n+\frac{1}{2}\right)} \hbar\omega \left(n + \frac{1}{2}\right)}{\sum_{n=0}^{\infty} e^{-\frac{\hbar\omega}{k_B T}\left(n+\frac{1}{2}\right)}} = \frac{\hbar\omega}{2} + \frac{\hbar\omega}{e^{\frac{\hbar\omega}{k_B T}} - 1}. \qquad (8.23)$$

Ähnlich wie beim klassischen Ausdruck aus Gl. (8.21) setzt sich der Zähler aus dem Produkt von Besetzungswahrscheinlichkeit und Energie zusammen, wobei noch über alle Zustände summiert wird, der Nenner sorgt für die richtige Normierung der Besetzungswahrscheinlichkeit. Die Summen sind vom Typ der geometrischen Reihe, die in geschlossener Form aufsummiert werden kann, wie in Aufgabe 8.6 näher ausgeführt wird. Um das Ergebnis aus Gl. (8.23) bessser zu verstehen, betrachten wir den Grenzfall hoher und tiefer Temperatur. Für hohe Temperaturen $k_B T \gg \hbar\omega$ können wir auf der rechten Seite die Exponentialfunktion im Nenner in eine Taylorreihe entwickeln.

$$U \xrightarrow[k_B T \gg \hbar\omega]{} \frac{\hbar\omega}{2} + \frac{\hbar\omega}{1 + \frac{\hbar\omega}{k_B T} + \cdots - 1} \approx \frac{\hbar\omega}{2} + k_B T.$$

Abgesehen von der Nullpunktsenergie, die für die Wärmekapazität keine Rolle spielt, stimmt dieser Ausdruck mit dem klassischen Ergebnis überein. Im Grenzfall niedriger Temperatur $k_B T \ll \hbar\omega$ ist der Beitrag $e^{\hbar\omega/k_B T}$ im Nenner von Gl. (8.23) viel größer als eins, und wir können den Nenner durch die Exponentialfunktion annähern. Dies führt zu

$$U \xrightarrow[k_B T \ll \hbar\omega]{} \frac{\hbar\omega}{2} + \hbar\omega\, e^{-\frac{\hbar\omega}{k_B T}}. \qquad (8.24)$$

Bei tiefen Temperaturen ist U fast ausschließlich durch die Nullpunktsenergie bestimmt, während die thermische Anregung des zweiten Ausdrucks auf der rechten Seite gegen null strebt. Für eine Anregung wäre ein Energiequant $\hbar\omega$ nötig, das dem Wärmebad entnommen wird, und die Wahrscheinlichkeit für eine so große thermische Fluktuation ist verschwindend klein. Während ein klassischer Oszillator auch bei tiefen Temperaturen zumindest ganz schwach angeregt werden kann, ist das beim quantenmechanischen Oszillator aufgrund der Energiequantisierung nicht mehr möglich, der Oszillator friert bei tiefen Temperaturen aus.

▶ Die Wärmekapazität eines quantenmechanischen Oszillators geht bei tiefen Temperaturen gegen null, da man zur Anregung des Oszillators ein ganzes Energiequant $\hbar\omega$ benötigen würde. Man sagt, dass der Schwingungsfreiheitsgrad bei tiefen Temperaturen ausfriert.

Das erklärt das gänzlich unterschiedliche Tieftemperaturverhalten in Abb. 8.5 zwischen einem klassisch und quantenmechanisch beschriebenen Oszillator. Nachdem die Energie $\hbar\omega$ für eine Vielzahl von Oszillatoren sehr groß sein kann, beobachtet man Abweichungen vom klassischen Verhalten oft auch schon bei relativ hohen Temperaturen.

Womit wir beim **Planck'schen Strahlungsgesetz** und der Geburtsstunde der Quantenmechanik angelangt wären. Im Prinzip benötigt man schon einiges an Vorwissen, um den Effekt zu verstehen, aber wir sollten jetzt dazu in der Lage sein. Untersucht wird dabei einen sogenannter Schwarzkörperstrahler, wobei die Kombination der Worte „schwarz" und „Strahler" auf den ersten Blick ein wenig widersprüchlich wirkt. Gemeint ist mit „schwarz" ein Körper, der alle auftreffende Strahlung absorbiert. Damit der Körper im thermischen Gleichgewicht ist, muss er Energie abgeben können, hier in der Form von elektromagnetischer Strahlung, daher die Bezeichnung „Strahler". Ein beliebtes Beispiel ist ein Hohlraumstrahler, siehe Abb. 8.6, bei dem die Strahlung durch ein kleines Loch in den Hohlraum eintritt und auch wieder austritt. Innerhalb des Hohlraums wird das Licht zwischen den Wänden reflektiert und mit einer kleinen Wahrscheinlichkeit auch absorbiert, so dass sich die elektromagnetischen Resonatormoden nach einer gewissen Zeit im thermischen Gleichgewicht befinden. Die aus dem Hohlraumstrahler austretende Strahlung ist dann genau die gewünschte Schwarzkörperstrahlung. Das Konzept eines Schwarzkörperstrahlers bzw. einer thermischen Strahlungsquelle lässt sich auf viele Systeme anwenden, unter anderem auch unsere Sonne. Das Besondere von Schwarzkörperstrahlern ist, dass das abgestrahlte Spektrum ausschließlich von der Temperatur abhängt.

Betrachten wir die Abstrahlung nun etwas genauer. Ähnlich wie beim Teilchen in der Schachtel aus dem vorigen Kapitel kommt es bei der eingesperrten elektromagnetischen Strahlung zur Ausbildung von bestimmten Resonanzmoden. Für einen kugelförmigen Resonator kann man zeigen, dass die Zahl der Moden in einem kleinen Frequenzbereich $d\omega$ gegeben ist durch

$$\left(\#\text{Moden in Frequenzbereich } d\omega\right) = V\left(\frac{\omega^2}{\pi^2 c^3}\right) d\omega = V g(\omega) d\omega, \tag{8.25}$$

wobei V das Volumen des Hohlraumstrahlers ist und c die Lichtgeschwindigkeit. $g(\omega)$ ist durch den Ausdruck in Klammern gegeben und wird als photonische Zustandsdichte bezeichnet. Sie beschreibt, wie viele Resonatormoden für eine

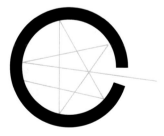

Abb. 8.6 Schematische Darstellung eines Hohlraumstrahlers. Elektromagnetische Strahlung gelangt durch eine kleine Öffnung in und aus dem Hohlraum, in dem die Strahlung reflektiert und an den Wänden absorbiert wird. Im Gleichgewicht sind alle Resonatormoden thermisch besetzt, die Strahlung aus der Öffnung entspricht einem Schwarzkörperstrahler

bestimmte Frequenz vorhanden sind. Wichtig für unsere folgende Diskussion ist, dass die Zahl der Moden mit ω^2 ansteigt. Jede Strahlungsmode verhält sich nun so wie ein harmonischer Oszillator. Wir wollen das hier nicht genauer motivieren, die Grundidee ist jedoch die, dass für eine Resonatormode die elektrischen und magnetischen Felder $\mathscr{E}$ und $\mathscr{H}$ eine ähnliche Rolle spielen wie die Auslenkung x und der Impuls p eines harmonischen Oszillators. Wir finden somit aus Gl. (8.21), dass jede Mode im thermischen Gleichgewicht mit $k_B T$ zur Energie beiträgt. Die Energiedichte ist dann gegeben durch

$$U_{\mathrm{kl}}(\omega, T)\, d\omega = k_B T\, V g(\omega)\, d\omega. \tag{8.26}$$

Nachdem die Zahl der Moden mit zunehmender Frequenz ω zunimmt, nimmt auch die in diesen Moden gespeicherte Energie immer weiter zu. Ein Schwarzkörperstrahler sollte somit unendlich viel Energie speichern können, wobei die Verteilung mit zunehmender Frequenz ansteigt, ein Umstand, der bisweilen auch als Ultraviolettkatastrophe bezeichnet wird. Planck hat das klassische Strahlungsgesetz aus Gl. (8.26) abgeändert und das **Planck'sche Strahlungsgesetz**

$$U(\omega, T)\, d\omega = \left(\frac{\hbar\omega}{e^{\frac{\hbar\omega}{k_B T}} - 1} \right) V g(\omega)\, d\omega \tag{8.27}$$

vorgeschlagen, das mit den experimentellen Beobachtungen hervorragend übereinstimmt. Siehe auch Abb. 8.7. Historisch war Gl. (8.27) die erste Formel, in der das nach Planck benannte Wirkungsquantum h vorkam, die richtige Beschreibung des Schwarzkörperstrahlers wird deshalb auch oft als Geburtsstunde der Quantenmechanik bezeichnet. Planck selbst war sich der Tragweite dieser Formel nicht bewusst, er hat später auf durchaus ironische Art dazu gesagt:

Abb. 8.7 Sonnenspektrum (außerhalb der Atmosphäre) und Spektrum für Schwarzkörperstrahler mit einer Temperatur von 5800 K. Die gestrichelten Linien markieren die Bereiche für ulraviolettes Licht (UV), sichtbareres Licht (Licht) und infrarote Strahlung (IR)

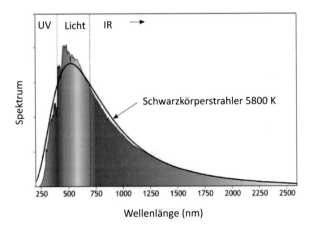

Das war eine rein formale Annahme, und ich dachte mir nicht viel dabei, sondern nur eben, dass ich unter allen Umständen, koste es was es wolle, ein positives Resultat herbeiführen wollte.

Heute wissen wir, dass der Klammerausdruck auf der rechten Seite von Gl. (8.27) der thermischen Energie aus Gl. (8.23) für einen quantisierten Oszillators entspricht. Es kann so interpretiert werden, dass dem Lichtfeld Energie nur in Form von Energiequanten, den Photonen, zugeführt werden kann. Während sich Licht für niedrige Frequenzen noch nahezu klassisch beschreiben lässt, so kommt bei hohen Frequenzen die Körnigkeit des Lichts zum Tragen: Einer Mode kann Energie nur in Portionen von $\hbar\omega$ zugeführt werden, und wenn diese Photonenergie viel größer als $k_B T$ ist, dann geht die Wahrscheinlichkeit für eine thermische Besetzung gegen null, im Gegensatz zur klassischen Beschreibung, wo die Lichtmoden mit beliebig kleinen Energieportionen angeregt werden können. Es mag durchaus überraschen, dass das für uns so allgegenwärtige Sonnenspektrum nur mit Hilfe der Quantenmechanik richtig beschrieben werden kann, während eine klassische Beschreibung gänzlich versagt.

8.4   Zusammenfassung

Energiequantisierung Aufgrund des harmonischen Einsperrpotentials kommt es zu einer Energiequantisierung für den harmonischen Oszillator. Die Eigenenergien sind durch $E_n = \hbar\omega(n + 1/2)$ gegeben, wobei die Quantenzahl $n = 0, 1, 2, \ldots$ nur ganzzahlige Werte annehmen kann.

Nullpunktsenergie Im Grundzustand besitzt der harmonische Oszillator eine Nullpunktsenergie $\hbar\omega/2$, die intuitiv mit Hilfe der Heisenberg'schen Unschärferelation und der Ortslokalisierung verstanden werden kann.

Erzeugungsoperator $\hat{a}^\dagger$. Ausgehend von Grundzustand $\phi_0(x)$ des harmonischen Oszillators können alle weiteren Anregungszustände mit Hilfe des Erzeugungsoperators $\hat{a}^\dagger$ über $(\hat{a}^\dagger)^n\phi_0(x)$ gewonnen werden. Bei jeder Anwendung von $\hat{a}^\dagger$ wird die Eigenenergie um ein Oszillatorquant $\hbar\omega$ erhöht.

Normalschwingungen Ein System von n Teilchen, die über Federkräfte verbunden sind, kann im Allgemeinen duch $3n - 6$ Normalschwingungen beschrieben werden, von denen jede die Form eines harmonischen Oszillators besitzt.

Gleichverteilungssatz In der klassischen Mechanik ist die Wärmekapazität eines harmonischen Oszillators durch k_B gegeben, und zwar unabhängig von der Masse und Eigenfrequenz des Oszillators.

Ausfrieren In der Quantenmechanik fällt die Wärmekapazität bei tiefen Temperaturen exponentiell ab, der Freiheitsgrad friert aus und trägt nicht mehr zur Wärmekapazität bei. Der Grund ist, dass zur Anregung ein Oszillatorquant $\hbar\omega$ benötigt wird und die Wahrscheinlichkeit für die Zufuhr einer so großen Energie aus einem Wärmebad bei tiefen Temperaturen extrem unwahrscheinlich ist.

Planck'sches Strahlungsgesetz Das Planck'sche Strahlungsgesetz beschreibt das Spektrum eines Schwarzkörperstrahlers, der durch eine Temperatur charakterisiert ist. Die klassische Mechanik liefert die falsche Vorhersage einer Ultraviolettkatastrohe, die aufgrund des Ausfrierens von Freiheitsgraden in der Quantenmechanik nicht stattfindet. Max Planck hat 1900 das Strahlungsgesetz aufgestellt und dabei erstmals das nach ihm benannte Wirkungsquantum h eingeführt.

Aufgaben

Aufgabe 8.1 Setzen Sie die Grundzustandswellenfunktion $\phi_0(x)$ aus Gl. (8.11) in die Schrödingergleichung (8.5) für den harmonischen Oszillator ein und zeigen Sie, dass $\phi_0(x)$ tatsächlich ein Eigenzustand ist. Wie groß ist die zugehörige Eigenenergie?

Aufgabe 8.2 Die niedrigsten Hermitepolynome lauten $\mathcal{H}_0(x) = 1$ und $\mathcal{H}_1(x) = 2x$. Höhere Hermitepolynome lassen sich aus der Rekursionsbeziehung

$$\mathcal{H}_{n+1}(x) = 2x\,\mathcal{H}_n(x) - 2n\,\mathcal{H}_{n-1}(x)$$

bestimmen. Berechnen Sie die Hermitepolynome für $n \leq 4$ und berechnen Sie mit Hilfe von Gl. (8.15) die niedrigsten Oszillatoreigenzustände.

Aufgabe 8.3 Betrachten Sie einen Hamiltonoperator der Form

$$\hat{H} = -\frac{\hbar^2}{2m}\frac{d^2}{dx^2} + \frac{1}{2}m\omega^2 x^2 + V_0,$$

wobei V_0 eine Konstante ist. Wie lauten die Eigenzustände und Eigenenergien für diesen Hamiltonoperator? Inwiefern unterscheidet sich die Zeitentwicklung für einen Anfangszustand der Form aus Gl. (8.16) von der des in diesem Kapitel besprochenen Oszillators?

Aufgabe 8.4 Betrachten Sie einen Hamiltonoperator der Form

$$\hat{H} = -\frac{\hbar^2}{2m}\frac{d^2}{dx^2} + \frac{1}{2}m\omega^2 x^2 - \lambda x,$$

wobei λ eine reelle Konstante ist.

a. Erstellen Sie eine Skizze des Potentials. Welche Kraft ist mit dem zusätzlichen Term $-\lambda x$ verknüpft?
b. Bringen Sie den Hamiltonoperator auf die Form

$$\hat{H} = -\frac{\hbar^2}{2m}\frac{d^2}{dx^2} + \frac{1}{2}m\omega^2 (x - x_0)^2 + V_0.$$

Wie müssen x_0 und V_0 gewählt werden?

c. Bestimmen Sie die Eigenzustände und Eigenenergien für diesen verschobenen harmonischen Oszillator.

Aufgabe 8.5 Nehmen Sie an, dass die Oszillatormasse bei der symmetrischen Streckschwingung in Abb. 8.4(b) durch die Protonenmasse 1.672×10^{-27} kg gegeben ist. Bestimmen Sie aus der Schwingungsenergie $\hbar\omega = 0,51$ eV die Federkonstante in Nm^{-1}.

Aufgabe 8.6 Bestätigen Sie durch explizite Rechnung die Gültigkeit von Gl. (8.23). Benutzen Sie das Ergebnis für die geometrische Reihe

$$\sum_{n=0}^{\infty} x^n = 1 + x + x^2 + \cdots = \frac{1}{1-x}, \quad x = e^{-\frac{\hbar\omega}{k_B T}}.$$

Aufgabe 8.7 Die Sonne besitzt an der Oberfläche eine Temperatur von ungefähr 5800 K. Die Wellenlänge, bei der das Spektrum aus Gl. (8.27) ihr Maximum besitzt, kann aus dem Wien'schen Verschiebungsgesetz $\lambda_{\max} = 2897.8 \, \mu m \, K/T$ bestimmt werden. Welcher Wellenlänge und welcher Farbe entspricht diese Frequenz?

Wasserstoffatom

9

Inhaltsverzeichnis

Zusammenfassung

Das Wasserstoffatom ist das schwierigste System, für das wir in diesem Buch die Schrödingergleichung lösen werden. Die Lösungen sind von immenser Bedeutung für die Atomphysik, Molekülphysik und viele andere Bereiche. Wir diskutieren, wie man die Impuls- und Drehimpulserhaltung im Rahmen der Quantenmechanik ausnutzen kann, um das Problem auf eine eindimensionale Schrödingergleichung zurückzuführen. Zusammen mit dem Pauliprinzip und den Hund'schen Regeln kann das Aufbauprinzip für das periodische Auftreten der chemischen Eigenschaften im Periodensystem erklärt werden.

In diesem Kapitel beschäftigen wir uns mit der Lösung des Wasserstoffproblems im Rahmen der Quantenmechanik. Ein Wasserstoffatom besteht aus einem Elektron und einem Proton, die durch die Coulombwechselwirkung einen Bindungszustand eingehen. Es ist das mit Abstand schwierigste Problem, das wir in diesem Buch untersuchen werden, allerdings sind die Ergebnisse enorm wichtig für das Verständnis der Periodentafel und des Zustandekommens chemischer Bindungen. Historisch war die Lösung des Problems die erste erfolgreiche Bewährungsprobe für die damals noch junge Schrödingergleichung, und während die Generation zu Schrödingers Zeiten die speziellen Funktionen, die zur Lösung benötigt werden, noch aus dem Effeff beherrschte, so spielen diese Funktionen in unserer heutigen Physikausbildung eine

U. Hohenester und K. Irgang, *Einführung in die Quantenmechanik*,
https://doi.org/10.1007/978-3-662-65980-9_9

weitaus untergeordnetere Rolle und die theoretische Behandlung fällt uns deshalb wahrscheinlich schwerer als damals. Dennoch passiert nichts wirklich Dramatisches im theoretischen Zugang, und wir werden Ihnen die grundlegenden Schritte skizzieren, wobei einige Punkte nur oberflächlich gestreift werde.

9.1   Wasserstoffatom in der klassischen Physik

Wir beginnen mit einer Diskussion des Wasserstoffatoms im Rahmen der klassischen Physik. Natürlich versagt die klassische Beschreibung am Ende gänzlich und eine quantenmechanische Beschreibung ist unumgänglich. Dennoch lassen sich einige interessante Punkte im Rahmen der klassischen Physik diskutieren, insbesondere die Verwendung von Symmetrien und Erhaltungsgrößen, die auch in der Quantenmechanik eine wichtige Rolle spielen. Im Folgenden betrachten wir zwei Teilchen mit den Massen m_1, m_2 und den Ladungen q_1, q_2, deren Positionen wir mit $\vec{r}_1$, $\vec{r}_2$ bezeichnen. Der Differenzenvektor zwischen den beiden Positionen lautet

$$\vec{r} = \vec{r}_1 - \vec{r}_2 \,, \tag{9.1}$$

und wir bezeichnen den Einheitsvektor in Richtung von $\vec{r}$ mit $\vec{e}_r$. Die Kraft, die von Teilchen 2 auf Teilchen 1 ausgeübt wird, lautet

$$\vec{F}_1 = \frac{1}{4\pi\varepsilon_0}\frac{q_1 q_2}{r^2}\,\vec{e}_r = -\left[\frac{dV(r)}{dr}\right]\vec{e}_r \,, \tag{9.2}$$

mit dem Coulombpotential $V(r)$ aus Gl. (5.15). Entsprechend dem Actio-reactio-Prinzip der Newton'schen Mechanik ist die Kraft auf das zweite Teilchen durch $\vec{F}_2 = -\vec{F}_1$ gegeben. Wir erhalten dann für die Bewegungsgleichungen der beiden Teilchen

$$m_1\ddot{\vec{r}}_1 = \vec{F}_1 \tag{9.3a}$$
$$m_2\ddot{\vec{r}}_2 = \vec{F}_2 \,. \tag{9.3b}$$

Wenn wir die beiden Gleichungen addieren, so ergibt die Summe der Kräfte null und wir erhalten

$$\frac{d^2}{dt^2}\left[m_1\vec{r}_1 + m_2\vec{r}_2\right] = 0 \,. \tag{9.4}$$

Die Gleichung besagt, dass keine Kraft auf den Schwerpunkt des Systems einwirkt und dieser sich in Ruhe befindet oder mit gleichförmiger Geschwindigkeit bewegt. Entsprechend dem Noether'schen Theorem, das Erhaltungsgrößen mit Symmetrien verknüpft, lässt sich die Schwerpunktserhaltung auf den Umstand zurückführen, dass die Coulombkraft nur vom relativen Abstand $\vec{r}$ abhängt. Wir werden diesen Punkt hier jedoch nicht genauer untersuchen. Subtraktion der beiden Bewegungsgleichungen in Gl. (9.3) liefert

$$\ddot{\vec{r}} = -\left(\frac{1}{m_1} + \frac{1}{m_2}\right)\left[\frac{dV(r)}{dr}\right]\vec{e}_r = -\frac{1}{\mu}\left[\frac{dV(r)}{dr}\right]\vec{e}_r \,, \tag{9.5}$$

wobei wir im letzten Ausdruck die effektive Masse μ eingeführt haben. Für das Wasserstoffatom gilt, dass das Proton in etwa 2000-mal schwerer als das Elektron ist. Aus diesem Grund ist die effektive Masse in guter Näherung durch die Elektronenmasse gegeben. Es lässt sich nun zeigen, dass der Drehimpuls

$$\vec{L} = \vec{r} \times \mu\dot{\vec{r}} \tag{9.6}$$

eine Erhaltungsgröße ist. Im Prinzip kann dies wieder aus dem Noether'schen Theorem und der Isotropie des Raumes hergeleitet werden. Wir wählen hier einen einfacheren Weg und betrachten die Zeitableitung des Drehimpulses

$$\dot{\vec{L}} = \dot{\vec{r}} \times \mu\dot{\vec{r}} + \vec{r} \times \mu\ddot{\vec{r}} = 0 - \vec{r} \times \left[\frac{dV(r)}{dr}\right]\vec{e}_r = 0 \,, \tag{9.7}$$

wobei wir benutzt haben, dass $\dot{\vec{r}} \times \dot{\vec{r}}$ und $\vec{r} \times \vec{e}_r$ beide null ergeben. Nachdem der Ort $\vec{r}$ und die Geschwindigkeit $\dot{\vec{r}}$ entsprechend Gl. (9.6) beide senkrecht auf den Drehimpuls stehen, siehe Abb. 9.1, folgt aus der Drehimpulserhaltung, dass die Bewegung des effektiven Teilchens in einer Ebene stattfindet, die senkrecht zu $\vec{L}$ steht. Wir legen nun ohne Einschränkung der Allgemeinheit den Drehipuls in die z-Richtung und parametrisieren die Bewegung in der xy-Ebene durch Polarkoordinaten $r(t)$, $\varphi(t)$, die mit den kartesischen Koordinaten über

$$x = r\cos\varphi \,, \qquad \dot{x} = \dot{r}\cos\varphi - r\dot{\varphi}\sin\varphi \tag{9.8a}$$
$$y = r\sin\varphi \,, \qquad \dot{y} = \dot{r}\sin\varphi + r\dot{\varphi}\cos\varphi \tag{9.8b}$$

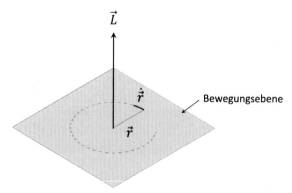

Abb. 9.1 Drehimpulserhaltung in der klassischen Mechanik. Der Drehimpuls $\vec{L}$ steht senkrecht auf dem Ortsvektor $\vec{r}(t)$ und dem Geschwindigkeitsvektor $\dot{\vec{r}}(t)$, damit erfolgt die Bewegung des Teilchens in einer Ebene, die senkrecht auf $\vec{L}$ steht

verknüpft sind. Der Drehimpuls in z-Richtung ergibt sich dann zu

$$L = \mu\left(x\dot{y} - y\dot{x}\right) = \mu r^2 \dot{\varphi} \,. \tag{9.9}$$

Für die Planetenbahnen ist diese Gleichung als das zweite Kepler'sche Gesetz bekannt und besagt, dass der Fahrstrahl zwischen Sonne ($\vec{r} = 0$) und Erde in gleichen Zeiten gleiche Flächen durchstreicht. Für unsere Analyse hier können wir Gl. (9.9) in der Form ausnutzen, dass $\dot{\varphi}$ durch den Radius r und den Drehimpuls L ausgedrückt werden kann und deshalb keine unabhängige dynamische Variable darstellt. Für die Gesamtenergie finden wir schließlich

$$E = \frac{1}{2}\mu\left(\dot{x}^2 + \dot{y}^2\right) + V(r) = \frac{1}{2}\mu\dot{r}^2 + \frac{L^2}{2\mu r^2} + V(r) \,. \tag{9.10}$$

Der erste und zweite Beitrag auf der rechten Seite entsprechen der kinetischen Energie in Radial- und Winkelrichtung, wobei der zweite Term bisweilen auch als Zentrifugalbarriere bezeichnet wird. Aus dem Ausdruck für die Energie lassen sich die Bahnkurven $r(t)$ und $\varphi(t)$ gewinnen, wie ausführlich in den meisten Lehrbüchern zur klassischen Mechanik dargelegt, und man findet als Lösungen Kegelschnitte, insbesondere Kreise und Ellipsen für geschlossene Bahnen. Wir wollen das hier nicht explizit zeigen.

Hier kommt das große Dilemma der klassischen Physik. Die bisherige Analyse kann problemlos auf Planetenbahnen angewandt werden, wenn man die Coulombkraft durch die Gravitationskraft ersetzt. Für das Coulombproblem ergibt sich allerdings die Schwierigkeit, dass ein Elektron, das sich kreisförmig um ein Proton bewegt, zu einem oszillierenden Dipol führt, der entsprechend den Maxwell'schen Gleichungen Energie in der Form von elektromagnetischen Wellen abstrahlt. Diese Abstrahlung würde so rasch erfolgen, dass das Elektron innerhalb von Sekundenbruchteilen in das Proton stürzen würde. Atome, die im Rahmen der klassischen Physik beschrieben werden, sind somit instabil und dürften eigentlich nicht existieren. Abgesehen davon kann ein solches Planetenmodell Molekülbindungen und deren Formen ebensowenig erklären. Dies ist offensichtlich im Widerspruch zu den experimentellen Befunden. Die Lösung liegt offenbar darin, dass die klassische Physik nicht zur Beschreibung atomarer Systeme benutzt werden darf und dass eine quantenmechanische Beschreibung unverzichtbar wird.

9.2   Wasserstoffatom in der Quantenmechanik

Wir wenden uns nun der Behandlung des Wasserstoffproblems im Rahmen der Quantenmechanik zu. Der erste Schritt ist die Aufspaltung in Relativ- und Schwerpunktbewegung, die ganz ähnlich wie in der klassischen Mechanik durchgeführt werden kann. Wir wollen diesen Punkt hier allerdings nicht genauer ausführen, sondern geben nur das Ergebnis wider, dass sich der Schwerpunkt des Atoms wie ein freies Teilchen mit der Gesamtmasse $m_1 + m_2$ verhält. Ein freies Teilchen im Rahmen der Quantenmechanik wurde bereits ausführlich in den vorangegangenen Kapiteln diskutiert. Zusätzlich erhalten wir eine Gleichung für die Relativkoordinate, die sich wie ein Teilchen mit der effektiven Masse μ in Anwesenheit eines attraktiven Coulombpotentials verhält. Der zugehörige Hamiltonoperator lautet

$$\hat{H}(\vec{r}) = -\frac{\hbar^2}{2\mu}\Delta - \frac{e^2}{4\pi\varepsilon_0 r}\,, \tag{9.11}$$

wobei e die Elementarladung ist. Wie zuvor erwähnt, ist das Proton in etwa 2000-mal schwerer als das Elektron und die effektive Masse entspricht in guter Näherung der Elektronenmasse. Dennoch behalten wir das Symbol μ für die effektive Masse, insbesondere auch deshalb, weil wir das Symbol m in einem anderen Zusammenhang benötigen werden. Im Gegensatz zu den vorigen Kapiteln betrachten wir nun eine Bewegung in drei Dimensionen. Dementsprechend ist die kinetische Energie durch den Laplaceoperator

$$\Delta = \frac{\partial^2}{\partial x^2} + \frac{\partial^2}{\partial y^2} + \frac{\partial^2}{\partial z^2} \tag{9.12}$$

bestimmt. Weiter unten werden wir Kugelkoordinaten mit dem Radius r, dem Polarwinkel θ und dem Azimuthalwinkel φ einführen. Der Laplaceoperator erhält dann die Form

$$\Delta = \frac{1}{r^2}\frac{\partial}{\partial r}\left(r^2\frac{\partial}{\partial r}\right) + \frac{1}{r^2\sin^2\theta}\left[\sin\theta\frac{\partial}{\partial\theta}\left(\sin\theta\frac{\partial}{\partial\theta}\right) + \frac{\partial^2}{\partial\varphi^2}\right]. \tag{9.13}$$

Die **zeitunabhängige Schrödingergleichung für das Wasserstoffatom** lautet somit

$$\left[-\frac{\hbar^2}{2\mu}\Delta - \frac{e^2}{4\pi\varepsilon_0 r}\right]\phi(r,\theta,\varphi) = E\,\phi(r,\theta,\varphi)\,. \tag{9.14}$$

Ähnlich wie bei der Behandlung im Rahmen der klassischen Physik können wir die Drehimpulserhaltung ausnutzen, um die Lösung des Problems zu vereinfachen. Allerdings gibt es Unterschiede zwischen dem Drehimpuls in der klassischen Physik und in der Quantenmechanik. Wir beginnen mit einem einfachen Argument, das auf der Heisenberg'schen Unschärferelation beruht. Wären alle drei Komponenten des Drehimpulses erhalten, so wäre die Bewegungsebene des Elektrons festgelegt. Eine genaue Lokalisierung der Bewegungsebene würde allerdings zu einer unendlichen Impulsunschärfe führen, was ein physikalisch unsinniges Verhalten darstellt. In der Quantenmechanik können daher nicht alle drei Komponenten des Drehimpulses genau bestimmt werden. Darüber hinaus ist der Drehimpuls in der Quantenmechanik quantisiert, wie im Folgenden diskutiert werden soll.

▶ In der Quantenmechanik können nur der Betrag des Drehimpulses und die Projektion auf eine Koordinatenachse (üblicherweise die z-Achse) festgelegt werden. Beide Größen sind quantisiert.

Freies Teilchen auf Ring

Wir beginnen mit der Betrachtung eines vereinfachten Systems, bei dem sich ein
Teilchen ausschließlich auf dem Äquator einer Kugel mit dem Radius r entlang der
Azimuthalwinkelrichtung φ frei bewegen kann, während die Bewegungen entlang
der Radialrichtung und Polarwinkelrichtung gänzlich eingeschränkt sind. Siehe auch
Abb. 9.2. Mit Hilfe des Laplaceoperators aus Gl. (9.13) finden wir für die Schröd-
ingergleichung

$$-\frac{\hbar^2}{2\mu r^2}\left(\frac{d^2 Q}{d\varphi^2}\right) = E\,Q\,, \tag{9.15}$$

wobei wir die Wellenfunktion mit $Q(\varphi)$ bezeichnet haben. Offensichtlich ist das die
Schrödingergleichung für ein freies Teilchen, deren Lösung durch

$$Q(\varphi) = A\,e^{im\varphi} \tag{9.16}$$

gegeben ist, wie man sich durch explizites Einsetzen vergewissern kann. Allerdings
muss die Wellenfunktion aufgrund der Beschränkung auf den Ring periodisch in 2π
sein,

$$Q(\varphi + 2\pi) \stackrel{!}{=} Q(\varphi)\,.$$

Das kann nur erreicht werden, wenn m ganzzahlig ist. In Abb. 9.3 zeigen wir ein paar
ausgewählte Wellenfunktionen für ein freies Teilchen auf dem Ring. In gewissem
Sinne ähnelt das Beispiel dem Teilchen in der Schachtel, das wir in Abschn. 7.3
diskutiert haben. Dort haben wir gesehen, dass die Randbedingungen einer am Rand
verschwindenden Wellenfunktion nur für bestimmte diskrete Wellenzahlen erfüllt
werden können. Für das Teilchen auf dem Ring fordern wir periodische Randbedingungen, so dass die Wellenfunktion nach einem vollständigen Umlaufen des Rings
wieder denselben Wert besitzt, was wiederum nur für bestimmte Wellenzahlen erfüllt
werden kann. Die zu der Wellenfunktion aus Gl. (9.16) zugehörige Eigenenergie
ergibt sich zu

$$E_m = \frac{\hbar^2\,m^2}{2\mu r^2}\,. \tag{9.17}$$

Abb. 9.2 Bewegung eines
Teilchens entlang des
Äquators einer Kugel. Die
rote Linie zeigt die Strecke,
entlang der sich das Teilchen
frei bewegen kann. Die
Wellenfunktion $Q(\varphi)$ kann
durch den Azimuthalwinkel
φ parametrisiert werden

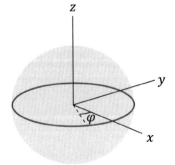

$$m = 0 \qquad 1 \qquad 2 \qquad 3 \qquad 4 \qquad 5 \qquad 4.3$$

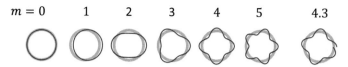

Abb. 9.3 Wellenfunktion für Teilchen auf einem Ring. Die rote Linie zeigt die Wellenfunktion $\cos m\varphi$ entlang des Rings. Nur für ganzzahlige Werte von m können die periodischen Randbedingungen erfüllt werden, die bewirken, dass die Wellenfunktion nach einem Kreisumlauf wieder denselben Wert annimmt

Ein Vergleich mit der Energie aus Gl. (9.10) für das klassische Wasserstoffproblem legt es nahe, den Term $\hbar^2 m^2$ mit dem Quadrat des Drehimpulses zu identifizieren. Für ein Teilchen, das sich entlang des Äquators bewegt, ist nur die z-Komponente des Drehimpulses erhalten und wir finden

$$L_z = m\hbar, \qquad m = 0, \pm 1, \pm 2, \ldots \qquad (9.18)$$

Es gilt also, dass der Drehimpuls in der Quantenmechanik quantisiert ist: Aufgrund der periodischen Randbedingung, die an die Wellenfunktion in Winkelrichtung gestellt werden muss, sind die möglichen Werte des Drehimpulses in z-Richtung nur ganzzahlige Vielfache des reduzierten Planck'schen Wirkungsquantums $\hbar$.

Freies Teilchen auf Kugeloberfläche

Wir erweitern das System aus dem vorigen Abschnitt und betrachten ein Teilchen, das sich frei auf der Oberfläche einer Kugel mit dem Radius r bewegen kann, während die Bewegung in Radialrichtung eingeschränkt ist. Mit dem Laplaceoperator aus Gl. (9.13) finden wir

$$-\frac{\hbar^2}{2\mu r^2 \sin^2\theta}\left[\sin\theta\frac{\partial}{\partial\theta}\left(\sin\theta\frac{\partial}{\partial\theta}\right) + \frac{\partial^2}{\partial\varphi^2}\right]\mathscr{Y}(\theta,\varphi) = E\,\mathscr{Y}(\theta,\varphi), \qquad (9.19)$$

wobei wir die Wellenfunktion mit $\mathscr{Y}$ bezeichnet haben. Die Gleichung kann in die Form

$$\left[\sin\theta\frac{\partial}{\partial\theta}\left(\sin\theta\frac{\partial}{\partial\theta}\right) + \sin^2\theta\left(\frac{2\mu r^2 E}{\hbar^2}\right)\right]\mathscr{Y}(\theta,\varphi) + \frac{\partial^2\mathscr{Y}}{\partial\varphi^2} = 0$$

gebracht werden. Diese Art von Differentialgleichung haben wir zuvor bei der Diskussion der zeitunabhängigen Schrödingergleichung in Abschn. 5.4 kennengelernt: Der Operator in eckigen Klammern hängt ausschließlich vom Polarwinkel θ ab, während im zweiten Beitrag ausschließlich nach φ abgeleitet wird. Die Gleichung kann daher durch einen Separationsansatz

$$\mathscr{Y}(\theta,\varphi) = P(\theta)Q(\varphi) \qquad (9.20)$$

gelöst werden. Einsetzen in die Gleichung und Division durch $\mathscr{Y}$ liefert

$$\underbrace{\left\{\frac{1}{P}\left[\sin\theta\frac{\partial}{\partial\theta}\left(\sin\theta\frac{\partial P}{\partial\theta}\right)\right]+\sin^2\theta\left(\frac{2\mu r^2 E}{\hbar^2}\right)\right\}}_{+m^2}+\underbrace{\frac{1}{Q}\left(\frac{\partial^2 Q}{\partial\varphi^2}\right)}_{-m^2}=0\,.$$

Damit die Gleichung für beliebige Werte von θ und φ erfüllt ist, muss gelten, dass der Term in geschwungenen Klammern und der zweite Term auf der linken Seite beide konstant sind und in Summe null ergeben. Für den zweiten Term haben wir zuvor gesehen, dass die Lösung durch Gl. (9.16) gegeben ist und dass die periodische Randbedingung in Richtung von φ nur erfüllt werden kann, wenn die Konstante gleich $-m^2$ ist, wobei m eine ganze Zahl sein muss. Für die Funktion $P(\theta)$ erhalten wir dann die Bestimmungsgleichung

$$\frac{1}{\sin\theta}\frac{\partial}{\partial\theta}\left(\sin\theta\frac{\partial P}{\partial\theta}\right)+\left[\left(\frac{2\mu r^2 E}{\hbar^2}\right)-\frac{m^2}{\sin^2\theta}\right]P=0\,. \qquad (9.21)$$

Diese Gleichung ist in der Mathematik unter dem Namen **zugeordnete Legendre'sche Differentialgleichung** bekannt. Im Prinzip ist die Lösung der Differentialgleichung einfacher, als es auf den ersten Blick aussehen mag. Dennoch geben wir im Folgenden nur die Lösungen an und verweisen Interessierte auf die mathematische Literatur. Lösungen, die für alle Werte des Polarwinkels endlich bleiben und nirgends divergieren, existieren nur für

$$\left(\frac{2\mu r^2 E}{\hbar^2}\right)=\ell(\ell+1)\,,$$

wobei ℓ eine ganze Zahl sein muss, die größer oder gleich dem Betrag von m ist. Wir können die Gleichung nach der Energie auflösen

$$E_\ell=\frac{\hbar^2\ell(\ell+1)}{2\mu r^2}\,. \qquad (9.22)$$

Vergleich mit dem Ergebnis aus Gl. (9.10) für das klassische Wasserstoffproblem zeigt, dass der Drehimpuls in der Quantenmechanik quantisiert ist

$$L=\sqrt{\ell(\ell+1)}\,\hbar\,, \qquad \ell=0,1,2,\dots \qquad (9.23)$$

Abb. 9.4 zeigt die möglichen Orientierungen des Drehimpulses in der Quantenmechanik.

- Für $\ell=0$ ist der Betrag des Drehimpulses null, siehe Gl. (9.23), ebenso wie die Projektion aus Gl. (9.18) aufgrund der zuvor besprochenen Einschränkung $|m|\le\ell$.

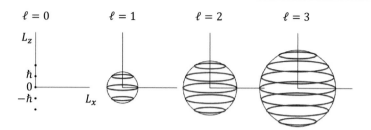

Abb. 9.4 Quantisierung des Drehimpulses in der Quantenmechanik. Der Betrag ist durch $L = \sqrt{\ell(\ell+1)}\hbar$ gegeben und die Projektion des Drehimpulses auf die z-Achse durch $m\hbar$, wobei m und ℓ ganze Zahlen sind und $m \leq \ell$ gelten muss. Die roten Kreise zeigen die möglichen Endpunkte des Drehimpulsvektors, dessen Anfangspunkt im Ursprung liegt

- Für $\ell = 1$ ist der Betrag des Drehimpulses $L = \sqrt{2}\,\hbar$ und die möglichen Einstellungen sind $L_z = 0$ und $\pm\hbar$. Die roten Kreise in Abb. 9.4 geben dann die möglichen Orientierungen des Drehimpulsvektors an. Wir haben zuvor mit Hilfe der Heisenberg'schen Unschärferelation argumentiert, dass in der Quantenmechanik nicht alle Komponenten des Drehimpulsvektors genau bestimmt werden können. Die nun gefundene Beschreibung des Drehimpulses durch zwei Größen, nämlich den Betrag und die Projektion auf eine Achse, wobei der Betrag immer größer als die Projektionen sein muss, ist offensichtlich in Übereinstimmung mit der Unschärferelation.
- Schließlich gilt für $\ell = 2$, dass der Betrag durch $\sqrt{6}\,\hbar$ gegeben ist und die möglichen Einstellungen $L_z = 0$, $\pm\hbar$ und $\pm2\hbar$ sind.

Wir diskutieren schließlich noch die Eigenzustände eines freien Teilchens auf der Kugeloberfläche. Die Lösungen der zugeordneten Legendre'schen Differentialgleichung (9.21) sind die sogenannten zugeordneten Legendrepolynome

$$P_\ell^m(\cos\theta)\,, \tag{9.24}$$

deren explizite Form in der mathematischen Literatur zu finden ist. Abb. 9.5 zeigt einige ausgewählte Polynome, wobei wir die Funktion entlang der Polarwinkelrichtung aufgetragen haben und den Radius für positive Werte von P_ℓ^m vergrößert und für negative Werte verkleinert haben. Bis auf einen noch zu bestimmenden Normierungsfaktor sind die Eigenzustände eines Teilchens auf der Kugeloberfläche durch

$$\mathscr{Y}(\theta,\varphi) = A\,e^{im\varphi}\,P_\ell^m(\cos\theta) \tag{9.25}$$

gegeben. Man kann nachprüfen, dass ein Zustand der Ordnung ℓ genau ℓ Knoten besitzt (Nord- und Südpol der Kugel zählen dabei zusammen), wobei m Knoten in Azimuthalrichtung und die restlichen in Polarwinkelrichtung liegen.

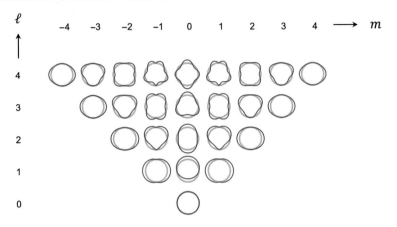

Abb. 9.5 Schematische Darstellung der zugeordneten Legendrepolynome $P_\ell^m(\cos\theta)$. Die Polynome sind entlang der Polarwinkelrichtung θ dargestellt, wobei ähnlich wie in Abb. 9.3 der Radius für positive Werte vergrößert und für negative Werte verkleinert wird

Kugelflächenfunktionen

Wir fassen nun die Ergebnisse der letzten beiden Abschnitte zusammen. Der Hamiltonoperator eines freien Teilchens in drei Dimensionen kann mit Hilfe des Laplaceoperators in Kugelkoordinaten aus Gl. (9.13) in der Form

$$-\frac{\hbar^2 \Delta}{2\mu} = -\frac{\hbar^2}{2\mu}\left[\frac{1}{r^2}\frac{\partial}{\partial r}\left(r^2\frac{\partial}{\partial r}\right)\right] + \frac{\hat{L}^2}{2\mu r^2} \tag{9.26}$$

geschrieben werden, wobei wir den Operator $\hat{L}^2$ für das Betragsquadrat des Drehimpulses eingeführt haben,

$$\hat{L}^2 = -\frac{\hbar^2}{\sin^2\theta}\left[\sin\theta\frac{\partial}{\partial\theta}\left(\sin\theta\frac{\partial}{\partial\theta}\right) + \frac{\partial^2}{\partial\varphi^2}\right]. \tag{9.27}$$

Die Eigenwerte und Eigenzustände dieses Operators sind entsprechend der Diskussion der vorigen Abschnitte durch

$$\hat{L}^2 Y_{\ell m}(\theta,\varphi) = \hbar^2 \ell(\ell+1) Y_{\ell m}(\theta,\varphi) \tag{9.28}$$

gegeben, wobei ℓ und m ganze Zahlen sein müssen, damit die Funktion normierbar ist und periodische Randbedingungen erfüllt. Weiterhin muss gelten, dass $|m| \le \ell$ erfüllt ist. Die normierten Eigenfunktionen $Y_{\ell m}$ werden üblicherweise als **Kugelflächenfunktionen** bezeichnet

$$Y_{\ell m}(\theta,\varphi) = \sqrt{\frac{2\ell+1}{4\pi}\frac{(\ell-m)!}{(\ell+m)!}}\, P_\ell^m(\cos\theta)e^{im\varphi}, \tag{9.29}$$

mit den zugeordneten Legendrepolynomen $P_\ell^m(\cos\theta)$. Bisweilen nennt man ℓ den Grad und m die Ordnung der Kugelflächenfunktionen. Die Funktionen niedrigsten Grades sind gegeben durch

$$\ell = 0 \quad Y_{00} = \frac{1}{\sqrt{4\pi}}$$

$$\ell = 1 \quad \begin{cases} Y_{11} = -\sqrt{\frac{3}{8\pi}}\,\sin\theta\,e^{i\varphi} \\ Y_{10} = \sqrt{\frac{3}{4\pi}}\,\cos\theta \end{cases}$$

$$\ell = 2 \quad \begin{cases} Y_{22} = \sqrt{\frac{5}{32\pi}}\,\sin^2\theta\,e^{2i\varphi} \\ Y_{21} = -\sqrt{\frac{15}{8\pi}}\,\sin\cos\theta\,e^{i\varphi} \\ Y_{20} = \sqrt{\frac{5}{4\pi}}\,(\tfrac{3}{2}\cos^2\theta - \tfrac{1}{2}). \end{cases}$$

Die Kugelflächenfunktionen für negative Werte von m können mit Hilfe der Beziehung $Y_{\ell,-m} = (-1)^m Y_{\ell m}^*$ bestimmt werden. Damit kann man über

$$\begin{Bmatrix} \mathrm{Re} \\ \mathrm{Im} \end{Bmatrix} Y_{\ell m}(\theta,\varphi) = \sqrt{\frac{2\ell+1}{4\pi}\frac{(\ell-m)!}{(\ell+m)!}}\,P_\ell^m(\cos\theta) \begin{Bmatrix} \cos m\varphi \\ \sin m\varphi \end{Bmatrix}$$

eine alternative Darstellung von Kugelflächenfunktionen finden, bei der alle Funktionen reell sind. Diese Funktionen sind in Abb. 9.6 für die niedrigsten Werte von ℓ

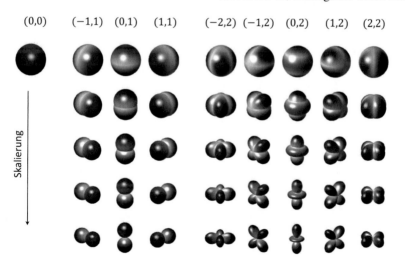

Abb. 9.6 Kugelflächenfunktionen $Y_{\ell m}(\theta,\varphi)$ für unterschiedliche Werte von (m, ℓ). Rot und blau kennzeichnen positive und negative Funktionswerte. Anstelle der komplexen Kugelflächenfunktionen benutzen wir für negative Werte von m den Azimuthalanteil $\sin m\varphi$ und für positive Werte $\cos m\varphi$. Bei der Skalierung wird der Radius entsprechend des Absolutbetrages der Kugelflächenfunktion verändert

dargestellt. Bevor wir uns der Diskussion dieser Funktionen zuwenden: Erinnern Sie die Darstellungen an etwas? Wenn Ihnen Atomorbitale und Molekülbindungen in den Sinn kommen, liegen Sie richtig. Im nächsten Abschnitt werden wir die Lösungen des Wasserstoffatoms untersuchen und feststellen, dass der Winkelanteil der Wellenfunktion genau durch die Kugelflächenfunktionen gegeben ist. Und über diesen Winkelanteil wären wir auch gleich bei den Orbitalen.

▶ Für ein radialsymmetrisches Potential, wie das Coulombpotential des Wasserstoffatoms, sind die Lösungen der stationären Schrödingergleichung in Winkelrichtung durch die Kugelflächenfunktionen gegeben. Diese Funktionen bestimmen die Form der Atomorbitale sowie von Molekülbindungen.

Betrachten wir Abb. 9.6 noch einmal etwas genauer. In der ersten Reihe zeigen wir die Kugelflächenfunktionen für unterschiedliche Werte von (m, ℓ) auf der Kugeloberfläche, wobei rot positiven und blau negativen Funktionswerten entspricht. Wenn Sie die Funktionswerte entlang des Äquators verfolgen, werden Sie feststellen, dass die Zahl der Knoten durch den Betrag von m gegeben ist. Die restlichen der ℓ Knoten finden Sie entlang des Pfades vom Nord zum Südpol. Von der obersten zur untersten Reihe wird die Darstellung der Funktion dann so geändert, dass Punkte mit einem kleinen Absolutbetrag Richtung Ursprung gezogen werden. In der untersten Reihe entspricht der Radius entlang einer bestimmten Winkelrichtung dem Absolutbetrag der zugehörigen Kugelflächenfunktion.

Die Orbitale des Wasserstoffatoms

Wir sind noch eine Differentialgleichung von der Lösung des Wasserstoffproblems entfernt. Schreiben wir zuerst erneut die zeitunabhängige Schrödingergleichung (9.14) an

$$\left\{ -\frac{\hbar^2}{2\mu} \left[\frac{1}{r^2} \frac{\partial}{\partial r} \left(r^2 \frac{\partial}{\partial r} \right) \right] + \frac{\hat{L}^2}{2\mu r^2} - \frac{e^2}{4\pi\varepsilon_0 r} \right\} \phi(r, \theta, \varphi) = E\,\phi(r, \theta, \varphi). \quad (9.30)$$

Wir haben die kinetische Energie entsprechend Gl. (9.26) in einen Radial- und Winkelanteil aufgespalten. Aufgrund der Kugelsymmetrie des Problems kann die Gleichung durch einen Separationsansatz

$$\phi(r, \theta, \varphi) = R(r)Y_{\ell m}(\theta, \varphi) \quad (9.31)$$

gelöst werden, wobei $Y_{\ell m}$ die Kugelflächenfunktionen aus dem vorigen Abschnitt sind. Einsetzen des Ansatzes in die Schrödingergleichung liefert unter Ausnutzung der Eigenwertgleichung (9.28) die Differentialgleichung

$$\left\{ -\frac{\hbar^2}{2\mu} \left[\frac{1}{r^2} \frac{\partial}{\partial r} \left(r^2 \frac{\partial}{\partial r} \right) \right] + \frac{\hbar^2 \ell(\ell + 1)}{2\mu r^2} - \frac{e^2}{4\pi\varepsilon_0 r} \right\} R(r) = E\,R(r).$$

Inzwischen sollte die weitere Vorgehensweise bekannt sein. Wenn wir verlangen, dass der Radialanteil $R(r)$ der Wellenfunktion nirgends divergiert und die Wellenfunktion normierbar bleibt, damit sie im Sinne einer Wahrscheinlichkeit interpretiert werden kann, so kann dies nur für bestimmte diskrete Eigenenergien erzielt werden. Um von dieser Forderung zu dem Endergebnis zu gelangen, müssen wir noch einige Umformungen durchführen und eine weitere spezielle Funktion einführen, die sogenannten Laguerrepolynome. Im Prinzip gibt die Herleitung für das physikalische Verständnis nicht allzu viel her. Nachdem die Zustände des Wasserstoffatoms jedoch von so immenser Bedeutung sind, und zwar sowohl für die Physik als auch die Chemie, sind die wichtigsten Schritte für interessierte Leser:innen am Ende des Kapitels in Abschn. 9.4 zusammengefasst.

Zur Präsentation der Endergebisse ersetzen wir die effektive Masse durch die Elektronenmasse m_e. Wir führen nun als charakteristische Länge für das Wasserstoffatom den **Bohr'schen Radius** ein

$$r_0 = \frac{4\pi\varepsilon_0\hbar^2}{m_e e^2} = 0.0529\,\text{nm}\,, \tag{9.32}$$

siehe auch Gl. (9.38). Ebenso benutzen wir als charakteristische Energie die **Rydbergenergie**

$$R_\infty = \frac{e^2}{8\pi\varepsilon_0 r_0} = 13.606\,\text{eV}\,, \tag{9.33}$$

die der Ionisierungsenergie des Wasserstoffatoms entspricht. Es lässt sich nun zeigen, dass die **Eigenenergien des Wasserstoffatoms** gegeben sind durch

$$E_n = -\frac{R_\infty}{n^2}\,, \qquad n = 1, 2, \ldots\,, \tag{9.34}$$

wobei n die sogenannte Hauptquantenzahl ist, die größer als ℓ sein muss. Gl. (9.34) ist das Hauptergebnis dieses Kapitels zusammen mit der zugehörigen Wellenfunktion

$$\phi_{n,\ell,m}(r, \theta, \varphi) = N_{n\ell}\,\exp\left[-\frac{r}{nr_0}\right]\left(\frac{2r}{nr_0}\right)^\ell L_{n-\ell-1}^{2\ell+1}\left(\frac{2r}{nr_0}\right) Y_{\ell m}(\theta, \varphi)\,, \tag{9.35}$$

wobei L_α^k die zugeordneten Laguerrepolynome und $Y_{\ell m}$ die Kugelflächenfunktionen sind und die Normierungskonstante $N_{n\ell}$ in Gl. (9.48) abgelesen werden kann.

▶ Die Eigenenergien des Wasserstoffatoms $E_n = -R_\infty/n^2$ sind ausschließlich durch die Hauptquantenzahl n bestimmt. R_∞ ist die Rydbergenergie, die man dem Atom zuführen muss, um das Elektron aus dem Grundzustand zu ionisieren.

Abb. 9.7 zeigt eine schematische Darstellung des Coulombpotentials und der Eigenenergien. Der Radialanteil der Wellenfunktion ist in Abb. 9.8 für einige ausgewählte

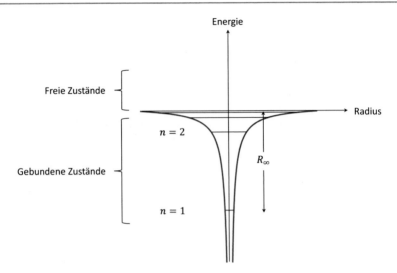

Abb. 9.7 Energieniveaus des Wasserstoffatoms. Die rote Linie zeigt das Coulombpotential, das proportional zu $-1/r$ ist, die schwarzen Linien zeigen die Energieniveaus aus Gl. (9.34) für das Wasserstoffatom. Die niedrigsten beiden Energieniveaus mit $n = 1$ und $n = 2$ sind gesondert gekennzeichnet. R_∞ ist die Rydbergkonstante und entspricht der Ionisierungsenergie des Elektrons aus dem Grundzustand

Werte von n und ℓ dargestellt. Für die kleinsten Werte von n hat der Radialanteil $R_{n\ell}(r)$ der Wellenfunktion die Form

$$n = 1 \qquad R_{10}(r) = 2r_0^{-\frac{3}{2}} e^{-\frac{r}{r_0}}$$

$$n = 2 \quad \begin{cases} R_{20}(r) = 2(2r_0)^{-\frac{3}{2}} \left(1 - \frac{r}{2r_0}\right) e^{-\frac{r}{2r_0}} \\ R_{21}(r) = \frac{1}{\sqrt{3}}(2r_0)^{-\frac{3}{2}} \left(\frac{r}{r_0}\right) e^{-\frac{r}{2r_0}} \end{cases}$$

Abb. 9.8 Radialanteil der Wellenfunktion des Wasserstoffatoms für unterschiedliche Werte der Hauptquantenzahl n und der Drehimpulsquantenzahl ℓ

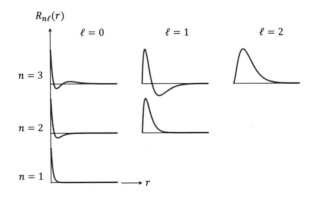

Wir beginnen nun, die Zustände des Wasserstoffatoms systematischer zu beschreiben. Insgesamt benötigen wir zur Charakterisierung der Zustände drei Quantenzahlen

Hauptquantenzahl	$n = 1, 2, 3 \ldots$
Drehimpulsquantenzahl	$\ell = 0, 1, 2 \ldots, n - 1$
Magnetische Quantenzahl	$m = 0, \pm 1, \pm 2 \ldots, \pm \ell$.

Die Quantenzahl für die Projektion des Drehimpulses $L_z = m\hbar$ wird üblicherweise als magnetische Quantenzahl bezeichnet, aus Gründen, auf die wir hier nicht genauer eingehen wollen. Zusätzlich besitzt auch jedes Elektron einen Eigendrehimpuls oder Spin, siehe Abb. 9.9, mit zwei Einstellmöglichkeiten

Spinquantenzahl	$m_s = \pm 1/2$,

die wir in diesem Buch als „Spin up" und „Spin down" bezeichnen werden. Diese zusätzliche Quantenzahl kann nicht direkt aus der Schrödingergleichung abgeleitet werden, sondern ist ein experimenteller Befund, auf den wir genauer in Kap. 11 eingehen werden. Der Spin ist für unsere Betrachtung des Wasserstoffatoms ohne Bedeutung, wird aber bei der Diskussion der Periodentafel eine wichtige Rolle spielen.

▶ Die Lösungen des Wasserstoffproblems werden durch vier Quantenzahlen beschrieben, die Hauptquantenzahl n, die Drehimpulsquantenzahl ℓ, die magnetische Quantenzahl m und die Spinquantenzahl m_s. Diese Quantenzahlen spielen eine wichtige Rolle in Zusammenhang mit der Periodentafel.

Somit könnnen wir die Ergebnisse für das Wasserstoffatom folgendermaßen zusammenfassen.

- Aufgrund der Kugelsymmetrie des Wasserstoffproblems kann die Wellenfunktion $\psi(r, \theta, \varphi)$ als Produkt von drei Funktionen geschrieben werden. Durch die Forderung, dass die Wellenfunktion endlich und normierbar sein soll, erhalten wir drei Quantisierungsbedingungen sowie drei Quantenzahlen, nämlich die Hauptquantenzahl n, die Drehimpulsquantenzahl ℓ und die magnetische Quantenzahl m.

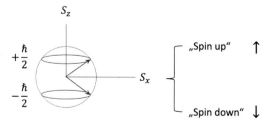

Abb. 9.9 Zusätzlich besitzt das Elektron auch einen Eigendrehimpuls oder „Spin" mit zwei möglichen Einstellungen, die in diesem Buch als „Spin up" und „Spin down" bezeichnet werden

- Die Energie des Wasserstoffatoms ist durch Gl. (9.34) gegeben und hängt ausschließlich von der Hauptquantenzahl n ab. Man kann zeigen, dass diese Besonderheit auf eine weitere Erhaltungsgröße zurückzuführen ist, die eine ähnliche Form wie der Runge-Lenz-Vektor in der klassischen Mechanik besitzt. Wir wollen auf diesen Punkt hier nicht genauer eingehen.
- Man bezeichnet die unterschiedlichen Zustände für eine bestimmte Hauptquantenzahl n als Atomschalen. Bisweilen benutzt man auch die Abkürzungen K-Schale für $n = 1$, L-Schale für $n = 2$ usw.
- Die Zahle der Zustände pro Schale ist

$$\left(\#\text{Zustände pro Schale}\right) = \sum_{\ell=0}^{n-1} \sum_{m=-\ell}^{\ell} 1 = \sum_{\ell=0}^{n-1} (2\ell + 1) = n^2 \,.$$

Man sagt auch, dass eine Schale n^2-fach entartet ist, wobei Entartung bedeutet, dass unterschiedliche Zustände dieselbe Energie besitzen. Zusätzlich kann ein Elektron in einem Zustand zwei mögliche Spinorientierungen aufweisen.

- Zustände mit den Drehimpulsquantenzahlen $\ell = 0, 1, 2, 3$ werden oft mit den Symbolen s, p, d, f angeschrieben. Diese Kennzeichnungen entstammen der Spektroskopie und kürzen die englischen Wörter sharp, principal, diffuse und fundamental ab.
- Ein Zustand mit den Quantenzahlen n, ℓ, m besitzt insgesamt n Knoten, wobei m und $\ell - m$ Knoten jeweils in Azimuthalwinkelrichtung und Polarwinkelrichtung sind und die restlichen Knoten entlang der Radialrichtung liegen.

Atomspektroskopie

Vieles unseres Wissens über die Atomzustände besitzen wir aus spektroskopischen Experimenten, in denen ein Atom unter Absorption oder Emission eines Photons von einem Anfangszustand in einen Endzustand gestreut wird. Die Energien für den Anfangs- und Endzustand bezeichnen wir mit E_i und E_f, entsprechend den englischen Wörtern *initial* und *final*. Bei Absorption wird ein Photon absorbiert und das Atom in einen energetisch höher liegenden Zustand gestreut. Bei Emission ist das Atom anfangs angeregt, beispielsweise durch thermische Anregung, und zerfällt unter Aussendung eines Photons in einen energetisch niedriger liegenden Zustand. Aufgrund der Energieerhaltung gilt dann

$$E_i + h\nu_{\text{abs}} = E_f \implies h\nu_{\text{abs}} = E_f - E_i$$
$$E_i - h\nu_{\text{em}} = E_f \implies h\nu_{\text{em}} = E_i - E_f \,.$$

Somit finden wir für die Photonenfrequenzen

$$h\nu = \pm R_\infty \left(\frac{1}{n_i^2} - \frac{1}{n_f^2} \right) , \tag{9.36}$$

wobei das positive Vorzeichen für Absorption und das negative für Emission gilt und n_i, n_f die zu E_i, E_f gehörigen Hauptquantenzahlen sind.

9.3 Aufbauprinzip

Mit den bisherigen Ergebnissen können wir das Aufbauprinzip von Atomen und die Periodentafel zumindest prinzipiell verstehen. Wahrscheinlich werden Sie in anderen Vorlesungen mehr darüber erfahren, aber nachdem wir uns all die Mühen angetan haben, um die Energien und Zustände des Wasserstoffatoms herzuleiten, wäre es schade, diesen wichtigen Punkt hier nicht zu erwähnen. Bei Atomen mit mehreren Elektronen kommt es zu zwei wichtigen Unterschieden zum Wasserstoffatom. Zuerst muss die Kernladung durch Ze ersetzt werden, wobei Z die Kernladungszahl ist. Anstelle der Eigenenergien aus Gl. (9.34) erhalten wir dann

$$E_n = -\frac{ZR_\infty}{n^2}, \qquad n = 1, 2, \ldots. \tag{9.37}$$

Für Mehrelektronenatome ist diese Beziehung oft nur näherungsweise erfüllt, und wir werden weiter unten diese Beziehung auch dazu benutzen, um aus den experimentell gemessenen Eigenenergien E_n^{exp} eine effektive Kernladungszahl Z^* zu bestimmen. Warum das sinnvoll ist, wird sich im Folgenden zeigen. Der zweite wichtige Unterschied ist, dass bei Mehrelektronenatomen die Coulombabstoßung der Elektronen untereinander mitberücksichtigt werden muss. Im Prinzip führt das zu einem komplizierten Problem, dessen Lösung weit über die Zielsetzung dieses Buches hinausgeht. Allerdings lassen sich einige einfache Gesetzmäßigkeiten anführen, die ein qualitatives Verständnis erlauben.

Eine wichtige Regel bei der Befüllung der Atomzustände mit Elektronen ist das **Pauliprinzip**, das besagt, dass sich jedes Elektron in einem Vielelektronenatom zumindest durch eine Quantenzahl unterscheiden muss. Diese Quantenzahlen umfassen n, ℓ, m sowie die Spinquantenzahl m_s. Letztere unterscheidet Elektronen mit Spin up ↑ von Elektronen mit Spin down ↓. Das Pauliprinzip fußt auf dem Umstand, dass Elektronen sogenannte Fermionen sind, deren Wellenfunktion antisymmetrisch bezüglich des Austausches von zwei Elektronen sein muss. Wir wollen das hier nicht näher ausführen und benutzen schlicht die oben angeführte Regel.

▶ Das Pauliprinzip besagt, dass bei Atomen mit mehreren Elektronen sich die von den Elektronen besetzten Zustände in zumindest einer Quantenzahl unterscheiden müssen.

Betrachten wir zuerst den Grundzustand von Wasserstoff

Element	$1s$	$2s$	$2p_x$	$2p_y$	$2p_z$	Z^*	W (eV)
H	↑					1	13.6

Wir haben in der Tabelle die unterschiedlichen Atomzustände angeführt, wobei $1s$ den Grundzustand mit $n = 1$ bezeichnet, $2s$ den Zustand mit $n = 1$ und $\ell = 0$ sowie $2p$ die Zustände mit $n = 2$ und $\ell = 1$. Beachten Sie, dass es drei unterschiedliche p-Orbitale gibt, die wir hier entsprechend der in Abb. 9.6 gezeigten Orbitale mit p_x, p_y, p_z bezeichnet haben. Die effektive Kernladungszahl ist für das Wasserstoffatom exakt eins, und die Ionisierungsenergie entspricht der Rydbergenergie. Im Grundzustand ist der Zustand $1s$ mit einem Elektron befüllt, die Orientierung des Spins ist im Prinzip willkürlich und wurde hier als Spin up gewählt.

Bei Helium erhöht sich die Kernladungszahl auf zwei und wir haben zwei Elektronen, die auf die Atomorbitale aufgeteilt werden müssen. Der Grundzustand ist der Zustand geringster Energie, bei dem die beiden Elektronen jeweils den $1s$-Zustand besetzen

Element	$1s$	$2s$	$2p_x$	$2p_y$	$2p_z$	Z^*	W (eV)
He	↑↓					1.8	24.6

Dem Pauliprinzip ist durch die unterschiedliche Spinorientierung genüge getan. Wir erkennen, dass die Ionisierungsenergie kleiner als die zweifache Rydbergenergie ist und auch die effektive Kernladungszahl ist kleiner als zwei. Der Grund ist die Coulombabstoßung der Elektronen, die zu einer leichten Energieerhöhung führt, wodurch auch die Ionisierungsenergie erniedrigt wird. Die K-Schale ist mit zwei Elektronen nun vollständig besetzt.

Bei den Elementen Lithium und Beryllium bleibt die K-Schale besetzt, die verbleibenden Elektronen müssen in der L-Schale untergebracht werden:

Element	$1s$	$2s$	$2p_x$	$2p_y$	$2p_z$	Z^*	W (eV)
Li	↑↓	↑				1.6	5.4
Be	↑↓	↑↓				2.7	9.3

Es gilt prinzipiell, dass die meisten physikalischen und chemischen Eigenschaften von den Elektronen in den äußeren Schalen hervorgerufen werden. Wir wollen uns in der folgenden Diskussion ausschließlich auf die Elektronen in der L-Schale konzentrieren. Auch die Ionisierungsenergie ist für die Elektronen in dieser Schale angegeben. Man erkennt, dass die effektive Kernladungszahl für Li stark von der tatsächlichen Kernladungszahl $Z = 3$ abweicht. Der Grund ist, dass das Elektron in der äußeren Schale nicht die volle Kernladung sieht, sondern dass die Ladungsverteilung der Elektronen in der K-Schale zu einer verringerten effektiven Ladung führt. Man sagt, dass die Elektronen der inneren Schale die Kernladung „abschirmen". Für nicht wechselwirkende Elektronen wäre es im Prinzip gleichgültig, ob wir in der äußersten Schale die $2s$- oder die $2p$-Orbitale besetzen. Das ändert sich bei Berücksichtigung der Wechselwirkung zwischen den Elektronen. Wie in Abb. 9.8

gezeigt, kommen Elektronen mit einem geringen Bahndrehimpuls dem Kern näher, entsprechend sehen sie eine weniger stark abgeschirmte Kernladung und besitzen eine niedrigere Energie als Elektronen mit einem größeren Bahndrehimpuls. Bei offenen Schalen kommt es daher zu einer **Minimierung des Bahndrehimpulses.** Dieses Prinzip behält auch bei der Befüllung höherer Schalen Gültigkeit.

Bei den Elementen mit höherer Kernladungszahl werden als Nächstes die p-Zustände befüllt. Das erfolgt bei Bor, Kohlenstoff und Stickstoff in der Form:

Element	$1s$	$2s$	$2p_x$	$2p_y$	$2p_z$	Z^*	W (eV)
B	↑↓	↑↓	↑			2.4	8.3
C	↑↓	↑↓	↑	↑		3.3	11.3
N	↑↓	↑↓	↑	↑	↑	4.3	14.5

Wir sehen, dass alle Elektronen dieselbe Spinorientierung besitzen, die hier willkürlich als Spin up gewählt wurde. Das zugrundeliegende Prinzip ist also die **Maximierung des Spins,** die in genauerer Form durch die Hund'schen Regeln bestimmt wird. Der Grund ist die fermionische Natur der Elektronen, die es Elektronen mit parallelem Spin verbietet, einander nahezukommen. Im Prinzip gilt das natürlich auch für Elektronen mit antiparallelem Spin, die einander über die Coulombkräfte abstoßen, aber das fermionische Prinzip hält die Elektronen weiter voneinander entfernt als die Korrelation aufgrund von Coulombkräften, und entsprechend richten sich Elektronen im Grundzustand wann immer möglich parallel aus.

▶ Bei der Befüllung von offenen Schalen gelten aufgrund der Wechselwirkung der Elektronen untereinander die Prinzipien der Minimierung des Bahndrehimpulses und der Maximierung des Spins, wobei die Details der Spinmaximierung noch genauer durch die Hund'schen Regeln bestimmt werden.

Schließlich werden bei Sauerstoff, Fluor und Neon die verbleibenden freien Zustände aufgefüllt:

Element	$1s$	$2s$	$2p_x$	$2p_y$	$2p_z$	Z^*	W (eV)
O	↑↓	↑↓	↑↓	↑	↑	4.0	13.6
F	↑↓	↑↓	↑↓	↑↓	↑	5.1	17.4
Ne	↑↓	↑↓	↑↓	↑↓	↑↓	6.6	21.6

Es gibt eine Reihe von weiteren interessanten Schlüssen, die wir aus der Befüllung der Zustände ziehen können. Beispielsweise gilt, dass Elemente mit einer gefüllten Schale, die sogenannten Edelgase, energetisch besonders stabil sind und sich daher chemisch inaktiv verhalten. Oder dass Elemente, bei denen ein Elektron zur Befüllung der äußersten Schale fehlt, gerne Bindungen mit Elementen eingehen, die nur ein einziges Elektron in der äußersten Schale besitzen. Nähere Informationen zu diesen wichtigen Befunden finden Sie im folgenden Kapitel sowie in Lehrbüchern zur Atomphysik oder Chemie.

9.4   Details zur Lösung der Radialgleichung*

In diesem Abschnitt präsentieren wir die Details zur Lösung des Radialteils der stationären Schrödingergleichung

$$\left\{ -\frac{\hbar^2}{2\mu} \left[\frac{1}{r^2} \frac{d}{dr} \left(r^2 \frac{d}{dr} \right) \right] + \frac{\hbar^2 \ell(\ell+1)}{2\mu r^2} - \frac{e^2}{4\pi\varepsilon_0 r} \right\} R(r) = E\, R(r) ,$$

den wir zuerst in die Form

$$\left[\frac{1}{r^2} \frac{d}{dr} \left(r^2 \frac{dR}{dr} \right) \right] - \frac{\ell(\ell+1)R}{r^2} + \left(\frac{\mu e^2}{4\pi\varepsilon_0 \hbar^2} \frac{2}{r} + \frac{2\mu E}{\hbar^2} \right) R = 0$$

bringen. Im ersten Ausdruck in runden Klammern identifizieren wir

$$r_0 = \frac{4\pi\varepsilon_0 \hbar^2}{\mu e^2} \tag{9.38}$$

als eine charakteristische Länge des Wasserstoffproblems, die für die Elektronenmasse $\mu = m_e$ dem Bohr'schen Radius entspricht. Es erweist sich als günstig, die Radialkoordinate

$$r = \rho\, r_0 \tag{9.39}$$

durch eine dimensionslose Größe ρ auszudrücken sowie $R(r)$ durch

$$R(r) = \frac{u(\rho)}{\rho} \tag{9.40}$$

zu ersetzen. Damit lässt sich die Schrödingergleichung nach kurzer Rechnung umschreiben zu

$$\frac{d^2 u}{d\rho^2} - \frac{\ell(\ell+1)u}{\rho^2} + \left(\frac{2}{\rho} - \gamma^2 \right) u = 0 , \tag{9.41}$$

mit

$$\gamma^2 = -\frac{2\mu r_0^2 E}{\hbar^2} . \tag{9.42}$$

Wir haben ausgenutzt, dass für die Bindungszustände des Wasserstoffatoms E negativ ist, sodass γ^2 eine positive Zahl darstellt. Wir untersuchen nun das asymptotische Verhalten der Wellenfunktion $u(\rho)$ für kleine und große Werte von ρ. Für $\rho \to 0$ behalten wir in Gl. (9.41) die ersten beiden Terme, da $1/\rho^2$ für kleine Werte von ρ rascher ansteigt als die anderen Beiträge, und finden

$$\rho \to 0 : \quad u'' - \frac{\ell(\ell+1)}{\rho^2} u = 0 \quad \Longrightarrow \quad u(\rho) = A\rho^{\ell+1} + \frac{B}{\rho^\ell} .$$

Damit die Wellenfunktion überall endlich bleibt, muss $B = 0$ gesetzt werden. Für $\rho \to \infty$ finden wir auf entsprechende Weise

$$\rho \to \infty : \quad u'' - \gamma^2 u = 0 \quad \implies \quad u(\rho) = C e^{-\gamma\rho} + D e^{\gamma\rho} \, .$$

Damit die Wellenfunktion normierbar bleibt, müssen wir $D = 0$ setzen. Wir wählen nun einen Ansatz für die Wellenfunktion

$$u(\rho) = \rho^{\ell+1} e^{-\gamma\rho} v(\rho) \, , \tag{9.43}$$

bei der das richtige asymptotische Verhalten bereits berücksichtigt ist. $v(\rho)$ ist eine noch zu bestimmende Funktion, die für kleine Werte von ρ endlich bleibt und die im Unendlichen langsamer als die Exponentialfunktion anwachsen muss. Wenn wir diesen Ansatz in Gl. (9.41) einsetzen, erhalten wir nach kurzer Rechnung

$$v''(\rho) + 2 \left(\frac{\ell+1}{\rho} - \gamma \right) v'(\rho) + \frac{2}{\rho} \Big[1 - \gamma(\ell+1) \Big] v(\rho) = 0 \, .$$

Um zur gewünschten Endform zu gelangen, substituieren wir

$$x = 2\gamma\rho \tag{9.44}$$

und gelangen schließlich zu

$$x v''(x) + \Big(2\ell + 2 - x \Big) v'(x) + \left(\frac{1}{\gamma} - \ell - 1 \right) v(x) = 0 \, . \tag{9.45}$$

Diese Gleichung ist vom Typ einer zugeordneten **Laguerre'schen Differentialgleichung**

$$x L''(x) + \Big(k + 1 - x \Big) L'(x) + \alpha L'(x) = 0 \, , \tag{9.46}$$

deren Lösungen die zugeordneten Laguerrepolynome

$$L_\alpha^k(x)$$

sind. Damit die Lösungen im Unendlichen langsamer als $e^{-\gamma\rho}$ anwachsen, muss gelten, dass α eine ganze Zahl ist, die größer als null ist. Offensichtlich ist das die Quantisierungsbedingung für die Energie des Wasserstoffatoms. Durch Vergleich mit Gl. (9.45) finden wir

$$\frac{1}{\gamma} - \ell - 1 = \alpha \quad \implies \quad \frac{1}{\gamma} = \alpha + \ell + 1 = n \, ,$$

wobei n wiederum eine ganze Zahl ist, die größer als ℓ sein muss. Aus Gl. (9.42) finden wir

$$\gamma^2 = \frac{1}{n^2} = -\frac{2\mu r_0^2 E}{\hbar^2} \quad \implies \quad E_n = -\frac{e^2}{8\pi\varepsilon_0 r_0 n^2} \, . \tag{9.47}$$

Zur Lösung der Radialkomponente der stationären Schrödingergleichung müssen wir uns durch die verschiedenen Substitutionen zurückarbeiten und am Ende die Wellenfunktion richtig normieren. Nach längerer, aber unkritischer Rechnung erhalten wir dann das gewünschte Endergebnis

$$R_{n\ell}(r) = \sqrt{\frac{(n-\ell-1)!}{2n(n+\ell)!}} \left(\frac{2}{nr_0}\right)^{\frac{3}{2}} \exp\left[-\frac{r}{nr_0}\right] \left(\frac{2r}{nr_0}\right)^{\ell} L_{n-\ell-1}^{2\ell+1}\left(\frac{2r}{nr_0}\right). \quad (9.48)$$

9.5 Zusammenfassung

Drehimpuls. In der Quantenmechanik können nur der Betrag des Drehimpulses und die Projektion auf eine Koordinatenachse (üblicherweise die z-Achse) festgelegt werden. Beide Größen sind quantisiert. Das Betragsquadrat des Drehimpulses ist durch $\ell(\ell+1)\hbar^2$ gegeben, wobei ℓ eine ganze Zahl größer oder gleich null ist. Die Projektion des Drehimpulses ist durch $m\hbar$ gegeben, wobei m eine ganze Zahl mit dem Betrag kleiner oder gleich ℓ ist.

Kugelflächenfunktion. Der Winkelanteil der Wellenfunktion für ein radialsymmetrisches Potential ist durch die Kugelflächenfunktionen $Y_{\ell m}(\theta, \varphi)$ gegeben. Die Form der Kugelflächenfunktionen ist für Atomorbitale und für chemische Bindungen von zentraler Bedeutung.

Bohr'scher Radius. Der Bohr'sche Radius $r_0 = 4\pi\varepsilon_0\hbar^2/m_e e^2 \approx 0.05$ nm ist eine charakteristische Länge für das Wasserstoffatom.

Rydbergenergie. Die Rydbergenergie $R_\infty = e^2/8\pi\varepsilon_0 r_0 \approx 13.6$ eV ist eine charakteristische Energie für das Wasserstoffatom und entspricht der Ionisierungsenergie, die man dem Wasserstoffatom zuführen muss, um das Elektron aus dem Grundzustand zu entfernen.

Quantenzahlen. Die Lösungen des Wasserstoffatoms werden durch drei Quantenzahlen bestimmt, die Hauptquantenzahl n, die Drehimpulsquantenzahl ℓ und die magnetische Quantenzahl m, wobei neben den beim Drehimpuls eingeführten Einschränkungen noch $\ell < n$ gelten muss. Zusätzlich gibt es die Freiheitsgrade für den Elektronenspin, der nach oben oder unten zeigen kann. Die Energie des Wasserstoffatoms $E_n = -R_\infty/n^2$ ist ausschließlich durch die Hauptquantenzahl n bestimmt.

Pauliprinzip. Das Pauliprinzip besagt, dass bei Atomen mit mehreren Elektronen sich die von den Elektronen besetzten Zustände in zumindest einer Quantenzahl unterscheiden müssen.

Aufbauprinzip. Das Aufbauprinzip besagt, wie die Atomzustände bei den unterschiedlichen Elementen besetzt werden. Neben dem Pauliprinzip muss auch die zusätzliche Wechselwirkung der Elektronen untereinander berücksichtigt werden. Daraus resultieren für offene Schalen die Forderungen nach Minimierung des Bahndrehimpulses und Maximierung der Summe der Elektronenspins.

Aufgaben

Aufgabe 9.1 Das Verhältnis von Elektronenmasse m_e zu Protonenmasse m_p ist in etwa 1 : 1800. Zeigen Sie, dass die Gesamtmasse $M = m_e + m_p$ durch die Protonenmasse angenähert werden kann und die effektive Masse μ aus Gl. (9.5) durch die Elektronenmasse. Wie groß ist der Fehler, den man bei dieser Näherung macht?

Aufgabe 9.2 Das Bohrsche Atommodell ist eine Vorstufe zu dem in diesem Kapitel diskutierten Wasserstoffproblem der Quantenmechanik, bei dem eine klassische Beschreibung mit einer Quantisierungsbedingung verknüpft wird. Die Annahmen dieses Modells können nicht wirklich gerechtfertigt werden, aber es spielte historisch eine wichtige Rolle und führt auf die richtigen Eigenenergien. Für eine klassische Kreisbahn des Elektrons um den Kern gilt, dass die Zentrifugalkraft durch die Coulombkraft kompensiert wird,

$$\frac{m_e v^2}{r} = \text{Coulombkraft},$$

wobei v die Elektronengeschwindigkeit und r der Bahnradius sind. Bohr nahm zusätzlich an, dass stabile Bahnen existieren, wenn der Drehimpuls quantisiert ist

$$L = m_e v r = n\hbar, \quad n = 1, 2, \ldots$$

Berechnen Sie aus diesen beiden Annahmen den Bahnradius r sowie die klassische Gesamtenergie des Elektrons und zeigen Sie, dass Letztere mit der Eigenenergie aus Gl. (9.34) übereinstimmt.

Aufgabe 9.3 Weshalb stürzt beim Wasserstoffatom das Elektron nicht in den Kern? Die vollständige Antwort ist natürlich durch die Analyse des Wasserstoffproblems in diesem Kapitel gegeben. Ein einfacheres qualitatives Argument ist, dass entsprechend der Heisenbergschen Unschärferelation eine Lokalisierung des Elektrons in einem Bereich r mit einer kinetischen Energie $E_{\text{kin}} \approx \hbar^2/2m_e r^2$ verknüpft ist, wie zuvor in Zusammenhang mit Gl. (7.16) diskutiert. Die Gesamtenergie lautet somit

$$E(r) \approx \frac{\hbar^2}{2m_e r^2} - \frac{e^2}{4\pi\varepsilon_0 r}.$$

Erstellen Sie eine Skizze von $E(r)$. Bestimmen Sie den Radius r_0, bei dem die Energie $E(r)$ ein Minimum besitzt, sowie die zugehörige Energie $E(r_0)$. Argumentieren Sie nun auf Basis der Heisenberg'schen Unschärferelation, weshalb das Elektron nicht in den Kern stürzt.

Aufgabe 9.4 Erstellen Sie für $\ell = 2$ und $\ell = 3$ eine Skizze für die möglichen Einstellungen von L_x und L_z. Zeichnen Sie einen Kreis mit dem Radius $\sqrt{\ell(\ell+1)}\hbar$ und markieren Sie die möglichen Einstellungen von L_z.

Aufgabe 9.5 Gleich wie Aufgabe 9.4, aber für den Elektronenspin mit $s = \frac{1}{2}$ und der Länge $S = \sqrt{s(s+1)}\hbar$ sowie $m_s = \pm\frac{1}{2}$.

Aufgabe 9.6 Wie lautet der Grundzustand $\phi_{100}(r)$ für $n = 1$? Zeigen Sie, dass der Zustand normiert ist und bestimmen Sie den mittleren Radius

$$\bar{r} = \int_0^\infty r\left|\phi_{100}(r)\right|^2 4\pi r^2 dr\,.$$

Aufgabe 9.7 Benutzen Sie

$$\sum_{i=1}^{N} i = \frac{N(N+1)}{2},$$

um zu zeigen, dass es $2n^2$ Zustände mit unterschiedlichen Quantenzahlen ℓ, m und m_s in einer Schale mit der Hauptquantenzahl n gibt.

Aufgabe 9.8 In der Spektroskopie bezeichnet man die Emissionsspektren aus Gl. (9.36) als Lymanserie ($n_f = 1$), Balmerserie ($n_f = 2$) und Paschenserie ($n_f = 3$). Bestimmen Sie die jeweils kleinsten Photonenenergien $h\nu$ dieser Serien und diskutieren Sie, ob diese im Infraroten, Sichtbaren oder Ultravioletten liegen.

Aufgabe 9.9 Benutzen Sie eine Periodentafel und finden Sie zumindest drei ionische Bindungen zwischen zwei Elementen, bei denen ein Element ein Elektron in der äußersten Schale besitzt (erste Spalte) und das zweite ein Elektron benötigt, um die äußerste Schale abzuschließen (vorletzte Spalte).

Aufgabe 9.10 Bei Molekülbindungen können die elektronischen Wellenfunktionen oft näherungsweise mit Hilfe der Atomorbitale beschrieben werden. Betrachten Sie den Winkelanteil der Wellenfunktion in der L-Schale

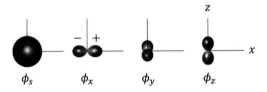

Rot entspricht einem positiven Funktionswert und blau einem negativen. Bei der sogenannten Hybridisierung werden Linearkombinationen dieser Orbitale gewählt, so dass die hybridisierten Wellenfunktionen möglichst gut den Molekülorbitalen entsprechen. Betrachten wir beispielsweise

$$\phi_{1,2} = \frac{1}{\sqrt{2}}(\phi_x \pm \phi_z)$$

$$\phi_{3,4} = \frac{1}{\sqrt{2}}(\phi_s \pm \phi_x)\,.$$

Ordnen Sie die Wellenfunktionen ϕ_1, ϕ_2, ϕ_3, ϕ_4 den unten gezeigten Funktionen zu und motivieren Sie Ihre Wahl.

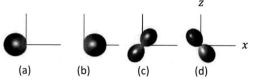

(a)   (b)   (c)   (d)

Quantenmechanik unterrichten

10

Inhaltsverzeichnis

Zusammenfassung

Mit Hilfe der Lösungen des Wasserstoffproblems, den sogenannten Atomorbitalen, können wir viele Eigenschaften der Materie gut verstehen und auch die Brücke zur Chemie schlagen. Wir wiederholen und vertiefen die wichtigsten Ergebnisse des letzten Kapitels und diskutieren, wie diese in den Schulunterricht integriert werden können. Das Kapitel wird mit einigen grundlegenden Überlegungen zum Unterrichten von Quantenmechanik abgeschlossen.

In den letzten Kapiteln wurde viel über verschiedenste Potentiale, das Wasserstoffatom bis hin zum Aufbauschema des Periodensystems gesprochen. Diese Themen wollen wir aufgrund ihrer Wichtigkeit nochmals aus verkürzter und schulischer Sicht aufgreifen, wiederholen und um eine fächerübergreifend-chemische Sicht erweitern, bevor es in den letzten Kapiteln um Anwendungen der Quantenmechanik sowie weiterführende Fragestellungen gehen wird, welche über den Lehrplan hinausgehen. Daher möchten wir auch den didaktischen Teil mit diesem Kapitel abschließen und noch ein paar Unterrichtsideen aufzeigen. Haben Sie die (didaktischen) Aufgaben bisher gemacht und arbeiten auch die folgenden aus, sollten Sie mit Unterrichtsmaterialien und Sprachübung gut auf den Unterricht zur Quantenmechanik vorbereitet sein.

Aus dem Alltag kennen Schüler:innen das Gravitationspotential am besten. Gibt man eine Kugel in eine Schüssel, so kann sie darin hin und her rollen – potenti-

© Der/die Autor(en), exklusiv lizenziert an Springer-Verlag GmbH, DE, ein Teil von
Springer Nature 2023
U. Hohenester und K. Irgang, *Einführung in die Quantenmechanik*,
https://doi.org/10.1007/978-3-662-65980-9_10

elle Energie (entsprechend der Höhe) wird in kinetische Energie umgewandelt und umgekehrt. Reicht die kinetische Energie aus (und nur dann), kann die Kugel über den Rand der Schüssel hinausfliegen. Man kann sich auch gut verschiedenste Schüsselformen vorstellen: mit senkrechten Wänden, x^2-Formen oder auch nach außen hin abgeflacht.

In sehr ähnlicher Form haben wir in Kap. 7 mit eindimensionalen, unendlich hohen „Schüsselwänden" begonnen, in Kap. 8 dann im Wesentlichen die x^2-Form betrachtet. Auch das realistischere Morse-Potential ist zur Sprache gekommen. In Kap. 9 wurde der eindimensionale Fall zum dreidimensionalen Fall erweitert, und wir wechselten schließlich von den kartesischen zu Kugelkoordinaten, um damit die Wellenfunktionen des Wasserstoffatoms zu bestimmen. Die Analogie zu den gravitativen Schüsselpotentialen kann für manche Schüler:innen das Thema greifbarer machen. Sie weist aber natürlich zahlreiche Unterschiede auf, welche man im Unterricht gut aufgreifen kann (und muss), um so wieder über die Wesenszüge der Quantenmechanik zu diskutieren:

Fehlende Reibung. Auf der Quantenebene gibt es eigentlich keine richtige Reibung. Eine in einer Schüssel angestoßene Kugel würde immer gleich hoch die Wände hinaufrollen und niemals stehen bleiben.

Wellige Eigenschaften. Wellen können sich konstruktiv und destruktiv überlagern. Nur bei perfekter konstruktiver Interferenz wäre die Kugelbewegung in der Schüssel „stabil". Dies führt zur Quantisierung der möglichen (Bewegungs-)Energien bzw. Formen.

Körnig und stochastisch. In einem stationären Zustand sollte die Kugel in der Schüssel überhaupt keine Informationen an die Außenwelt übertragen (z. B. über das Aussenden von Photonen), da man aus diesen den Ort oder Impuls bestimmen könnte und dies einer Messung gleichkäme, welche zum Kollaps der Wellenfunktion und damit dem Verlust der welligen Eigenschaften führen würde.

Ort-Impuls-Unschärfe. Ort und Impuls existieren auf Quantenebene überhaupt nicht zugleich exakt. Das bedeutet, dass eine klassische Bahnbewegung in der Schüssel vollständig aufgegeben werden muss.

Zeit-Energie-Unschärfe. Für kurze Zeiten könnte die Kugel mit einer gewissen Wahrscheinlichkeit verbotene Bereiche durchdringen, solange sie dann wieder auf einem gleichen Energieniveau (z. B. in einer Schüssel daneben) ankommt. Außerdem ist Energie null, d. h. ein stilles Am-Boden-Liegen, nicht mehr möglich.

Aus den Erkenntnissen der Überlegungen der Potentiale und des „Teilchens in der Schachtel" kommt man schließlich zu den Quantenzahlen und Orbitalen. Dies ist unserer Meinung nach ein zentrales Bindeglied zwischen der Quantenmechanik, den Atommodellen, der Festkörperphysik bis hin zur Chemie und sollte ordentlich ausdiskutiert werden, um ein Schubladendenken zu vermeiden.

▶ Die Orbitale ⬭ ⬭ ⬭ ⬭ ⬭ ⬭ ⬭ ⬭ ⬭ sind universelle Sprachelemente für Atomzustände und erlauben einen direkten Brückenschlag zur Chemie.

Strukturelle, optische und elektrische Eigenschaften von Molekülen, Festkörpern und Flüssigkeiten lassen sich oft elegant mit Hilfe solcher Orbitale verstehen.

Außerdem ist ein ordentliches Verständnis von Orbitalen wichtig, um Bindungsarten und -formen erklären zu können, was weiter beim Verständnis hilft, weshalb manche Körper durchsichtig sind, die meisten aber nicht, weshalb manche fest, weich, flüssig, duktil, spröde, grün, weiß, spiegelnd sind, sich warm oder kühl anfühlen. All das sind Fragestellungen aus der Festkörperphysik oder Chemie und gehen damit weit über dieses Einführungsbuch hinaus. Ein ordentliches Verständnis von Orbitalen und den resultierenden Bindungsmöglichkeiten ist aber von so zentraler Bedeutung, dass wir diese Thematik nochmals sowohl schul-alltagssprachlich als auch chemisch aufgreifen wollen.

Verallgemeinert man einen rechteckigen Potentialtopf auf drei Dimensionen, so entspricht dieser in etwa einer Schuhschachtel. Dabei muss man einschränken, dass es keine Gravitation und keine Reibung gibt, d. h., dass sich ein eingeschlossenes Teilchen in alle drei Dimensionen bewegen kann und dabei keine Energie verliert. Leicht kann man motivieren, dass es bei welligen Eigenschaften drei Quantisierungs- richtungen und somit drei Quantenzahlen geben sollte, nämlich Länge, Breite und Höhe. In anderen Worten: für jede Achse des kartesischen Koordinatensystems eine Quantenzahl. Wechseln wir nun zu Kugelform und Kugelkoordinaten, so sollte es hier auch drei Quantenzahlen geben, und zwar genau für die Kugelkoordinaten r, θ, φ. Diese bilden die Haupt-, Neben- und Magnetquantenzahlen n, ℓ und m. Diese Quantenzahlen sind nicht unabhängig voneinander. Salopp könnte man sagen, je weiter außen sich das Elektron befindet, d. h. je größer n ist, desto mehr Platz hat das Elektron in Winkelrichtung. In Kap. 9 wurde der genaue Zusammenhang sauber hergeleitet:

$$n = 1, 2, 3, \ldots , \qquad \ell < n \ \text{ und } \ |m| \le \ell , \qquad (10.1)$$

und in Abb. 9.6 wurden die zugehörigen Orbitale graphisch dargestellt:

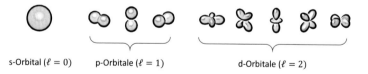

s-Orbital ($\ell = 0$)   p-Orbitale ($\ell = 1$)   d-Orbitale ($\ell = 2$)

Der Zusammenhang zwischen Quantenzahlen, Orbitalen und Elektronenkonfigu- ration ist insbesondere auch in der Chemie von großer Bedeutung und erklärt viele chemische und physikalische Eigenschaften von Elementen sowie die Form des Peri- odensystems. Wir möchten an dieser Stelle daher die zuvor gewonnenen Erkenntnisse zusammenfassen und erweitern.

Hauptquantenzahl. Die Hauptquantenzahl n gibt die Schale bzw. die Zeile im Periodensystem an. Die Schalen werden mit K, L, M usw. abgekürzt. Dass bei K

begonnen wird, hat historischen Charakter, da man bei den ersten Experimenten noch nicht wusste, ob man schon die innerste Schale gefunden hat.

Nebenquantenzahl. Die Nebenquantenzahl ℓ gibt das Orbital an.

$\ell = 0$ ist das s-Orbital (in der Periodentafel in Abb. 10.1 grün dargestellt),

$\ell = 1$ ist das p-Orbital (gelb),

$\ell = 2$ ist das d-Orbital (blau) und

$\ell = 3$ ist das f-Orbital (grau).

Die Buchstaben s, p, d und f kommen aus der Experimentalphysik und stehen für die Wörter sharp, principal, diffuse und fundamental, welche sich auf die zugehörigen Spektrallinien beziehen.

Magnetquantenzahl. Die Magnetquantenzahl m bezieht sich mehr oder weniger auf die räumliche Orientierung der Orbitale. Das kugelförmige s-Orbital hat nur eine Orientierung, die hantelförmigen p-Orbitale haben drei, die rosettenförmigen d-Orbitale fünf und die f-Orbitale sieben mögliche Orientierungen.

Spinquantenzahl. Die Spinquantenzahl s kann die Werte $+1/2$ und $-1/2$ annehmen. Elektronen müssen sich entsprechend dem Pauliprinzip in zumindest einer Quantenzahl unterscheiden. Daher haben in jedem Orbital (n, ℓ, m) genau zwei Elektronen Platz und in einer Schale genau doppelt so viele, wie es zugehörige Orbitale gibt.

Relationen zwischen Quantenzahlen. Der Zusammenhang der Quantenzahlen ist durch Gl. (10.1) gegeben. Daraus folgt, dass in der K-Schale mit der Hauptquantenzahl $n = 1$ nur ein einziges Orbital vorhanden ist:

$$1\,s\text{-Orbital:} \quad \ell = 0\,, \quad m = 0\,, \quad s = \pm 1/2\,,$$

in dem zwei Elektronen Platz finden. In der L-Schale mit der Hauptquantenzahl $n = 2$ gibt es zwei Orbitaltypen

$$2\,s\text{-Orbital:} \quad \ell = 0\,, \quad m = 0\,, \qquad s = \pm 1/2$$

$$2\,p\text{-Orbital:} \quad \ell = 1\,, \quad m = 0, \pm 1\,, \quad s = \pm 1/2$$

mit Platz für zwei bzw. sechs Elektronen.

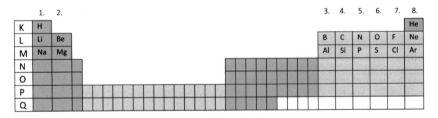

Abb. 10.1 Periodensystem der Elemente sortiert nach den äußersten Orbitalen. In der ersten Spalte ist die Atomschale K, L, M usw. angegeben. Die s-Orbitale sind in Grün dargestellt, die p-Orbitale in Gelb, die d-Orbitale in Blau und die f-Orbitale in Grau. Die Zeilen des Periodensystems werden als Perioden bezeichnet, die Spalten als (Haupt-)Gruppen, wobei die acht Hauptgruppen explizit nummeriert sind

Abweichung dritte Schale. Ab der dritten Schale bzw. Zeile im Periodensystem kommt es zu Abweichungen beim Befüllen der Orbitale: Für $n = 3$ gibt es drei Orbitaltypen: s-, p- und d-Orbitale. Allerdings ist es aufgrund der Wechselwirkung der Elektronen untereinander energetisch günstiger, vor dem d-Orbital der dritten Schale das s-Orbital der vierten Schale aufzufüllen. Daher rückt der „blaue Block" eine Zeile nach unten.

Abweichung vierte Schale. In der vierten Zeile des Periodensystems wird nach dem s-Orbital der vierten Schale das d-Orbital der dritten Schale aufgefüllt, bevor es mit den p-Orbitalen der vierten Schale weitergeht. Grundsätzlich hätte die vierte Schale auch f-Orbitale. Diese werden aber aus energetischen Gründen noch später aufgefüllt, so dass der „graue Block" zwei Zeilen nach unten rückt.

Elektronenkonfigurationen. Dieses Aufbauprinzip kann elegant mit der Elektronenkonfiguration beschrieben werden. Dabei wird zuerst die Schalennummer, dann das Orbital mit der Anzahl der Elektronen darin hochgestellt angegeben. Wasserstoff hat die Elektronenkonfiguration $1s^1$, Helium $1s^2$, Bor $1s^2 2s^2 2p^1$ und Aluminium $1s^2 2s^2 2p^6 3s^2 3p^1$. Durch die Verwendung der Edelgas-Konfigurationen, bei denen die s- und p-Orbitale einer Schale vollständig gefüllt sind, kann die Elektronenkonfiguration verkürzt angeschrieben werden und zeigt dann besonders deutlich die Außenelektronen an: Bor lässt sich als $[\text{He}]2s^2 2p^1$ und Aluminium als $[\text{Ne}]3s^2 3p^1$ schreiben. Die beiden Elemente befinden sich im Periodensystem untereinander, und damit in derselben Gruppe.

Edelgase. Die Edelgase befinden sich im Periodensystem in der Spalte ganz rechts. Sie haben volle s- und p-Orbitale und sind daher besonders reaktionsunfreudig. Elemente in derselben Spalte haben stets ähnliche Eigenschaften, da sie die gleiche Außenelektronenkonfiguration haben. Die grünen und gelben Spalten bilden die acht Hauptgruppen mit den Namen: Alkalimetalle (Wasserstoff ist ausgenommen), Erdalkalimetalle, Borgruppe, Kohlenstoff-Silizium-Gruppe, Stickstoff-Phosphor-Gruppe, Chalkogene, Halogene und Edelgase.

Bindungen. Atome gehen Bindungen ein, um (gemeinsam) zu einer vollen Außenschale zu gelangen. Für die Hauptgruppenelemente bedeutet dies, dass sie gerne acht Außenelektronen hätten. Diese Regel wird daher auch Oktettregel genannt. Atome mit nur einem Außenelektron geben dieses sehr gerne ab, um eine volle Außenschale zu erlangen, Atome, denen nur ein einziges Elektron fehlt, werden vorzugsweise Verbindungen eingehen, in denen sie eines erhalten. Natrium und Chlor passen entsprechend sehr gut zusammen und bilden NaCl, Kochsalz.

Doppelbesetzung. Nach den Hund'schen Regeln bzw. dem Prinzip der Spinmaximierung aus Kap. 9 werden gleiche Orbitale zuerst nur einfach aufgefüllt und erst, wenn alle einfach gefüllt sind, das zweite Elektron hinzugefügt. Doppelt bzw. vollständig besetzte Orbitale werden in der Chemie oft mit einem Querstrich oder einem Doppelpunkt dargestellt, einfach besetzte mit einem einzelnen Punkt. Atome gehen bevorzugt Bindungen zu anderen Atomen mit „Punkten" ein.

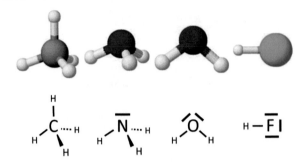

Abb. 10.2 Die Bindung mit Wasserstoff liefert z. B.: CH_4 Methan, NH_3 Ammoniak, H_2O Wasser und HF Flusssäure. Die eigentliche Tetraeder-Form erklärt das Zustandekommen der Winkel, beispielsweise des H_2O-Moleküls. Die Striche für gepaarte Elektronen können teilweise etwas unterschiedlich dargestellt werden, um die räumliche Struktur des Moleküls zu verdeutlichen

$$\cdot B \cdot \qquad \cdot \overset{\cdot\cdot}{C} \cdot \qquad \cdot \overline{N} \cdot \qquad \cdot \overline{N} \cdot \qquad \cdot \overline{\underline{O}}| \qquad \cdot \overline{\underline{F}}|$$

Die Valenzstrichformel (auch Struktur- oder Lewis-Formel) stellt anschaulich dar, wievielbindig Atome sind, und sie wird unter anderem für die Erklärung der kovalenten Bindung (auch Elektronenpaar- oder Atombindung) herangezogen. Bei Hauptgruppenelementen werden die vier „Außenplätze" zuerst einfach besetzt (vgl. Spinmaximierung aus Kap. 9) und erst danach „gepaart". Elektronenpaare innerhalb eines Atoms tragen üblicherweise nicht zu Bindungen mit anderen Atomen bei, während einzelne Elektronen sich mit einzelnen Elektronen anderer Atome gerne „paaren" (Abb. 10.2).

▶ Bei vielen chemischen Bindungen werden Elektronen zwischen den Atomen so aufgeteilt, dass die äußersten Schalen am Ende möglichst abgeschlossen sind. Dadurch kann die Gesamtenergie abgesenkt werden und es bilden sich stabile Moleküle.

10.1   Kurzer Ausflug in die physikalische Chemie

An dieser Stelle haben wir bereits die reine Quantenmechanik verlassen und tauchen in die Chemie bzw. Molekül- und Festkörperphysik ein. Wir möchten nur ein paar ausgewählte Probleme exemplarisch anschneiden, um entsprechende Verbindungen herzustellen bzw. für den Unterricht weiteres Diskussionsmaterial und fächerübergreifende Ideen zu liefern. Für eine genauere Diskussion bzw. größeren Überblick verweisen wir auf andere Quellen.

Elektronegativität. Je mehr Protonen im Kern sind, desto stärker ist die Anziehung auf die Elektronen, allerdings schirmen innere Schalen die Kernladungszahl teilweise ab (vgl. Abschn. 9.3) und für äußere Schalen ist zusätzlich der Abstand zum Kern größer. Wie stark (fremde) Elektronen von einem Atom angezogen werden, wird als Elektronegativität bezeichnet. Sie nimmt im Periodensystem innerhalb einer Zeile von links nach rechts zu, in einer Spalte von oben nach unten ab. Sie wird für die Erklärung der Polarität von Molekülen, Atomradien, Bindungslängen und Festigkeiten der kovalenten Bindung, Molekülschwingungsfrequenzen usw. benötigt.

Dipolkräfte. Da beispielsweise Sauerstoff eine wesentlich höhere Elektronegativität als Wasserstoff besitzt, ist das H_2O-Molekül polar. Das Sauerstoffatom trägt dabei eine negative Partialladung und die beiden Wasserstoffatome jeweils eine positive. Begegnen sich zwei Wassermoleküle, so treten elektromagnetische Dipolkräfte auf, welche in diesem Fall auch Wasserstoffbrücken genannt werden. Für Wasser sind diese Kräfte recht groß, was unter anderem erklärt, warum das H_2O Molekül einen viel höheren Siedepunkt hat als das ungefähr gleich schwere Methan CH_4. Methan ist aufgrund der Symmetrie nach außen hin unpolar.

Van-der-Waals-Kräfte. Begegnen sich zwei unpolare Atome bzw. Moleküle, so stoßen sich die nahekommenden Außenelektronen gegenseitig ab und die Orbitale verschieben bzw. verbiegen sich relativ zum Kern. Dadurch entstehen induzierte Dipole und schwache Kräfte, wobei die Wechselwirkungsenergie mit der 6. Potenz des Abstandes abfällt. Ähnliches gilt, wenn sich ein polares Molekül einem unpolaren nähert.

Aggregatzustände. Die Aggregatzustände lassen sich aus der elektromagnetischen Wechselwirkung ableiten, welche Dipol-, Van-der-Waals-Kräfte und weitere einschließt, wenn man Polarität, Größe, Form der Moleküle sowie deren Bewegungs- und Schwingungsformen mit einbezieht. Beispielsweise frieren Rotationen des gesamten Moleküls bei niedrigen Temperaturen aus, während Relativschwingungen innerhalb eines Moleküls noch existieren. Dabei sind die Aggregatzustände teilweise nicht so scharf abgrenzbar, wie sie im vereinfachten Unterricht erscheinen: Ab dem „kritischen" Punkt kann man nicht mehr zwischen Flüssigkeit und Gas unterscheiden, am Tripelpunkt verschwimmen alle drei Aggregatzustände. Schüler:innen ist es außerdem oft nicht klar, wo sie weiche Stoffe wie Haut, Fleisch, Haare, Gewand und damit quasi das Leben einstufen sollen. Weisen Sie unbedingt darauf hin, dass mit „Festkörper" nicht ein im alltagssprachlichen Sinne „fester" Körper, sondern lediglich ein formstabiler gemeint ist. Auch jeder „feste" Körper ist bei ausreichend großen Kräften verformbar! Dem Wort „weich" kommt bei Aggregatzuständen eine ähnliche subjektive Bedeutung zu wie dem Wort „kalt" in der Wärmelehre.

Atomsorten. Klassisch wird zwischen Metallen (kleine Elektronegativität, geben Elektronen leicht und gerne ab), Nichtmetallen (große Elektronegativität, nehmen Elektronen gerne auf) und Halbmetallen (mittlere Eigenschaften, variieren relativ zur Umgebung) unterschieden. Daraus resultieren auch die klassischen Bindungsarten kovalent (Nichtmetall-Nichtmetall), ionisch (Nichtmetall-Metall) und metallisch (Metall-Metall). Bei genauerem Betrachten erkennt man sofort, dass dies nur eine sehr grobe Einteilung ist. Beispielsweise kommen Bindungsarten, welche Halbmetalle einbeziehen, nicht vor. Auch deren Abgrenzung ist nicht eindeutig, so werden beispielsweise Selen und Astat manchmal als Halbmetall, manchmal als Metall gekennzeichnet. Durch Einbeziehen der Elektronegativität könnte man deutlich bessere Aussagen über die Atomsorte bzw. die Art der Bindung und die Anziehung zwischen Atomen treffen, für exakte Aussagen müsste man allerdings für jede Kombinationsmöglichkeit jeweils die Schrödingergleichung lösen.

Hybridisierte Orbitale. Binden mehrere Atome aneinander, so überlappen sich deren Orbitale bzw. beeinflussen sich die „jeweils anderen" Elektronen und Kerne gegenseitig, so dass sich die Formen der Orbitale zum Teil stark ändern können. Beispielsweise hätte die aus sechs Kohlenstoffatomen bestehende Grundstruktur des Benzol-Moleküls bei naiver Betrachtung jeweils eine Einfach- und eine Doppelbindung zu den Nachbarn. Es ist allerdings energetisch günstiger, dass sich stattdessen jeweils ein großes, rundes Orbital oberhalb und unterhalb des Moleküls ausbildet.

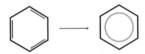

Solche Moleküle und Strukturen sind für die organische Chemie sowie für einige Farbstoffe von großer Bedeutung und werden Aromaten genannt. Beim oben gezeigten Benzol-Molekül hybridisieren die „klassischen" Doppel-Bindungen der Elektronen bzw. Orbitale zu einem aromatischen Ring.

Nichtstarre Moleküle. Bei Methan, Wasser, Flusssäure etc. können die Wasserstoffatome relativ zueinander oder zum Grundatom hin schwingen. Diese Schwingungen werden als Normalschwingungen bezeichnet. Bei Ammoniak kommt eine zusätzliche (quantenmechanische) Schwingung hinzu: Das Stickstoffatom kann durch die Barriere der drei Wasserstoffatome hindurch nach unten zu einem gespiegelten Zustand tunneln. Dieser Zustand ist nur durch ein Tunneln erreichbar, während beispielsweise beim Wassermolekül ein ähnlicher gespiegelter Zustand auch durch eine klassische Drehung erreicht werden kann. Die Bewegungsmöglichkeiten des Wassermoleküls können daher durch Schwingungen und Rotationen als „starres" Molekül vollständig beschrieben werden, bei Ammoniak hingegen ist dies nicht möglich.

Fein- und Hyperfeinstruktur. Vernachlässigt man die Wechselwirkungen zwischen mehreren Quantenobjekten, haben sehr viele Zustände (z. B. alle p-Orbitale) dieselbe Energie bzw. umgekehrt, zu einer bestimmten Energie gäbe es verschiedene (entartete) Zustände bzw. Orbitale im Atom. Die Berücksichtigung der magnetischen Eigenschaften (Spin) des Elektrons und deren Wechselwirkungen zu den anderen Elektronen (Feinstruktur) und den Kernteilchen (Hyperfeinstruktur) reduzieren die Entartung deutlich. Eine gewisse Entartung des Gesamtdrehimpulses bleibt allerdings aufgrund der Rotationssymmetrie immer erhalten. Experimentell sieht man die aufgehobene Entartung darin, dass sich die Spektrallinien entsprechend auffächern: Das einzelne s-Orbital kann nicht wirklich entarten und liefert „s"harpe Spektrallinien. d-Orbitale gibt es fünf, die Spektrallinien wurden in der experimentellen Anfangszeit als „d"iffuse beschrieben.

Unmögliche Berechnung. Theoretisch kann man alle Zustände und Wechselwirkungen über die Schrödingergleichung zwar im Prinzip exakt beschreiben, praktisch sind sie aber leider oft nur schwer oder gar nicht zu berechnen. Oft übersteigt die Lösung der Schrödingergleichung bereits für sehr „einfache" Quantensysteme bei Weitem jegliche Rechenleistungen von Computern. Vereinfachungen und Näherungen sind daher absolut notwendig, um die Form von Orbitalen und deren Energien in Molekülen (näherungsweise) bestimmen zu können.

10.2 Unterrichtsideen und Projekte

Wir wollen an dieser Stelle ein paar unverbindliche Anregungen für den Unterricht geben, die diesen auflockern bzw. vernetzen können. Wir geben bewusst möglichst verschiedenartige, sich auch von Schulbüchern abhebende bzw. diese ergänzende Vorschläge, so dass hoffentlich für jede:n etwas dabei ist.

Wasserstoff

Oft endet der Einführungsunterricht zur Quantenmechanik beim Wasserstoffatom, welches damit als prominentes Bindeglied für fächerübergreifenden Unterricht z. B. zur Chemie hergenommen werden sollte. An dieser Stelle sollte ein explodierender Wasserstoffballon nicht fehlen! Er macht einfach Spaß und kann die kognitiv sehr anstrengenden Stunden oder gar Wochen zu einem lockeren Abschluss bringen oder als „heißer" Stundeneinstieg gegen Ende des Themas dienen. Die Schüler:innen sollen wissen, was sie aus Elektronen und Protonen, über Potentiale und Orbitale, Unschärferelation und Welle-Teilchen-Dualismus „erschaffen" haben. Sie sollen es sehen und hören, staunen und sich schrecken, mit ihrem Alltag, Chemie, Geschichte (Hindenburg-Katastrophe), Medizin usw. verbinden.

Dafür wird der (reine!) Wasserstoff in einen Luftballon gefüllt. Der Ballon steigt von allein zur Decke. Mit einem an einem Stab befestigten Bunsenbrenner kann der Ballon entzündet werden. Dies ist relativ ungefährlich, leise und sauber, da es sich eher um eine Verbrennung als eine Explosion handelt. Wann genau der Ballon entzündet, weiß man vorher nicht und so gibt es Nervenkitzel und Schrecken nebenbei dazu. Natürlich muss man darauf achten, dass der Ballon nicht in der Nähe von Menschen, Rauchmeldern oder Beamern verbrennt. Auf keinen Fall sollte man Sauerstoff mit in den Ballon füllen, da man sonst eine heftige Knallgas-Explosion erhalten würde. Bereits kleine Seifenblasen mit Knallgas gefüllt, erzeugen einen ohrenbetäubenden Knall. Ganze Luftballone wären wirklich gefährlich! Bevor Sie solch chemische Experimente durchführen, sollten Sie sich unbedingt von einer fachkundigen Person einweisen lassen; zum Teil ist dies auch gesetzlich notwendig.

▶ Schon Loriots Familie Hoppenstedt ist entzückt, wenn es einmal ordentlich puff macht. Ein explodierender Wasserstoffluftballon macht auch in der Schule immer Spaß, und mit ein wenig Phantasie kann man auch viele Querbezüge zur Quantenmechanik herstellen. Achten Sie aber auf alle Fälle auf die entsprechenden Sicherheitsvorkehrungen!

Neben der Explosion, der Verbindung zur Chemie, kann der Wasserstoffballon noch viele weitere fächer- und themenübergreifende Aufgabenstellungen liefern: zur Geschichte mit der Hindenburg-Katastrophe, zu Wetter und kosmischer Hintergrundstrahlung über Wetterballons. Er ist einer der wichtigsten Grundbausteine der Biologie und organischen Chemie. Die Magnetresonanztomographie (MRT) baut auf den Spin des Wasserstoffprotons auf. Wasserstoff ist das häufigste Element im Universum und das erste, das nach dem Urknall entstanden ist. Der Large Hadron Collider am CERN arbeitet für seine Teilchenphysikexperimente hauptsächlich mit Protonen, welche aus Wasserstoffgas gewonnen werden. Wasserstofffusionsreaktoren sind seit Jahren ein Dauerbrenner. Von Heliumgas bekommt man aufgrund der geringen Dichte eine hohe und lustige Stimme. Das geht mit Wasserstoff noch besser. Giftig ist Wasserstoff nicht, aber auf die Verbrennungs- bzw. Explosionsgefahr wäre bei solchen Versuchen ganz besonders zu achten.

Wasser

Wasser ist ein wundervolles Bindeglied zu praktisch allen Fächern. Es ist aus dem Alltag bestens bekannt, besitzt eine gewisse Relevanz für jeden Menschen, gibt auch aus physikalischer Sicht einiges her und kann damit als Aufhänger für ein größeres Schulprojekt dienen. Daher möchten wir es an dieser Stelle etwas genauer betrachten.

Wasser weist zahlreiche Unterschiede zu den meisten anderen Molekülen auf und wird daher als „anormal" bezeichnet. Schüler:innen hingegen ist Wasser so alltäglich und be-greif-lich, während sie andere Moleküle hauptsächlich aus dem Unterricht kennen, dass es ihnen zum Teil komisch erscheint, Wasser als „anormal" und die weniger bekannten als „normal" zu bezeichnen. Gehen Sie auf diese Unzulänglichkeit ein! Für ein tieferes Verständnis der Anomalien ist ein sehr weitreichendes Wissen notwendig, welches wir in diesem Buch erst jetzt erarbeitet haben. Der Hauptgrund für die Anomalien ist, dass das Wassermolekül gewinkelt ist, was nur über die (hybridisierten) Orbitalen erklärt werden kann. Es kann entsprechend sinnvoll sein, unabhängig ob in einem Schulprojekt oder nicht, mit den Schüler:innen gegen Ende des Themas Quantenmechanik das Wissen über Aggregatzustände und die Dichteanomalie von Wasser zu wiederholen und (exemplarisch) zu vertiefen.

Die Besonderheit des Wassermoleküls liegt darin, dass es klein, gewinkelt und sehr polar ist. Da zwei der „Tetraeder-Ecken" mit gepaarten Elektronen besetzt sind und diese mehr Platz als einfach besetzte brauchen, weicht der Winkel vom eigentlich perfekten $109.5°$-Winkel für den Tetraeder ab und beträgt nur ca. $104°$. Durch die ausgesprochen starken Dipolkräfte hat Wasser einen ungewöhnlich hohen Siedepunkt und Schmelzpunkt, wenn man es mit ähnlich schweren Molekülen vergleicht.

Außerdem löst es dadurch sehr viele andere Substanzen, da sich die kleinen aber starken Dipole überall „hineindrängen". Kühlt Wasser ab, so beginnen sich die Moleküle in eine sechseckige Kristall-Struktur zu begeben, weshalb Schneeflocken üblicherweise eine Sechseck-Struktur aufweisen, siehe Abb. 10.3. Diese braucht mehr Platz als die ungeordnete Struktur und daher ist die feste Phase weniger dicht als die flüssige. Weisen Sie die Schüler:innen darauf hin, dass die Leerräume NICHT mit Luft gefüllt sind, sondern dort „nichts" ist. Viele Schüler:innen haben große Schwierigkeiten, sich „nichts" vorzustellen. Unter anderem, weil der Sechseck-Winkel von 120° nicht ganz perfekt mit dem Wassermolekül übereinstimmt, hat Wasser zahlreiche verschiedene kristalline Geometrien, welche von der Abkühlgeschwindigkeit, Druck, Luftfeuchte etc. abhängen.

Atome und Moleküle führen ständig eine ungeordnete Bewegung durch und haben eine „innere Energie", welche sich aus kinetischen, potentiellen und inneren Anregungsteilen zusammensetzt. Im thermischen Gleichgewicht haben allerdings nicht alle Teilchen dieselbe Energie bzw. Bewegungsform, sondern sie ist mit einer bestimmten Häufigkeitsverteilung bestimmt. Die Temperatur wird in der statistischen Physik als proportional zum Mittelwert dieser Energien gesehen. Sehr salopp könnte man sagen, die „makroskopische Temperatur" ist der Mittelwert der „mikroskopischen Temperaturen" und damit gibt es auch „innerhalb eines eigentlich überall gleich warmen Objekts, mikroskopisch gesehen, kältere und heißere Teilchen". Sollten Sie eine solche Aussage machen, gehen Sie kurz darauf ein, dass dies ein vereinfachtes Modell ist (vgl. auch Abschn. 10.3, Abschnitt über Modelle). Eine „Einzeltemperatur" ist deutlich einfacher vorstellbar als ein „einzelner, aus einer gewissen Häufigkeitsverteilung bestimmten, inneren Energiewert, dessen Durchschnitt zur Temperatur proportional ist". Dieses Modell der Temperatur hat natürlich seine Grenzen, erklärt aber manche Sachverhalte ausreichend gut: Innerhalb von flüssigem Wasser einer gewissen Temperatur gibt es demnach auch heißere bzw. kältere Moleküle (bzw. gemäß der Häufigkeitsverteilung mit hoher oder niedriger Energie). Einzelne Moleküle sind dabei auch unterhalb der Siedetemperatur so heiß, dass sie die Flüssigkeit verlassen können – wir sprechen von „verdampfen". Das Verlassen der heißen Moleküle senkt den Mittelwert der gesamten Flüssigkeit – wir sprechen von Verdampfungskälte, welche sehr bedeutend für das Schwitzen ist. Ähnliches

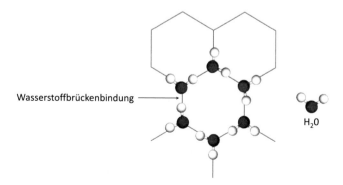

Abb. 10.3 Zweidimensional dargestellte sechseckige Struktur des H_2O-Eises

gilt für tiefe Temperaturen bzw. beim Abkühlen. Einzelne Moleküle sind schon so kalt, dass sie in die kristalline Form gehen, bevor die „makroskopische Temperatur" 0 °C erreicht wird. Dadurch nimmt die Dichte bereits vor dem Gefrieren wieder ab. Es ergibt sich schließlich ein dichtester Zustand bei 4 °C – die Dichteanomalie von Wasser.

Was hat das mit Quantenmechanik zu tun? Auch Größen wie die Temperatur, die auf den ersten Blick „exakt" wirken, sind mikroskopisch durch Häufigkeits- bzw. Wahrscheinlichkeitsverteilungen bestimmt. Wir nehmen nur die (makroskopischen) Mittelwerte wahr – einer der Gründe, warum wir im Alltag keine Quanteneffekte spüren. Die Dichteanomalie ist nur über eine solche Häufigkeitsverteilung sowie über das gewinkelte Wassermolekül erklärbar, wobei die gewinkelte Form erst durch Orbitale erklärt werden kann.

In oder gemeinsam mit anderen Fächern lassen sich viele (übergreifende) Fragestellungen finden und verwerten. Ein paar Beispiele: Entstehung des Lebens, Flüssigkeitsbedarf von Menschen, Tieren und Pflanzen, Wasserkreislauf und saurer Regen, Schneeflocken und deren Geometrien, Wassersparen, Grundwasser und Landwirtschaft, Hygiene im Mittelalter und heute, Geschichte der Namensgebung des Wasserstoffs, Wasserstoffautos und Treibhausgase, Wasserstofffusion, pH-Wert von Wasser und Wein in Verbindung mit der biblischen Wandlung.

Quantenmechanik der Sonne

Folgende Unterrichtsidee kann bzw. soll sich über mehrere Stunden oder gar Wochen ziehen und die Themenkomplexe Atommodelle, Orbitale, Quantenzahlen, Wasserstoff begleiten. Es geht vor allem darum, dass die Schüler:innen eigene Hypothesen bilden und den (eigenen) Erkenntnisgewinn miterleben können.

Relativ am Anfang des Themas wird das Lichtspektrum der Sonne inklusive der Fraunhoferlinien (siehe Abb. 10.4) auf einem Blatt Papier mit genügend Platz zum Daraufschreiben ausgeteilt. Den Schüler:innen wird erklärt, dass es nicht darum

Abb. 10.4 Die Fraunhoferlinien sind dunkle Linien im Sonnenspektrum, die durch Absorptionsprozesse der Atome und ionisierten Atome in der Sonne entstehen. Die Energien $h\nu$ entsprechen den Übergangsenergien zwischen zwei stationären Zuständen

geht, sofort „das Richtige" zu wissen. Sie sollen keinesfalls die Erklärung dieses Spektrums googlen, auch der Begriff Fraunhoferlinien sollte an dieser Stelle noch nicht fallen. Es geht bei diesem Projekt um den Forschungsprozess und die Hypothesenbildung. Sie sollen ähnlich wie „echte" Forscher:innen aus neuen Informationen durch Experimente, Diskussionen und theoretische Nachforschungen (bzw. hier durch den Schulunterricht) immer bessere und genauere Theorien bilden. Sie sollen ihren Namen und ihre persönlichen Hypothesen auf das Blatt schreiben, wie dieses Spektrum inklusive der dunklen Linien darin genau zustande kommt. Am Anfang wirklich jede:r für sich, es soll noch kein Ideen-Austausch stattfinden. (Nur) In der ersten Einheit ist es noch erlaubt, „boah, ich habe absolut keine Ahnung" auf das Blatt zu schreiben. Danach wird das Blatt wieder eingesammelt.

Der Unterricht geht normal weiter; Potentiale, Quantisierung, Quantenzahlen, Orbitale etc. werden besprochen. Jede oder jede zweite Stunde wird das Blatt wieder ausgeteilt, die Schüler:innen sollen ihre Hypothese überarbeiten, evtl. verwerfen und neu schreiben. Dabei soll sie immer detaillierter werden, während sie aber immer noch mit allen anderen Erkenntnissen zusammenpasst. Danach werden die Blätter wieder eingesammelt. Etwa in der Mitte des Themenblocks sollen sich die Schüler:innen in Gruppen zusammensetzen und ihre Ideen vergleichen, deren Vor- und Nachteile diskutieren und ihre neuen Hypothesen wieder verschriftlichen. Der Unterricht geht weiter; verschiedene Atommodelle und die Spektrallinien von Wasserstoff werden besprochen. Eventuell kann man auch mit (selbst gebauten) Spektrometern verschiedene Lichtquellen analysieren. Die verschriftlichten Hypothesen werden dabei jede Stunde ausgeteilt, überarbeitet und wieder eingesammelt. Am Ende sollen die Schüler:innen in Gruppen eine gemeinsame Erklärung für das Sonnenspektrum verfassen und der Klasse vorstellen. Die Lehrperson moderiert und klärt noch offene Fragen bzw. stellt die Theorien richtig(er).

Weisen Sie nochmals darauf hin, dass es um die Hypothesenbildung und den wissenschaftlichen Prozess gegangen ist und es hier keine „falschen" Hypothesen gibt. Auch in der Wissenschaft werden Theorien immer wieder verworfen oder verfeinert, da sie sich als unpassend oder unvollständig herausstellten. Außerdem koexistieren für viele Fragestellungen einfachere und komplexere Modelle zugleich, ohne dass man das einfachere als „vollkommen falsch" abwertet – wie die Vergleiche von Newton'scher Mechanik und Relativitätstheorie oder Bohr'schem Atommodell und Orbitalmodell zeigen.

▶ Anhand konkreter physikalischer Phänomene und Fragestellung, wie beispielsweise: „wodurch entstehen Fraunhoferlinien im Sonnenspektrum", können Schüler:innen ihre eigenen Hypothesen entwickeln und mitverfolgen, wie sich ihr Wissenszuwachs und gemeinsame Diskussionen auf die Hypothesenbildung auswirken. Dieser Prozess simuliert in verkürzter Form die alltägliche Arbeit von Forscher:innen.

Polarisationsfilter

Die Heisenberg'sche Unschärferelation wurde in Kap. 6 folgendermaßen beschrieben: „Es ist nicht möglich, ein Ensemble von Quantenobjekten gleichzeitig exakt in Ort und Impuls zu präparieren." Dieser Satz beinhaltet für Schüler:innen einige neue Fachvokabeln: „Ensemble", „Quantenobjekte" und „präparieren" müssen vorweg ordentlich besprochen werden, um den Satz überhaupt auffassen zu können. Ein Verstehen bzw. eher Akzeptieren des Inhalts ist dann nochmals ein weiterer Schritt. Folgende zwei Experimente mit Polarisationsfiltern könnte man durchweg auch der Optik zuordnen, wir betrachten sie aber aus der Sicht der Quantenobjekte Photonen und möchten zu Beginn einige zentrale Begriffe wiederholen bzw. in einer auch für Schüler:innen möglichst verständlichen Sprache erklären.

Sie benötigen zwei Polarisationsfilter (3D-Brillen von Kinos verwenden meist zirkulare Polarisationsfilter. Diese sind für folgende Versuche leider nicht geeignet.), eine durchsichtige Folie (z. B. eine Klarsichtfolie) und Tixo. Tixo hat die Eigenschaft, dass es die Polarisationsrichtung in Abhängigkeit der Wellenlänge dreht. Dies fällt im Alltag nicht auf, kann aber mit den Polarisationsfiltern untersucht, d. h. analysiert werden.

Photonen sind Elementarteilchen mit vielerlei Eigenschaften: Impuls, Wellenlänge bzw. Farbe, Spin, Polarisationsrichtung etc., wobei Spin und Polarisationsrichtung im Alltag üblicherweise nicht von Bedeutung sind bzw. der Mensch diese nicht direkt wahrnehmen kann. In weißem Licht (Sonnenlicht) sind die Polarisationsrichtung, Wellenlänge etc. (mit einer gewissen Verteilung) zufällig vorhanden. Mit einem Polarisationsfilter kann man weißes Licht, das ist das ungeordnete Ensemble von Photonen, auf eine gewisse Eigenschaft, in unserem Fall die Polarisationsrichtung, hin präparieren. Hinter dem Polarisationsfilter haben alle Quantenobjekte des Ensembles die gleiche, präparierte Polarisationsrichtung. Mit einem zweiten Polarisationsfilter kann man dieses Ensemble „analysieren": Ist der Analysator parallel zur Polarisationsrichtung des Ensembles, so kann es diesen ungehindert passieren, ist er allerdings orthogonal dazu, kann kein einziges Photon hindurch. Wir beobachten keine oder vollständige Verdunkelung. Dass bei Winkeln zwischen 0° und 90° eine teilweise Verdunkelung stattfindet, ist aus klassischer Sicht nicht leicht einzusehen und der Wahrscheinlichkeit geschuldet. Würde der Analysator jedem einzelnen Photon Energie entnehmen, so würde dies in einer farblichen Änderung auffallen. Aller-

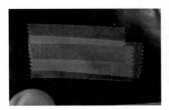

Abb. 10.5 Blick durch zwei Polarisationsfiltern, mit dem Tixo beklebten Plastik dazwischen, auf einen hellen Hintergrund. Links: Bei einem 90°-Winkel zwischen den beiden Filtern wird die Umgebung vollständig gefiltert. Rechts: Mit einem ca. 45°-Winkel werden andere Farben durchgelassen bzw. gefiltert

dings bleiben offensichtlich die Farben gleich, es wird nur dunkler bzw. man sieht nur weniger Photonen. Das muss bedeuten, dass es eine Wahrscheinlichkeitsverteilung in Abhängigkeit des Winkels geben muss, mit der die Photonen den Analysator passieren können. Für ein einzelnes Photon kann man nur eine reine Wahrscheinlichkeitsangabe machen, ob es den Analysator passieren kann oder nicht, während man für das Ensemble (das gesamte Licht) eine exakte Aussage treffen kann.

Wir fassen zusammen: Wir können ein Ensemble von Quantenobjekten (Photonen) auf eine gewisse Eigenschaft hin präparieren und diese anschließend analysieren. Dabei verhalten sich diese Quantenobjekte mehr oder weniger wie Teilchen („körnig"), wobei sie den Analysator nur mit einer gewissen (Winkel-)Wahrscheinlichkeitsverteilung („stochastisch") passieren können. In unserem Fall haben wir die Polarisationsrichtung präpariert, welche eine „wellige" Eigenschaft ist. Zur vollständigen Beschreibung brauchen wir also die körnigen, welligen und stochastischen Eigenschaften der Photonen (zugleich). (Nur) Über das gesamte Ensemble können exakte Aussagen (prozentuelle Verdunkelung) getroffen werden.

Wir erweitern das Experiment um das Tixo. Kleben Sie auf die Plastikfolie mehrere Streifen teilweise übereinander, so dass es Bereiche ohne Tixo, einfache, doppelte, dreifache Lagen gibt. Jede Lage dreht die Polarisationsrichtung in Abhängigkeit der Farbe entsprechend weiter. Den Analysator passieren dadurch plötzlich nur noch bestimmte Farben, in Abhängigkeit der Lagendicke und der relativen Winkel. Insbesondere kann auch wieder Licht bei einem 90°-Winkel zwischen den beiden Polarisationsfiltern durch den Aufbau. Da es rundherum dunkel ist, hat man hier einen besonders guten Kontrast und damit einen besonders guten Farbeindruck (Abb. 10.5).

Dieses Experiment ist erstaunlich einfach, aber auch erstaunlich beeindruckend. Lassens Sie den Schüler:innen genügend Zeit und Möglichkeit, es selbst zu probieren. Es eignet sich vor allem in den Anfangsstunden als Einstieg bzw. um Interesse zu wecken. Schaffen es die Schüler:innen, eine bestimmte, von der Lehrperson vorgegebene, Farbe „herzustellen"? Können sie die Farben, diese Technik, kontrollieren? Angenommen, sie könnten es vollständig kontrollieren, könnten sie es irgendwo, irgendwie im Alltag nutzen? Lassen Sie die Schüler:innen denken, diskutieren und forschen. Wie bzw. warum es genau funktioniert, können sie anfangs ruhig als „Cliffhanger" stehen lassen, die Mechanik dahinter, das Kontrollieren und Manipulieren der Photonen bzw. Lichtquanten, d. h. die „Quanten-Mechanik", wird in den nächsten Stunden noch genauer besprochen werden. Die Schüler:innen sollen nach dem Unterricht weiter darüber diskutieren und sich z. B. Geschäftsideen ausdenken. Liquid Cristal Displays LCD verwenden beispielsweise von der Idee her eine sehr ähnliche Technologie. Für die spätere Erklärung sollten Sie mit dem einfacheren Experiment ohne Tixo, wie oben beschrieben, beginnen. Legen Sie besonderen Wert auf die neuen Fachvokabeln und klären Sie diese genau! Anschließend können die Schüler:innen selbst ihr Experiment (mit Tixo) in eigenen Worten, aber unbedingt mit den neu gelernten Fachvokabeln mündlich oder schriftlich erklären.

▶ Wenn Sie an weiteren Anregungen und Experimenten zum Thema „Präparieren von Eigenschaften" interessiert sind, z. B. die Wellenlänge/Energie/Impuls mittels Prismen, oder wie man danach weiterunterrichten könnte, möchten wir auf „Das Münchner Unterrichtskonzept zur Quantenmechanik" (milq) von Rainer Müller und Hartmut Wiesner verweisen, welches Sie im Internet leicht finden können.

10.3   Eine mögliche Umsetzung

Es gibt unzählige Vorschläge und Herangehensweisen an den Quantenmechanik-Unterricht. Wiener, Schmeling und Hopf schlagen beispielsweise vor, bereits als Einstieg in den Physikunterricht in der Unterstufe mit Elementarteilchen und deren Wechselwirkungen zu beginnen [20]. Das Teilchenkonzept und deren Wechselwirkungen sollen sich durch den gesamten Unterricht wie ein roter Faden ziehen und bereits zur Erklärung der Elektrizität, Thermodynamik, Radioaktivität usw. herangezogen werden. In diesem Fall wäre der Themenblock Quantenmechanik eher ein Zusammenfassen, Ordnen und Vertiefen einiger bereits bekannter Probleme und damit vermutlich schneller behandelt, als wenn man „von vorne" anfangen muss. Auch wenn wir diesem Vorschlag etwas abgewinnen können, möchten wir im Folgenden eine alternative und umfangreichere Umsetzungsmöglichkeit skizzieren, welche je nach Vorwissen und Interessen der Schüler:innen und je nach zur Verfügung stehenden Stundenmaß bzw. aktuellem Lehrplan adaptiert werden kann bzw. muss.

0. Vorweg: Achten Sie stets besonders auf Ihre verwendete (Fach-)Sprache. Begriffe wie Welle, Teilchen, Schale etc. kennen die Schüler:innen aus dem Alltag und sie haben entsprechende Vorstellungen dazu. Diese sind NICHT falsch oder schlecht! Ihre Alltagssprache muss um weitere, noch unbekannte Begriffe und deren Verbindungen erweitert werden wie: Präparieren, Quantenobjekt bzw. -system, Heisenberg'sche Unschärferelation. Kommen Sie immer wieder auf die drei Wesenszüge „körnig", „wellig" und „stochastisch" zurück. Weiterhin sollte es stets klar herauskommen, dass es sich hierbei um MODELLE der Wirklichkeit handelt. Die quantenmechanische Wirklichkeit ist mit menschlichen Sinnen nicht er- und damit begreifbar. Wir sind auf Geräte und deren Messergebnisse, somit auf „Übersetzungen" bzw. Modelle angewiesen, die wir uns eben nicht so einfach vorstellen können. Wissenschaftlich ist die Theorie exakt (nur) über mathematische Formalismen beschreibbar, Schüler:innen können sie aber großteils nur über das Diskutieren und die neue Fachsprache erleben. Also diskutieren Sie über die Mechanik der Quanten.

1. Zu Beginn eignet sich eine Einheit über Modelle. Schüler:innen ist es meist nicht bewusst, dass wir im Alltag laufend auf Modelle zurückgreifen. Klimadiagramme, Wettervorhersagen, das Dinosaurierzeitalter, die Newton'sche Mechanik sind alles Modelle und nicht die Wirklichkeit selbst. Oft wollen Schüler:innen wissen, „wie es jetzt denn wirklich ist". Dazu müsste man es mit allen Sinnen ertasten, riechen, hören und schmecken. Das ist leider in der Physik, insbesondere der Quantenmechanik, ebenso wenig möglich wie das Erleben

des Paläozoikums. Eine interessante Übung kann es sein, die Schüler:innen in Zweiergruppen einzuteilen. Eine Person erhält ein (schwieriges) Bild, z. B. die eierlegende Wollmilchsau, und muss dieses der anderen Person beschreiben, welche das Bild zeichnen soll, ohne es zu sehen. Dabei geschieht ein Übersetzungsprozess und die zeichnende Person erstellt ein Modell der „Wirklichkeit". Im Alltag könnte sie das Bild danach (theoretisch) anschauen. Bei manchen Modellen, insbesondere der Quantenmechanik, ist dies aber leider nicht möglich und es bleibt ausschließlich beim Modell der Wirklichkeit. Sammeln Sie die Bilder also ein, bevor die zeichnende Person es angesehen hat, und zeigen Sie es nie wieder her! Das ist für viele sehr frustrierend. Allerdings bleibt dies dadurch ganz besonders im Gedächtnis hängen, da nach dem Unterricht noch eifrig weiterdiskutiert wird und die Zeichnungen verglichen werden. Schließlich müssen sich die Schüler:innen aber mit der Tatsache, dass manche Modelle immer Modelle bleiben werden, abfinden. Das ist für zahlreiche (physikalische) Theorien genauso und auf diese Weise können sie es am eigenen Leib wahrhaft erleben.

2. Wiederholen Sie kurz und knapp die wichtigsten Begriffe und Aussagen des (Bohr'schen) Atommodells, was Sie im Chemieunterricht bereits dazugelernt haben, (Elementar-)Teilchen sowie die Wellenlehre. Dabei können Sie wieder speziell auf den Modell-Charakter eingehen.

3. Bauen Sie ein paar Versuche auf und lassen Sie die Kinder experimentieren. Besonders eignen sich hier z. B. der Polarisationsfilter-Versuch mit Tixo und das Doppelspalt-Experiment mit dem Lineal, wie im Buch ausführlich beschrieben wurde. Weiterhin könnte man mit einem Laser durch ein optisches Gitter leuchten oder die Schüler:innen das Zustandekommen der Farbeindrücke einer im CO_2-Bad schwebenden Seifenblase oder „einfach" das Handydisplay erklären lassen. Lassen Sie die Schüler:innen experimentieren, darüber diskutieren und sich evtl. Geschäftsideen ausdenken. Exakte Erklärungen sind an dieser Stelle noch nicht wichtig.

4. Die „Mechanik" dahinter, wie und warum diese Experimente funktionieren, ist die Quantenmechanik. Dazu vertiefen Sie am Anfang das Thema Wellen. Lassen Sie die Schüler:innen Interferenz z. B. mit dem Doppelschall-Experiment spüren und hören. Gehen die Schüler:innen entlang einer Geraden, so gehen sie quasi den Schirm im Doppelspalt-Experiment ab. Über einen Aufbau mit einem Wellenbecken kann man Interferenz ebenfalls sehr gut (nun visuell) darstellen. Erklären Sie den Schüler:innen, dass das Doppelspalt-Experiment, welches anfangs mit dem Lineal durchgeführt wurde, uns im Folgenden immer wieder begegnen wird, hier in der Form von Schall- bzw. Wasserwellen.

5. Gehen Sie auf das (eigentliche) Doppelspalt-Experiment bzw. ggf. auch auf die Präparationsversuche mit den Polarisationsfiltern (ohne Tixo) ein. Weisen Sie darauf hin, dass Sie jetzt im Vergleich zu den durchgeführten Experimenten vereinfachte Versionen (Modelle!) betrachten, um die Erklärungen am Anfang etwas einfacher halten zu können. Legen Sie großen Wert auf die neuen Fachvokabeln und Wesenszüge und geben Sie auch den Schüler:innen Raum zum Diskutieren. Mit dem neuen Wissen und den neuen Fachvokabeln sollten die

Schüler:innen in der Lage sein, selbst ihre tatsächlich durchgeführten Experimente mündlich oder schriftlich zu erklären. Lesen Sie verschiedene Erklärungsversuche vor und diskutieren Sie diese.

6. Nach diesen sehr exemplarischen Erklärungen können Sie die Quantenmechanik als großes Ganzes betrachten. Es ist das Modell hinter den Wechselwirkungen der kleinsten Teilchen – für uns sind hier insbesondere die Wechselwirkungen mit bzw. über Photonen interessant. Als sie erstmals formuliert wurde, gab es einen großen Aufschrei in der wissenschaftlichen Community. Einstein versuchte, sie Zeit seines Lebens zu widerlegen – und trug damit maßgeblich zur Weiterentwicklung bei. Gehen Sie auf die geschichtliche Entwicklung und mehrere berühmte Zitate ein. Eventuell können hier auch kurze Filme zum Einsatz kommen. Zeigen Sie, dass auch die größten Physiker:innen große Schwierigkeiten mit dieser Theorie hatten und teilweise immer noch haben: „Denn wenn man nicht zunächst über die Quantentheorie entsetzt ist, kann man sie doch unmöglich verstanden haben."

7. Diskutieren Sie den Photoeffekt (evtl. mit einem Experiment) und warum dieser so bedeutsam in der Geschichte war bzw. warum Einstein für diesen den Nobelpreis erhalten hat (und nicht für die Relativitätstheorie). Geben Sie einen Ausblick auf weitere Wechselwirkungen sowie Anwendungen der Quantenmechanik und verweisen Sie ggf. darauf, dass sich die Schüler:innen für ein für sie selbst interessantes Themengebiet entscheiden sollen (Punkt 11).

8. Eine der wichtigsten Aussagen der Quantenmechanik liegt in der Heisenberg'schen Unschärferelation. Diskutieren Sie diese ausführlich, unter anderem am Beispiel des Doppelspalt-Experiments. Nun können Sie dessen Erklärung erweitern und z. B. die Einhüllende und „viele" Spalte hinzunehmen (vgl. Kap. 6). Gehen Sie auch auf die Zeit-Energie-Unschärfe, mit dem Tunneleffekt und Quantenfluktuationen ein. Vergessen Sie nicht auf die drei Wesenszüge, eine saubere Fachsprache und das Diskutieren.

9. Erklären Sie die Schrödingergleichung, Orbitale und Quantenzahlen sowie das Wasserstoffatom. Gehen Sie auch darauf ein, wie und warum die Heisenberg'sche Unschärferelation wichtig für die Stabilität von Atomen ist. Kehren Sie entsprechend des Spiralprinzips außerdem zum (Bohr'schen) Atommodell zurück. Klären Sie dessen Schwächen (kann keine Molekülbindungen, Aggregatzustände etc. erklären), aber auch dessen Stärken (sehr anschaulich und Erklärung der Spektrallinien ist verhältnismäßig einfach, Verbindung zur Chemie). In der Praxis wählt man nicht das „richtigste", sondern das „einfachste" Modell, welches den gefragten Sachverhalt noch ausreichend erklären kann. Sprechen Sie sich bitte auch mit der Chemie-Lehrperson ab bezüglich Vorwissen, verwendeter Modelle und Begriffe oder möglicher (fächerübergreifender) Projekte (vgl. Abschn. 10.2). Versuchen Sie bewusst, gewisse Querverbindungen zur Chemie, aber auch innerhalb der Physik und zur Geschichte zu schlagen, um die „Fächer-Schubladen" möglichst zu verbinden.

10. Kehren Sie noch ein drittes Mal zum Doppelspalt-Experiment (nun nach Jönsson) zurück und besprechen Sie es für „richtige" Teilchen, wie Elektronen, Atome und Fullere. Gehen Sie auf Materiewellen und de Broglie ein und geben Sie wieder genügend Raum für Diskussionen und das Üben der Fachvokabeln inkl. der drei Wesenszüge, immerhin wird es hier wieder etwas „entsetzend".

11. Die zentralsten Aussagen der Quantenmechanik und wichtigsten Punkte des Lehrplans sind jetzt mehr oder weniger erfüllt. Wenn Sie genügend Zeit haben, gestalten Sie entsprechende Lernumgebungen, in denen die Schüler:innen ihre persönlichen Interessen vertiefen und, falls gewünscht, danach den anderen vorstellen können. Einige inhaltliche Anregungen dazu: Entdeckung und Aussagen des Plank'schen Strahlungsgesetzes, Absorption, Emission und das Sonnenspektrum inkl. Fraunhoferlinien, Fein- und Hyperfeinstruktur, innerer und äußerer Photoeffekt und der Comptoneffekt, das Noether-Theorem und Frauen in der Wissenschaft, Funktionsweise der Magnetresonanztomographie MRT, die Schrödingergleichung und der mathematische Formalismus hinter der Quantenmechanik, Quantencomputer und -kryptographie, Verschränkung und Quantenteleportation, die Bell'sche Ungleichung und die Nichtexistenz verborgener Parameter, Erklärung bzw. Durchführung des Doppelspalt-Experiments mit weißem Licht, das Mach-Zehnder-Interferometer, Detektion von Gravitationswellen, was fehlt zur Theory of Everything ToE?

12. Fassen Sie am Ende die Quantenmechanik nochmals zusammen und gehen Sie auf deren Alltagsrelevanz ein: Warum bemerken wir sie im Alltag üblicherweise nicht (Korrespondenzprinzip)? Wie hat sie das Weltbild der modernen Physik verändert (Paradigmenwechsel)? Wie kann sie die beste und erprobteste Theorie die sich die Menschheit jemals ausgedacht hat, und zugleich doch unvollständig sein (Vereinheitlichung mit der Allgemeinen Relativitätstheorie)? Welche Bedeutung hat sie für mich persönlich (Handy, MRT, GPS, ...)?

10.4 Zusammenfassung

Elektronenkonfiguration. Sie beschreibt in kurzer Form, in welchen Orbitalen (im Grundzustand) wie viele Elektronen sind. Insbesondere sind dabei die Außenelektronen interessant, innere Schalen werden mit dem entsprechenden Edelgas abgekürzt. Voran kommt die Schalennummer, dann das Orbital und die Anzahl der Elektronen in diesem Orbital, welche hochgestellt geschrieben wird. Aluminium hat beispielsweise die Elektronenkonfiguration $[Ne]3s^2 3p^1$. Elemente in derselben Spalte der Periodentafel haben, abgesehen vom vorangestellten Edelgas, die gleiche Elektronenkonfiguration und daher ähnliche chemische Eigenschaften.

Valenzstrichformel. Sie ist eine einfache graphische, zweidimensionale Darstellung von Atomen und deren Außenelektronen, welche vor allem für die Hauptgruppenelemente verwendet wird. Diese möchten insgesamt acht Außenelektronen haben (Oktettregel). Nach der Hund'schen Regel werden Orbitale gleicher Energie zuerst einfach mit Elektronen gleichen Spins besetzt, welche mit

Punkten um das Atomsymbol dargestellt werden, und erst danach wird jeweils ein Elektron mit antiparallelem Spin in das Orbital aufgenommen und nun als Doppelpunkt oder Querstrich dargestellt. Die Atome gehen Bindungen mit den einzelnen Elektronen bzw. Punkten in der Valenzstrichdarstellung ein. Dadurch lässt sich aus dieser die Bindigkeit der Atome ablesen und sich auch Aussagen über die Geometrie des Moleküls ableiten.

Hybridisierte Orbitale. Für das Wasserstoffatom ergeben sich die bekannten s, p, d usw. Orbitale, welche im Buch mehrmals dargestellt worden sind. Für größere Atome bzw. insbesondere Moleküle ergeben sich Wechselwirkungen zwischen den Elektronen und Kernen, wodurch sich die Form insbesondere der bindenden Orbitale der Moleküle verändert. Erst diese hybridisierten Orbitale können die tatsächlichen Molekülformen, beispielsweise das gewinkelte Wasseratom, exakt erklären.

Wasserstoffatom. Während die Betrachtung von Potentialen, Quantenzahlen und Orbitalen im Physikunterricht üblicherweise mit der Erklärung des Wasserstoffatoms endet (da durch die vielen Wechselwirkungen die Beschreibung schwererer Elemente zu komplex wird), beginnt die Periodentafel und damit die Chemie mit diesem leichtesten und einfachsten Element. Es kann daher als das Bindeglied zwischen Physik und Chemie gesehen werden, kann aber auch für zahlreiche andere Übergänge dienen, von der Kernfusion, dem Urknall, idealem Gas, der Hindenburg-Katastrophe bis hin zur organischen Chemie.

Neue Fachvokabel. Aus didaktischer Sicht weist der Themenbereich Quantenmechanik im Vergleich zur Mechanik eine Besonderheit auf, nämlich, dass sehr viele Vokabeln für die Schüler:innen noch unbekannt sind und damit nicht erweitert, sondern neu angelegt werden müssen. Achten Sie daher von Anfang an ganz besonders auf eine ordentliche Einführung einer klaren Fachsprache, welche die Alltagssprache und die Alltagsvorstellungen um die neuen Begriffe, (teils schwer vorstellbaren) Eigenschaften und Wechselwirkungen erweitert.

Fächerübergreifende Projekte. Die Quantenmechanik sollte in den Schülerköpfen nicht das Ende der Physik-Schublade sein. Es gibt gute Gründe, warum sie im Alltag üblicherweise nicht direkt beobachtbar ist, das Korrespondenzprinzip ist hier unter anderem zu erwähnen. Sie sollte als fundamentale Grundlage für alle Materie, d. h. alle Objekte, mit denen wir zu tun haben und jemals zu tun haben werden, und sehr viele neue und zukünftige Geräte und Erfindungen verstanden werden. Fächerübergreifende Projekte können hierbei sehr dienlich sein, entsprechende Querverbindungen herzustellen und die Alltagsrelevanz zu demonstrieren.

Modelle. Die Quantenmechanik ist – so wie alle Theorien und sehr vieles, was in der Schule gelehrt wird – ein Modell. Dessen sind sich Schüler:innen meist nicht bewusst und dass vieles nicht „die Wirklichkeit", sondern „nur" ein Modell ist, ist für sie teils schwierig zu akzeptieren. Die Fähigkeit, schwierige Sachverhalte zu vereinfachen und zu abstrahieren, daraus ein Modell zu bilden, aus welchem man wieder Rückschlüsse und Vorhersagen über die Wirklichkeit bzw. Zukunft treffen kann, ist eine der größten Fähigkeiten und Stärken des Menschen und damit auch für Karriere und privates Leben von großer Bedeutung. Die Quantenmechanik in Kombination mit dem Standardmodell der Teilchenphysik ist das beste, genaueste und am meisten geprüfte Modell, das sich die Menschheit jemals ausgedacht hat.

Aufgaben

Aufgabe 10.1 Planen Sie eine konkrete Unterrichtssequenz, in der Sie das Zustandekommen der Orbitale und Quantenzahlen erklären und tragen Sie diese vor dem Spiegel vor. Nehmen Sie die Unterrichtssequenz mit Ihrem Handy auf und analysieren Sie Ihre Sprache auf verwendete Fachvokabeln und (schwierige) Satzkonstruktionen.

Aufgabe 10.2 Ein 17-jähriger Schüler bringt seinen Unmut über verschiedene Atommodelle zum Ausdruck: „In der Unterstufe haben wir das Bohr'sche Atommodell lernen müssen, jetzt das Schalen- und das Orbitalmodell. In der Chemie zeichnen wir Atome schon wieder anders. Was soll der ganze Mist? Es weiß doch sowieso keiner, wie ein Atom wirklich aussieht!" Stellen Sie sich vor den Spiegel und erklären Sie Ihrem Spiegelbild die Vor- und Nachteile verschiedener (Atom-) Modelle. Achten Sie neben Ihrer Sprache insbesondere auf Ihre Mimik, Gestik und Körperhaltung.

Aufgabe 10.3 In Abschn. 10.1 wird von der Fein- und Hyperfeinstruktur der Atomspektren geschrieben. Diese fand man experimentell erst nach und nach mit zunehmender Genauigkeit der optischen Spektroskopie. Arbeiten Sie die Zusammenhänge der Spektroskopie (Optik) mit der Quantenmechanik, deren geschichtliche Entwicklung heraus und erstellen Sie ein Unterrichtsmaterial für Individualisierung (Abschn. 10.3).

Aufgabe 10.4 Das Planck'sche Strahlungsgesetz war einer der Wegbereiter der Quantenmechanik. Was wurde mit dem Begriff „Ultraviolettkatastrophe" gemeint? Welche Verbindung hat es zum Sonnenspektrum? Arbeiten Sie ein Unterrichtsmaterial für Individualisierung aus, wobei dieses auch einen Audio- oder Videoanteil haben soll, bei dem die wichtigsten Fachbegriffe (mündlich) vorkommen.

Aufgabe 10.5 Der innere und äußere Photoeffekt sowie der Comptoneffekt sollen Thema beim Abitur bzw. bei der Matura sein. Erstellen Sie eine entsprechende Prüfungsaufgabe, welche mindestens jeweils eine Reproduktions-, Transfer- und Reflexionsfrage beinhaltet.

Aufgabe 10.6 Was ist Ihnen persönlich beim Thema Quantenmechanik besonders wichtig? Was hat Ihnen eventuell in Abschn. 10.3 gefehlt? Was behalten Sie nur als Hintergrundwissen, geben es aber nicht an die Schüler:innen weiter? Welche Themen sind für die Schüler:innen relevant, und warum? Welche Begriffe und Themen stehen im aktuellen und relevanten Lehrplan? Arbeiten Sie ein ausführliches CoRe(Content Representation)-Raster aus.

Aufgabe 10.7 Abschn. 10.3 schließt mit der Frage, welche Bedeutung die Quantenmechanik für die Schüler:innen hat. Welche Bedeutung hat sie für Sie persönlich? Nehmen Sie eine kurze Videobotschaft an Ihre Schüler:innen auf, welche Sie in der Klasse vorspielen können, um die Abschlussdiskussion zu starten.

Formalismus der Quantenmechanik

11

Inhaltsverzeichnis

Zusammenfassung

Wir diskutieren den Formalismus der Quantenmechanik für Zweiniveausysteme. Ein Messgerät wird durch einen hermiteschen Operator beschrieben. Entsprechend dem von Neumannschen Messpostulat misst man bei einer Messung einen der möglichen Eigenwerte dieses Operators, wobei die Wahrscheinlichkeit für ein bestimmtes Messergebnis mit den Entwicklungskoeffizienten des Zustandes vor der Messung in der Basis der Eigenzustände verknüpft ist. Am Ende der Messung befindet sich das System in dem zum Eigenwert zugehörigen Eigenzustand. Schließlich verallgemeinern wir unsere Schlussfolgerungen für beliebige Wellenfunktionen $\psi(x)$.

In den letzten Kapiteln haben wir besprochen, dass ein Elektron einen Eigendrehimpuls bzw. Spin besitzt, der quantisiert ist. Für den Betrag des Spinvektors finden wir

$$S = \sqrt{s(s+1)}\hbar = \frac{\sqrt{3}}{2}\,\hbar\,, \tag{11.1}$$

wobei wir $s = 1/2$ benutzt haben. Für die Projektion des Spins finden wir

$$S_z = \pm\frac{1}{2}\hbar\,. \tag{11.2}$$

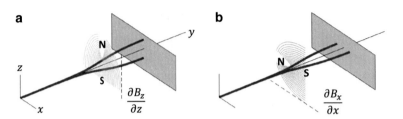

Abb. 11.1 Stern-Gerlach-Apparat. Ein Strahl von Silberatomen läuft durch ein inhomogenes Magnetfeld, das durch zwei unterschiedlich geformte Magnetpole erzeugt wird. (**a**) Für die Quantisierungsachse in z-Richtung wird der Strahl in zwei Unterstrahlen aufgespalten, die den beiden möglichen Orientierungen des Elektronenspins $S_z = \pm\hbar/2$ entsprechen. (**b**) Quantisierungsachse in x-Richtung

Der Spin hat also zwei mögliche Einstellungen, siehe Abb. 9.9, die wir in Kapitel 9 als Spin up und Spin down bezeichnet haben. Woher wissen wir das eigentlich? Abb. 11.1 zeigt das sogenannte Stern-Gerlach-Experiment, bei dem ein Strahl von Elektronen durch ein inhomogenes Magnetfeld läuft. Um das Experiment zu verstehen, müssen wir zwei Dinge wissen.

- Elektronen besitzen ein magnetisches Moment, das proportional zum Eigendrehimpuls ist. Wir können uns dieses Moment wie einen kleinen Elementarmagneten mit einem Nord- und Südpol vorstellen. In einem inhomogenen Magnetfeld, das sich entlang der z-Achse räumlich ändert, wie in Abb. 11.1a gezeigt, erfährt dieser Elementarmagnet daher eine Kraft, die ihn in die positive oder negative z-Richtung bewegt.
- Leider kann man das Experiment nicht mit Elektronen durchführen, sondern man benutzt Silberatome. Der Grund ist, dass auf geladene Teilchen in einem Magnetfeld zusätzlich eine Lorentzkraft wirkt, die zu einer komplizierten Teilchentrajektorie führen würde. Im Gegensatz dazu ist das Silberatom elektrisch neutral. Man kann zeigen, dass in einem Silberatom alle Spins in den tieferen Schalen gepaart sind und das einzige magnetische Moment, das nicht kompensiert wird, durch das Elektron in der äußersten Schale erzeugt wird. Bezüglich seines magnetischen Moments verhält sich das Silberatom also genauso wie ein einzelnes Elektron.

Silberatome mit einem magnetischen Moment, das parallel oder antiparallel zum Magnetfeld ausgerichtet ist, werden dann maximal nach oben oder unten verschoben. Für zufällig orientierte magnetische Momente kommt es entsprechend zu allen möglichen Verschiebungen zwischen diesen beiden Extrempositionen. Beispielsweise würde auf ein Silberatom, dessen magnetisches Moment senkrecht zum Magnetfeld steht, gar keine Kraft wirken, dementsprechend würde es auch nicht verschoben werden. Allerdings beobachtet man im Stern-Gerlach-Experiment nur **zwei mögliche Einstellungen**, nämlich Spin up oder Spin down, entsprechend der Vorhersage von Gl. (11.2). Das ist die experimentelle Bestätigung der Richtungsquantisierung des Spins.

Wenn wir den Strahl von Silberatomen durch ein inhomogenes Magnetfeld schicken, das sich entlang der x-Achse ändert, wie in Abb. 11.1b gezeigt, so kommt es zu einer Aufspaltung des Strahls in x-Richtung. Wir beobachten wieder nur zwei mögliche Einstellungen des magnetischen Moments, nämlich entweder parallel oder antiparallel zur x-Achse. Genau dasselbe Verhalten beobachten wir auch für alle anderen Ausrichtungen des Magnetfeldes. Es ist also offensichtlich nicht irgendeine besondere Richtung des Raums, die den Ausgang des Experimentes beeinflusst, sondern die Vorzugsrichtung des Magnetfeldes gibt die Quantisierungsrichtung für das magnetische Moment vor.

In diesem Kapitel wollen wir genauer untersuchen, wie Messungen im Rahmen der Quantenmechanik beschrieben werden. Die Diskussion wird es uns erlauben, tiefer in den Formalismus der Quantenmechanik vorzudringen und ihre mathematische Struktur besser zu verstehen. Wir beginnen unsere Diskussion mit Systemen, die nur zwei Zustände besitzen, wie beispielsweise der Elektronenspin, und verallgemeinern am Ende unsere Ergebnisse auf allgemeine Wellenfunktionen $\psi(x)$.

11.1 Zweiniveausysteme

Eigentlich interessieren wir uns gar nicht so besonders für den Elektronenspin. Es gibt eine Vielzahl anderer Quantensysteme, für die es zwei mögliche Einstellungen gibt, beispielsweise die Polarisation von Photonen, die in horizontale und vertikale Basiszustände zerlegt werden kann. Systeme mit zwei möglichen Zuständen werden naheliegenderweise als **Zweiniveausysteme** bezeichnet und sind die einfachsten Quantenzustände, mit denen man Überlagerungszustände bilden kann. Mit Hilfe solcher einfachen Zustände wollen wir im Folgenden die Grundprinzipien von Messprozessen herausarbeiten, ehe wir uns der Diskussion von allgemeinen Zuständen in der Quantenmechanik zuwenden, die wir in den letzten Kapiteln untersucht haben. Wir werden die Sprechweise des Elektronenspins verwenden, aber unsere Überlegungen lassen sich problemlos auf alle anderen Zweiniveausysteme übertragen. Bevor wir loslegen, noch eine kurze Werbung: Die Behandlung von Zweiniveausystemen erfreut sich derzeit im Rahmen von Quantencomputern großer Beliebtheit, weil Quantenbits oder **Qubits,** wie Zweiniveausysteme dort genannt werden, die Grundbauelemente solcher Quantencomputer sind. Mehr dazu im nächsten Kapitel.

▶ Zweiniveausysteme sind die einfachsten quantenmechanischen Systeme, die in einen Überlagerungszustand gebracht werden können. Natürliche Zweiniveausysteme sind beispielsweise der Elektronenspin oder die Photonpolarisation. Im Rahmen der Quanteninformation werden Zweiniveausysteme auch als Quantenbits oder Qubits bezeichnet.

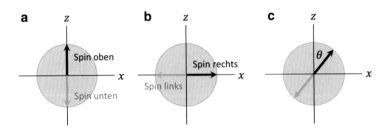

Abb. 11.2 Darstellung der Wellenfunktion eines Zweiniveausystems auf einer Kugel, hier in der xz-Projektion gezeigt. Die Entwicklungskoeffizienten der Wellenfunktion aus Gl. (11.4) können durch den Polarwinkel θ und den Azimuthalwinkel φ parametrisiert werden. Eigenzustände für Quantisierungsachse in (**a**) z-Richtung, (**b**) x-Richtung und (**c**) um Polarwinkel θ gedrehte Basis

Betrachten wir einen Stern-Gerlach-Apparat mit der Quantisierungsachse in z-Richtung. Es gibt nun zwei Basiszustände

$$\left\{ \begin{pmatrix} 1 \\ 0 \end{pmatrix}, \begin{pmatrix} 0 \\ 1 \end{pmatrix} \right\}, \tag{11.3}$$

wobei beim ersten Zustand der Spin nach oben zeigt und beim zweiten nach unten. Bei einem beliebigen Spinzustand können wir auch eine Linearkombination dieser beiden Basiszustände bilden. Wenn wir verlangen, dass der Zustand normiert ist, dann lässt sich dieser in der Form

$$\psi = \cos\frac{\theta}{2} \begin{pmatrix} 1 \\ 0 \end{pmatrix} + e^{i\varphi} \sin\frac{\theta}{2} \begin{pmatrix} 0 \\ 1 \end{pmatrix} \tag{11.4}$$

anschreiben. Wir haben ausgenutzt, dass bei der Wellenfunktion ein globaler Phasenfaktor irrelevant ist und frei gewählt werden kann, und zwar hier so, dass der erste Koeffizient reell ist. Mit dieser Parametrisierung findet man

$$\psi^*\psi = \cos^2\frac{\theta}{2} + \sin^2\frac{\theta}{2} = 1 \,.$$

Der Zustand aus Gl. (11.4) kann somit auf einer Einheitskugel dargestellt werden, wie in Abb. 11.2 gezeigt. Wir werden die Sprechweise benutzen, dass ein Zustand mit gegebenen Werten von θ, φ einem Elektronenspin entspricht, der in die durch diese Winkel vorgegebene Richtung zeigt. Der Nordpol mit $\theta = 0$ entspricht einem Spin nach oben und der Südpol mit $\theta = \pi$ einem Spin nach unten. Für andere Werte von θ, φ können dann alle anderen Spinorientierungen erzeugt werden.

Was passiert nun, wenn wir den Zustand aus Gl. (11.4) durch einen Stern-Gerlach-Apparat mit der Quantisierungsachse in z-Richtung schicken? Im Prinzip haben wir die Antwort bereits zuvor gegeben: Wir messen das Elektron entweder mit dem Spin nach oben oder nach unten, wie in Abb. 11.1 gezeigt, die Wahrscheinlichkeiten für die jeweiligen Messergebnisse können mit Hilfe der Wellenfunktion gefunden werden.

Abb. 11.3 Schematische Darstellung der quantenmechanischen Messung. Anfangs wird das System in einem bestimmten Zustand ψ präpariert. Ein Messgerät wechselwirkt mit dem Zustand und liefert ein Ergebnis. In der Quantenmechanik kann mit Hilfe der Wellenfunktion die Wahrscheinlichkeit für die unterschiedlichen Messergebnisse vorhergesagt werden

In den vorangegangenen Kapiteln haben wir dazu die Born'sche Wahrscheinlichkeitsinterpretation benutzt, nun wollen wir eine allgemeine Vorschrift einführen. Der erste Teil der Vorschrift lautet, dass ein Messgerät in der Quantenmechanik formal durch einen **Messoperator** beschrieben wird. Für das Zweiniveausystem und unsere Vektornotation aus Gl. (11.4) gilt, dass der Messoperator einer Matrix entspricht. Wie wir weiter unten genauer diskutieren werden, ist die Matrix für den Stern-Gerlach-Apparat mit der Quantisierungsachse in z-Richtung

$$\hat{S}_z = \frac{\hbar}{2} \begin{pmatrix} 1 & 0 \\ 0 & -1 \end{pmatrix} . \tag{11.5}$$

Der zweite und dritte Teil der Vorschrift lauten, dass man bei einer Messung einen der möglichen **Eigenwerte** des Messoperators misst und dass sich am Ende der Messung das System in dem zugehörigen **Eigenzustand** befindet. Wir werden im Folgenden diese Punkte noch genauer untersuchen.

▶ In der Quantenmechanik werden Messgeräte durch Messoperatoren beschrieben. Für ein Zweiniveausystem haben diese Operatoren die Form von Matrizen.

Bevor wir uns dieser Diskussion zuwenden, soll noch ein Punkt betont werden. Zu Beginn des Buches haben wir die Problematik besprochen, dass die Objekte der Quantenmechanik so klein sind, dass wir sie nicht direkt beobachten können und dass sie auch nicht durch andere Sinnesorgane wahrgenommen werden können. Wir sind deshalb auf Experimente angewiesen. In einem Experiment wird das quantenmechanische System in einem Zustand präpariert, es wechselwirkt mit einem Messgerät und wir erhalten schließlich ein Messergebnis, wie in Abb. 11.3 schematisch dargestellt. Die Messvorschrift, die wir im Folgenden beschreiben werden, trägt diesem Umstand Rechnung, indem sie über das Ergebnis von Messungen Auskunft gibt. Ein wichtiger Aspekt dabei ist die Annahme eines klassischen Messgerätes, das sich dahingehend klassisch verhält, dass es nur ein bestimmtes Ergebnis (und keine Überlagerung von Ergebnissen) liefert. Die Ereignisse, über die wir somit in der Quantenmechanik sprechen können, sind solche, die in unserer klassischen Welt stattfinden. Wie sich das quantenmechanische System vor oder zwischen Messungen verhält, darüber können wir zwar spekulieren, aber nichts Definitives sagen.

Messoperatoren und Eigenwertgleichung

Von Niels Bohr stammt folgende Aussage:

> Es gibt keine Quantenwelt. Es gibt nur eine abstrakte quantenmechanische Beschreibung. Es ist falsch zu glauben, dass die Aufgabe der Physik darin besteht herauszufinden, wie die Natur *ist*. Die Physik beschäftigt sich damit, was wir über die Natur *sagen können*.

Man muss die Radikalität dieser Aussage nicht unbedingt mögen und man muss ihr nicht gänzlich zustimmen. Dennoch liegt ihr die eben besprochene Problematik zugrunde, dass man Messungen durchführen muss, um etwas über ein quantenmechanisches System zu erfahren. In einem Experiment wechselwirkt ein quantenmechanisches System mit einem Messgerät, das am Ende der Messung ein bestimmtes, eindeutiges Messergebnis liefert,

$$\text{Quantenmechanisches System} \longrightarrow \text{Messgerät} \longrightarrow \text{Messergebnis}.$$

Wir wollen dieses Prinzip nun in eine abstrakte quantenmechanische Formulierung übersetzen, in der das System durch eine Wellenfunktion ψ und das Messgerät durch einen Operator $\hat{S}$ beschrieben wird. Das von Neumann'sche Messpostulat, das wir weiter unten formulieren werden, gibt uns die Vorschrift, wie wir theoretisch das Messergebnis mit Hilfe der Wellenfunktion ψ und des Messoperators $\hat{S}$ erhalten können,

$$\text{Wellenfunktion}\ \psi \longrightarrow \text{Messoperator}\ \hat{S} \longrightarrow \text{Messergebnis}.$$

Wie in der Quantenmechanik üblich, kann ein bestimmtes Messergebnis nur im Sinne einer Wahrscheinlichkeit vorhergesagt werden. Bevor wir das Messpostulat näher diskutieren, wollen wir uns noch einige Konzepte der linearen Algebra ins Gedächtnis rufen, nämlich Matrizen, Eigenwerte und Eigenvektoren sowie das Skalarprodukt von zwei Vektoren. Wahrscheinlich haben Sie in anderen Vorlesungen schon etwas darüber gehört, wir halten die folgende Diskussion deshalb kurz.

Ein linearer Operator $\hat{S}$, der auf eine Wellenfunktion ψ angewandt wird,

$$\psi' = \hat{S}\psi, \tag{11.6}$$

kann ψ auf zwei Arten ändern. Einerseits kann ψ' bezüglich ψ gedreht sein, andererseits kann die Länge geändert werden, ψ' ist verglichen mit ψ also entweder gestaucht oder gedehnt. Ein Beispiel dafür ist in Abb. 11.4 gezeigt. Für die Wellenfunktion aus Gl. (11.4) für ein Zweiniveausystem kann ein linearer Operator $\hat{S}$ durch eine Matrix dargestellt werden,

$$\hat{S} = \begin{pmatrix} r & s \\ t & u \end{pmatrix},$$

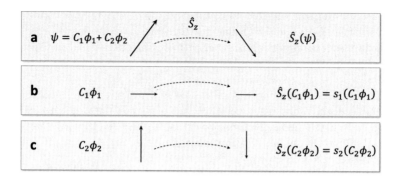

Abb. 11.4 (**a**) Wenn eine Matrix $\hat{S}_z$ auf einen Vektor ψ angewendet wird, wird der Vektor gedreht und skaliert. (**b, c**) Die Eigenvektoren ϕ_1, ϕ_2 der Matrix werden mit den Eigenwerten s_1, s_2 skaliert aber nicht gedreht. Für eine hermitesche Matrix bilden die Eigenvektoren eine vollständige Basis, so dass jeder Vektor auf diese Basis aufgespannt werden kann. Anstelle die (**a**) Matrix auf den Vektor anzuwenden, kann man den Vektor auf die Eigenbasis aufspannen, (**b, c**) die Eigenvektoren mit den Eigenwerten skalieren und die skalierten Vektoren aus (**b**) und (**c**) addieren

mit den im Allgemeinen komplexen Matrixelementen r, s, t, u. Die Wirkung von $\hat{S}$ auf ψ kann mit Hilfe der üblichen Matrix-Vektor-Multiplikation bestimmt werden,

$$\hat{S}\psi = \begin{pmatrix} r & s \\ t & u \end{pmatrix} \begin{pmatrix} \alpha \\ \beta \end{pmatrix} = \begin{pmatrix} r\alpha + s\beta \\ t\alpha + u\beta \end{pmatrix},$$

wobei wir die Matrixelemente von ψ mit α und β bezeichnet haben. Abhängig von den Matrixelementen kommt es durch diese Transformation zu der eben besprochenen Drehung und Skalierung des ursprünglichen Vektors. Für jede Matrix $\hat{S}$ gibt es sogenannte **Eigenvektoren** ϕ_n, die bei Anwendung der Matrix $\hat{S}$ skaliert, aber nicht gedreht werden (siehe auch Abb. 11.4):

$$\hat{S}\phi_n = s_n\phi_n . \tag{11.7}$$

Der Skalierungsfaktor s_n wird als **Eigenwert** der Matrix bezeichnet und ist ein bestimmter Zahlenwert. Das „eigen" in den Begriffen Eigenvektor und Eigenwert deutet an, dass die Größen zur Matrix $\hat{S}$ gehören und ihr somit eigen sind. Der Index n nummeriert die zwei unterschiedlichen Eigenvektoren ϕ_n und Eigenwerte s_n.

Von besonderer Bedeutung für unsere folgende Diskussion sind hermitesche Matrizen. Messoperatoren in der Quantenmechanik werden durch solche hermitesche Operatoren oder Matrizen beschrieben. Eine hermitesche Matrix ändert ihre Form nicht, wenn man sie transponiert (indem man die Matrixelemente an der Diagonale spiegelt) und alle Matrixelemente komplex konjugiert, wie in Abschn. 11.4 genauer diskutiert. Dort zeigen wir auch, dass für hermitesche Matrizen die Eigenwerte s_n immer reell sind (und somit als Messergebnisse von klassischen Geräten verwendet werden können, für komplexe Größen wäre das nicht möglich) und dass die Eigenvektoren eine vollständige Basis bilden, d. h., dass jeder beliebige Zustand ψ als gewichtete Summe dieser beiden Vektoren angeschrieben werden kann.

▶ Hermitesche Matrizen besitzen reelle Eigenwerte und ihre Eigenvektoren bilden eine vollständige Basis. In der Quantenmechanik wird ein Messgerät durch eine hermitesche Matrix beschrieben. Die möglichen Messergebnisse sind die Eigenwerte der Matrix.

Wir wollen uns diese Zerlegung in die Basis der Eigenvektoren etwas genauer ansehen. Betrachten wir zuerst einen gewöhnlichen Vektor $\vec{a}$, den wir auf eine Basis aufspannen, die durch die beiden Einheitsvektoren $\vec{e}_1, \vec{e}_2$ gebildet wird. Das Skalarprodukt oder Punktprodukt $\vec{e}_1 \cdot \vec{a}$ liefert dann die Länge des Vektors $\vec{a}$ in Richtung von $\vec{e}_1$. Entsprechend können wir den Vektor bezüglich

$$\vec{a} = (\vec{e}_1 \cdot \vec{a})\,\vec{e}_1 + (\vec{e}_2 \cdot \vec{a})\,\vec{e}_2 = a_1\vec{e}_1 + a_2\vec{e}_2$$

auf die Basis $\vec{e}_1, \vec{e}_2$ aufspannen, wobei a_1, a_2 die Vektorkomponenten in Richtung der Basisvektoren sind. Für komplexe Vektoren der Form von Gl. (11.4) erweist es sich als günstig, das **Skalarprodukt** dahingehend abzuändern, dass einer der Vektoren zusätzlich komplex konjugiert wird,

$$\left\langle \begin{pmatrix} \alpha_1 \\ \beta_1 \end{pmatrix}, \begin{pmatrix} \alpha_2 \\ \beta_2 \end{pmatrix} \right\rangle = \alpha_1^*\alpha_2 + \beta_1^*\beta_2 \,. \tag{11.8}$$

Die Abkürzung $\langle \psi_1, \psi_2 \rangle$ ist eine in der Mathematik übliche Schreibweise für das Skalarprodukt, die wir hier einerseits benutzen, weil sie schön aussieht, andererseits werden wir weiter unten einen ähnlichen Zugang für Wellenfunktionen $\psi(x)$ beschreiben und dabei zur besseren Wiedererkennung dieselbe Schreibweise verwenden. Man sieht unmittelbar ein, dass für reelle Vektoren ψ_1, ψ_2 das Skalarprodukt aus Gl. (11.8) mit dem üblichen Punktprodukt für reelle Vektoren übereinstimmt. Eine komplexe Wellenfunktion ψ können wir nun entsprechend

$$\psi = \langle \phi_1, \psi \rangle \phi_1 + \langle \phi_2, \psi \rangle \phi_2 = C_1\phi_1 + C_2\phi_2 \tag{11.9}$$

auf die beiden Basisvektoren ϕ_1, ϕ_2 aufspannen, wobei C_1, C_2 die komplexen „Längen" des Vektors in Richtung der Basisvektoren ϕ_1, ϕ_2 bezeichnen. Siehe auch Abb. 11.5. Ebenso können wir mit dem Skalarprodukt aus Gl. (11.8) auch die Länge eines Vektors bestimmen,

$$\left| \psi \right|^2 = \langle \psi, \psi \rangle = \left| \alpha \right|^2 + \left| \beta \right|^2 \,. \tag{11.10}$$

Als ein erstes Beispiel für einen Messoperator diskutieren wir $\hat{S}_z$ aus Gl. (11.5) für den Stern-Gerlach-Apparat mit der Quantisierungsachse in z-Richtung. Die zugehörige Matrix ist hermitesch, wie man leicht durch explizite Rechnung zeigen kann. Die Eigenvektoren ϕ_1, ϕ_2 der Matrix sind durch die Zustände für Spin up und Spin down gegeben

$$\frac{\hbar}{2}\begin{pmatrix} 1 & 0 \\ 0 & -1 \end{pmatrix}\begin{pmatrix} 1 \\ 0 \end{pmatrix} = +\frac{\hbar}{2}\begin{pmatrix} 1 \\ 0 \end{pmatrix} \tag{11.11a}$$

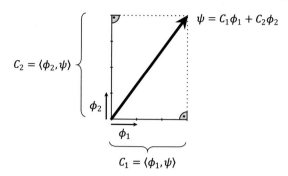

Abb. 11.5 Schematische Darstellung für das Skalarprodukt. Das Skalarprodukt $C_1 = \langle \phi_1, \psi \rangle$ liefert die Länge des Vektors ψ in Richtung des Vektors ϕ_1. Für zwei Basisvektoren ϕ_1, ϕ_2 kann jeder Vektor ψ auf diese beiden Vektoren aufgespannt werden

$$\underbrace{\frac{\hbar}{2}\begin{pmatrix} 1 & 0 \\ 0 & -1 \end{pmatrix}}_{\hat{S}_z} \underbrace{\begin{pmatrix} 0 \\ 1 \end{pmatrix}}_{\phi_n} = \underbrace{-\frac{\hbar}{2}}_{s_n} \underbrace{\begin{pmatrix} 0 \\ 1 \end{pmatrix}}_{\phi_n}, \tag{11.11b}$$

mit den zugehörigen Eigenwerten $\pm \hbar/2$. Bei Anwenden der Matrix $\hat{S}_z$ auf die Eigenvektoren werden diese somit ausschließlich skaliert, aber nicht gedreht, siehe auch Abb. 11.4. Wenn man die Matrix $\hat{S}_z$ auf einen beliebigen Vektor ψ anwendet, kann man entweder das direkte Matrix-Vektorprodukt $\hat{S}_z \psi$ bilden oder (i) den Vektor auf die Eigenvektoren aufspannen (das funktioniert immer, weil diese eine Basis bilden), (ii) die Eigenvektoren mit den Eigenwerten skalieren und (iii) schließlich den durch die Matrix veränderten Vektor aus den beiden skalierten Eigenvektoren zusammenfügen. Somit beinhalten die Matrix sowie die Eigenvektoren und Eigenwerte dieselben Informationen. Aus der Kenntnis der Matrix können die anderen Größen bestimmt werden und umgekehrt. In Abschn. 11.4 zeigen wir, dass es uns dieses Prinzip ermöglicht, die Messoperatoren für Stern-Gerlach-Apparate mit einer gedrehten Quantisierungsachse zu konstruieren. Wir geben hier nur das Ergebnis für die x-Basis an,

$$\hat{S}_x = \frac{\hbar}{2}\begin{pmatrix} 0 & 1 \\ 1 & 0 \end{pmatrix}. \tag{11.12}$$

11.2 Von Neumann'sches Messpostulat

Wir sind nun so weit, dass wir das von Neumann'sche Messpostulat formulieren können. Es beschreibt, wie man in der Quantenmechanik aus der Kenntnis der Wellenfunktion Vorhersagen über mögliche Messergebnisse treffen kann. Wie der Name sagt, ist es ein Postulat, das angenommen werden muss, es kann nicht aus tieferen

Prinzipien gewonnen werden. Das von Neumann'sche Messpostulat ist eine Verallgemeinerung der Born'schen Wahrscheinlichkeitsinterpretation, die in früheren Kapiteln ausführlich diskutiert wurde. Für ein Zweiniveausystem besagt es Folgendes (siehe auch Abb. 11.6):

- Jeder Stern-Gerlach-Apparat kann durch eine hermitesche Matrix $\hat{S}$ beschrieben werden. Die Matrix besitzt reelle Eigenwerte s_1, s_2 und die zugehörigen Eigenvektoren ϕ_1, ϕ_2 bilden eine vollständige Basis, d.h., dass jeder Zustand auf diese Basisvektoren aufgespannt werden kann.
- Die möglichen Messergebnisse des Stern-Gerlach-Apparats sind die Eigenwerte s_1, s_2 der Matrix. Bei einer einzigen Messung kann entweder s_1 oder s_2 gemessen werden, im Rahmen der Quantenmechanik können nur die Wahrscheinlichkeiten für die beiden Ergebnisse vorhergesagt werden.
- Um die Wahrscheinlichkeiten für die beiden Messergebnisse zu bestimmen, zerlegen wir zuerst die Wellenfunktion in der Eigenbasis

$$\psi = C_1\phi_1 + C_2\phi_2 \, .$$

Es gilt nun, dass die Wahrscheinlichkeit für die Messung von s_1 durch das Betragsquadrat $|C_1|^2$ gegeben ist, während die Wahrscheinlichkeit für die Messung von s_2 gleich $|C_2|^2$ ist. Bei Normierung der Wellenfunktion ergibt die Summe der Wahrscheinlichkeiten eins. In Worte gefasst besagt dieser Teil der Vorschrift, dass die Messung eines bestimmten Eigenwertes umso wahrscheinlicher ist, je mehr der zugehörige Eigenvektor zur Wellenfunktion beiträgt.

- Durch die Messung kollabiert die Wellenfunktion. Unmittelbar nach einer Messung von s_1 befindet sich das System im Zustand $\psi = \phi_1$. Entsprechend gilt, dass nach einer Messung von s_2 das System im Zustand $\psi = \phi_2$ ist.

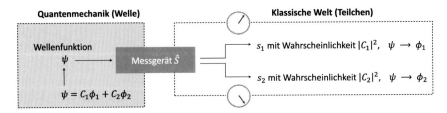

Abb. 11.6 Schematische Darstellung des von Neumann'schen Messpostulats. Eine Wellenfunktion für ein Zweiniveausystem wird von einem Messgerät gemessen, das durch eine Matrix $\hat{S}$ mit den Eigenwerten s_n und Eigenvektoren ϕ_n beschrieben wird. Die einlaufende Wellenfunktion wird nach den Eigenzuständen ϕ_n entwickelt. Das von Neumann'sche Messpostulat besagt, dass das Ergebnis s_1 mit der Wahrscheinlichkeit $|C_1|^2$ gemessen wird, wobei C_1 der Entwicklungskoeffizient für den ersten Basiszustand ist und die Wahrscheinlichkeit für die Messung von s_2 durch $|C_2|^2$ gegeben ist. Durch die Messung kollabiert der ursprüngliche Überlagerungszustand und unmittelbar nach der Messung ist das System im Eigenzustand des gemessenen Eigenwerts. Das Messgerät vermittelt zwischen der quantenmechanischen und der klassischen Welt, entsprechend dem in Kap. 1 besprochenen Welle-Teilchen-Dualismus

▶ Das von Neumann'sche Messpostulat liefert die Vorschrift, wie man anhand (i) der Wellenfunktion eines quantenmechanischen Systems und (ii) einem Messoperator zur Beschreibung eines Messgeräts den (iii) Ausgang einer Messung im Sinne einer Wahrscheinlichkeit vorhersagen kann.

Wir wollen das Messpostulat auf einen Stern-Gerlach-Apparat mit der Quantisierungsachse in z-Richtung und den allgemeinen Spinzustand aus Gl. (11.4) anwenden. Wir zerlegen nun den Spinzustand aus Gl. (11.4) in die Eigenzustände

$$\psi = \underbrace{\cos\frac{\theta}{2}}_{C_1} \underbrace{\begin{pmatrix} 1 \\ 0 \end{pmatrix}}_{\phi_1} + \underbrace{e^{i\varphi}\sin\frac{\theta}{2}}_{C_2} \underbrace{\begin{pmatrix} 0 \\ 1 \end{pmatrix}}_{\phi_2}, \tag{11.13}$$

wobei wir die Entwicklungskoeffizienten C_1, C_2 und Basisfunktionen ϕ_1, ϕ_2 unterhalb der Formel angedeutet haben. Entsprechend dem von Neumann'schen Messpostulat finden wir somit das Messergebnis $+\hbar/2$ mit der Wahrscheinlichkeit $\cos^2(\theta/2)$ und das Messergebnis $-\hbar/2$ mit der Wahrscheinlichkeit $\sin^2(\theta/2)$.

Dieses Ergebnis ist nicht wirklich überraschend und erinnert in hohem Maße an die Born'sche Wahrscheinlichkeitsinterpretation. Allerdings haben wir nun eine formale Vorschrift gewonnen, wie wir aus der Kenntnis der Wellenfunktion die Ergebnisse für unterschiedliche Messungen berechnen können. Neu an der Messvorschrift ist vor allem der Kollaps der Wellenfunktion, der von John von Neumann erst relativ spät im Jahr 1932 formuliert wurde. Dieser Kollaps wird im nächsten Kapitel noch eine wichtige Rolle spielen.

11.3 Hilbertraum und Messoperatoren

In den früheren Kapiteln dieses Buches haben wir uns mit einer Wellenfunktion der Form $\psi(x)$ beschäftigt. Wir haben diskutiert, dass die Lösungen $\phi_n(x)$ der zeitunabhängigen Schrödingergleichung eine vollständige Basis bilden. Jeder Zustand kann in der Form

$$\psi(x) = \sum_{n=1}^{\infty} C_n \phi_n(x) \tag{11.14}$$

entwickelt werden, wobei C_n die Entwicklungskoeffizienten sind. Ein Vergleich mit der Wellenfunktion aus Gl. (11.13) legt es nahe, $\psi(x)$ als einen Vektor in einem unendlichdimensionalen Vektorraum zu betrachten. Zusammen mit ein paar zusätzlichen Anforderungen, auf die wir hier nicht näher eingehen wollen, wird dieser Vektorraum als **Hilbertraum** bezeichnet.

▶ Der Hilbertraum ist ein unendlichdimensionaler Vektorraum aller quadratintegrabler Funktionen. Jede physikalisch sinnvolle Wellenfunktion $\psi(x)$ muss ein Element dieses Hilbertraums sein.

Von besonderer Bedeutung ist das Skalarprodukt

$$\langle \psi_1, \psi_2 \rangle = \int_{-\infty}^{\infty} \psi_1^*(x)\psi_2(x)\,dx\,, \tag{11.15}$$

das die „Länge" der einen Funktion in Richtung der anderen bestimmt. Offensichtlich können wir mit diesem Produkt auch die Norm einer Wellenfunktion über

$$\langle \psi, \psi \rangle = \int_{-\infty}^{\infty} |\psi(x)|^2\,dx$$

bestimmen. Damit die Wellenfunktion im Sinne einer Wahrscheinlichkeit interpretiert werden kann, muss die Norm eins ergeben. Messapparate werden in der Quantenmechanik durch hermitesche Operatoren $\hat{A}$ beschrieben. Auch der Ortsoperator $\hat{x}$, der Impulsoperator $\hat{p}$ und der Hamiltonoperator $\hat{H}$ sind hermitesche Operatoren, wie in Abschn. Hermitesche Operatoren* genauer ausgeführt wird. In Analogie zu hermiteschen Matrizen besitzen hermitesche Operatoren reelle Eigenwerte und ihre Eigenzustände bilden eine vollständige Basis. Somit können wir alle Schlussfolgerungen aus den vorigen Abschnitten direkt auf hermitesche Operatoren übertragen.

Von Neumann'sches Messpostulat

Wegen der besonderen Bedeutung für die Quantenmechanik wollen wir hier das von Neumann'sche Messpostulat auch noch für beliebige Wellenfunktionen $\psi(x)$ diskutieren. Im Vergleich zum Zweizustandssytem kommt es zu keinen besonderen Komplikationen. Ein Messgerät wird in der Quantenmechanik durch einen hermiteschen Messoperator beschrieben, siehe auch Abb. 11.7. Für einen Operator $\hat{A} = \hat{A}^\dagger$ bezeichnen wir die reellen Eigenwerte mit a_n und die Eigenfunktionen mit $\phi_n(x)$. Die möglichen Ergebnisse einer Messung sind die Eigenwerte a_n, bei einer einzelnen Messung erhalten wir nur einen einzelnen Eigenwert. Um die Wahrscheinlichkeit für

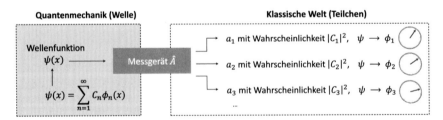

Abb. 11.7 Schematische Darstellung des von Neumann'schen Messpostulats für eine Wellenfunktion $\psi(x)$. Das Messgerät wird durch einen hermiteschen Operator $\hat{A}$ beschrieben, mit den Eigenwerten a_n und den Eigenzuständen $\phi_n(x)$. Die Wellenfunktion unmittelbar vor der Messung wird in der Basis der Eigenzustände entwickelt, mit den Entwicklungskoeffizienten C_n. Bei der Messung beobachtet man einen der möglichen Eigenwerte a_n mit der Wahrscheinlichkeit $|C_n|^2$. Durch die Messung kommt es zu einem Kollaps der Wellenfunktion, unmittelbar nach der Messung von a_n befindet sich das System im Eigenzustand $\phi_n(x)$

ein bestimmtes Ergebnis vorherzusagen, entwickeln wir zuerst die Wellenfunktion $\psi(x)$ unmittelbar vor der Messung in der Basis der Eigenzustände des Messoperators $\phi_n(x)$

$$\psi(x) = \sum_{n=1}^{\infty} \langle \phi_n, \psi \rangle \phi_n(x) = \sum_{n=1}^{\infty} C_n \, \phi_n(x) \,. \tag{11.16}$$

Die Entwicklung funktioniert immer, weil die Eigenzustände eine vollständige Basis bilden. Im letzten Rechenschritt haben wir die Entwicklungskoeffizienten C_n eingeführt. Die Wahrscheinlichkeit für ein Messergebnis a_n ist dann durch das Betragsquadrat $|C_n|^2$ gegeben. D. h., ein Messergebnis ist umso wahrscheinlicher, je mehr der zugehörige Eigenvektor zur Wellenfunktion vor der Messung beiträgt. Der letzte Teil der Messvorschrift lautet, dass unmittelbar nach Messung des Eigenwertes a_n das System sich im Zustand $\phi_n(x)$ befindet, es kommt also durch die Messung zu einem Kollaps der Wellenfunktion.

Was soll das bedeuten?

Fassen wir zusammen. Solange ein quantenmechanisches System nicht gemessen wird, kann seine Zeitentwicklung mit Hilfe der zeitabhängigen Schrödingergleichung beschrieben werden. Bei einer Messung müssen wir das von Neumann'sche Messpostulat anwenden, das sich aus folgenden Schritten zusammensetzt:

1. Finde einen hermiteschen Operator, der das Messgerät beschreibt, und bestimme seine Eigenwerte und Eigenvektoren.
2. Zerlege die Wellenfunktion unmittelbar vor der Messung in der Basis der Eigenzustände. Die Entwicklungskoeffizienten dieser Zerlegung liefern dann die Wahrscheinlichkeit dafür, dass ein bestimmter Eigenwert gemessen wird.
3. Durch die Messung kommt es zu einem Kollaps der Wellenfunktion. Unmittelbar nach der Messung befindet sich das System im Eigenzustand des gemessenen Eigenwertes.

Mit Hilfe dieser Vorschrift können wir Messergebnisse im Sinne von Wahrscheinlichkeiten vorhersagen, und diese Vorhersagen stimmen wunderbar mit den Ergebnissen experimenteller Messungen überein. Es gibt keinen Grund, in irgendeiner Weise an der Vorschrift zu zweifeln. Dennoch erinnern die obigen Schritte an ein Rezept, dessen tiefere Bedeutung sich einem nicht wirklich intuitiv erschließt. Wir möchten deshalb versuchen, das von Neumann'sche Messpostulat von einer etwas anderen Perspektive zu betrachten.

In Kap. 13 werden wir genauer diskutieren, wie genügend große Quantensysteme durch Wechselwirkungen mit der Umgebung in bestimmte „klassische" Zustände hineingedrängt werden. Durch die Wechselwirkungen kommt es zu einem ständigen Informationsaustausch zwischen System und Umgebung, man sagt auch, dass die Umgebung das System kontinuierlich misst. Die klassischen Zustände zeichnen sich dadurch aus, dass nach einer gewissen Zeit (in der die Wellenfunktion kollabiert) die Umgebungsmessungen den Zustand des quantenmechanischen Systems nicht mehr merklich verändern, die Information über den Zustand des Systems ist dann in vielfacher Form in den Freiheitsgraden der Umgebung gespeichert und kann von unabhängigen Beobachtern ausgelesen werden, ohne dass der Zustand des Systems dadurch weiter geändert wird.

Ein Messaparat kann auch im Sinne einer speziell präparierten Umgebung interpretiert werden, die das quantenmechanische System in seine Eigenzustände $\phi_n(x)$ drängt. Der Kollaps von einem beliebigen Überlagerungszustand $\psi(x)$ in einen der möglichen Eigenzustände $\phi_n(x)$ des Messgeräts entspricht dann dem Übergang von der Quantenmechanik zur klassischen Physik, den wir in Kap. 13 noch genauer diskutieren werden und den wir zuvor im Rahmen des Welle-Teilchen-Dualismus beschrieben haben. Andererseits soll ein Messgerät so beschaffen sein, dass die unterschiedlichen Eigenzustände durch die Messergebnisse s_n unterschieden werden können, andernfalls käme es durch die Messung zu keinem Informationsgewinn. Zur Beschreibung eines klassischen Messgeräts können wir somit auch einen hermiteschen Operator benutzen, der alle zuvor besprochenen Eigenschaften besitzt: Seine Eigenwerte (die Messergebnisse) sind reell, jedem Eigenwert entspricht ein unterschiedlicher Eigenzustand, und die Gesamtheit aller möglichen Eigenzustände bildet eine vollständige Basis (irgendein Ergebnis muss ja schließlich gemessen werden).

11.4   Details zu hermiteschen Matrizen und Operatoren*

In diesem Abschnitt diskutieren wir etwas genauer die Eigenschaften von hermiteschen Matrizen und Operatoren. Eine hermitesch konjugierte Matrix kann aus der ursprünglichen Matrix $\hat{S}$ gewonnen werden, indem man sie transponiert, d.h., dass die Matrixelemente an der Diagonale gespiegelt werden, und man alle Matrixelemente komplex konjugiert

$$\hat{S} = \begin{pmatrix} r & s \\ t & u \end{pmatrix} \quad \Longrightarrow \quad \hat{S}^\dagger = \left(S^T\right)^* = \begin{pmatrix} r^* & t^* \\ s^* & u^* \end{pmatrix} .$$

Von besonderer Bedeutung für unsere weiteren Überlegungen sind sogenannte selbstadjungierte oder hermitesche Matrizen

$$\hat{S} = \hat{S}^\dagger , \tag{11.17}$$

bei denen die Matrix $\hat{S}$ gleich der hermitesch konjugierten Matrix $\hat{S}^\dagger$ ist. Für die Matrixelemente solcher Matrizen gilt

$$\hat{S} = \begin{pmatrix} r & s \\ s^* & u \end{pmatrix} ,$$

wobei die Diagonalelemente r, u reell sein müssen. Es lässt sich nun zeigen, dass alle Eigenwerte einer hermiteschen Matrix reell sind. Zuerst gilt

$$\left\{ \begin{pmatrix} r & s \\ s^* & u \end{pmatrix} \begin{pmatrix} \alpha \\ \beta \end{pmatrix} \right\}^\dagger = (\alpha^* \ \beta^*) \begin{pmatrix} r & s \\ s^* & u \end{pmatrix} \quad \Longrightarrow \quad (\hat{S}\psi)^\dagger = \psi^\dagger \hat{S}^\dagger,$$

wie man leicht durch explizites Nachrechnen zeigen kann. $\psi^\dagger$ ist ein Zeilenvektor, der entsteht, indem man ψ transponiert und alle Vektorelemente komplex konjugiert. Mit Hilfe der obigen Relation finden wir dann

$$\left\langle \hat{S}\psi_1, \psi_2 \right\rangle = \psi_1^\dagger \hat{S}^\dagger \psi_2 = \left\langle \psi_1, \hat{S}^\dagger \psi_2 \right\rangle. \tag{11.18}$$

Als Nächstes betrachten wir die Eigenwertgleichung (11.7) und bilden das innere Produkt mit den Eigenvektoren

$$\hat{S}\phi_n = s_n \phi_n \quad \Longrightarrow \quad \left\langle \phi_n, \hat{S}\phi_n \right\rangle = s_n \left\langle \phi_n, \phi_n \right\rangle$$

$$\phi_n^\dagger \hat{S}^\dagger = s_n^* \phi_n^\dagger \quad \Longrightarrow \quad \left\langle \hat{S}\phi_n, \phi_n \right\rangle = s_n^* \left\langle \phi_n, \phi_n \right\rangle.$$

Wir haben benutzt, dass s_n ein reiner Zahlenwert ist, der aus dem inneren Produkt herausgezogen werden kann. Die Gleichung in der zweiten Zeile ist die transponierte und komplex konjugierte Gleichung aus der ersten Zeile. Wir nehmen nun der Einfachheit halber an, dass die Eigenvektoren normiert sind und subtrahieren die beiden Gleichungen. Das liefert

$$s_n - s_n^* = \left\langle \phi_n, \hat{S}\phi_n \right\rangle - \left\langle \hat{S}\phi_n, \phi_n \right\rangle = \left\langle \phi_n, \hat{S}\phi_n \right\rangle - \left\langle \phi_n, \hat{S}^\dagger \phi_n \right\rangle = 0, \tag{11.19}$$

wobei wir Gl. (11.18) sowie $\hat{S} = \hat{S}^\dagger$ für hermitesche Matrizen benutzt haben. Wir finden somit, dass der Eigenwert s_n eine reelle Größe sein muss. Auf ähnliche Weise lässt sich zeigen, dass die Eigenzustände ϕ_n eine vollständige Basis bilden. Siehe auch Aufgabe 11.3.

Spektraldarstellung für Matrizen*

Die Messoperatoren können auf eine einfache Weise durch die Eigenwerte und Eigenzustände ausgedrückt werden. Wir beginnen damit, dass wir die sogenannten Projektoren

$$\mathbb{P}_1 = \phi_1 \phi_1^\dagger = \begin{pmatrix} 1 \\ 0 \end{pmatrix} (1 \ 0) = \begin{pmatrix} 1 & 0 \\ 0 & 0 \end{pmatrix}$$

$$\mathbb{P}_2 = \phi_2 \phi_2^\dagger = \begin{pmatrix} 0 \\ 1 \end{pmatrix} (0 \ 1) = \begin{pmatrix} 0 & 0 \\ 0 & 1 \end{pmatrix} \tag{11.20}$$

einführen. Wenn wir diese Matrizen auf eine Wellenfunktion anwenden

$$\mathbb{P}_1 \psi = \begin{pmatrix} 1 & 0 \\ 0 & 0 \end{pmatrix} \begin{pmatrix} \alpha \\ \beta \end{pmatrix} = \begin{pmatrix} \alpha \\ 0 \end{pmatrix}$$

$$\mathbb{P}_2 \psi = \begin{pmatrix} 0 & 0 \\ 0 & 1 \end{pmatrix} \begin{pmatrix} \alpha \\ \beta \end{pmatrix} = \begin{pmatrix} 0 \\ \beta \end{pmatrix},$$

so beobachten wir, dass sie die Anteile für Spin up oder Spin down aus der Wellen-funktion herausprojezieren. Daher auch der Name eines Projektors. Das können wir auch ohne explizite Vektor- und Matrixnotation zeigen. Mit Hilfe des Skalarprodukts aus Gl. (11.8) finden wir

$$\mathbb{P}_1 \psi = \phi_1 \phi_1^\dagger \psi = \phi_1 \langle \phi_1, \psi \rangle$$

$$\mathbb{P}_2 \psi = \phi_2 \phi_2^\dagger \psi = \phi_2 \langle \phi_2, \psi \rangle.$$

In der ersten Zeile gibt $\langle \phi_1, \psi \rangle$ die Länge des Vektors ψ in die Richtung des Basis-vektors ϕ_1 an. Diese Größe entspricht α. Der Projektor $\mathbb{P}_1$ angewandt auf die Wel-lenfunktion ψ liefert somit diesen Koeffizienten multipliziert mit dem Basisvektor ϕ_1, mit einer analogen Interpretation für den Projektor $\mathbb{P}_2$. Den Spinoperator $\hat{S}_z$ aus Gl. (11.5) können wir dann in der intuitiven Form

$$\hat{S}_z = \left(+\frac{\hbar}{2} \right) \mathbb{P}_1 + \left(-\frac{\hbar}{2} \right) \mathbb{P}_2 \tag{11.21}$$

anschreiben. Wenn der Operator auf eine Wellenfunktion ψ angewandt wird, so projiziert im ersten Term auf der rechten Seite $\mathbb{P}_1$ den Anteil für Spin up heraus und multipliziert ihn mit dem zugehörigen Eigenwert $+\hbar/2$. Im zweiten Teil projiziert $\mathbb{P}_2$ den Anteil für Spin down heraus und multipliziert ihn mit dem zugehörigen Eigenwert $-\hbar/2$. Die Zerlegung des Operators $\hat{S}_z$ in Eigenzustände wird oft auch als Spektraldarstellung bezeichnet.

Wir wollen das Konzept von Projektoren nun benutzen, um die Messoperatoren für Stern-Gerlach-Apparate mit gedrehten Quantisierungsachsen zu bestimmen. Der Einfachheit halber nehmen wir an, dass der Apparat nur in der xz-Ebene gedreht wird. Die Basisfunktionen für einen bestimmten Drehwinkel θ nehmen dann die Form

$$\left\{ \begin{pmatrix} \cos \frac{\theta}{2} \\ \sin \frac{\theta}{2} \end{pmatrix}, \begin{pmatrix} -\sin \frac{\theta}{2} \\ \cos \frac{\theta}{2} \end{pmatrix} \right\} \tag{11.22}$$

an. Man überzeugt sich leicht, dass die Zustände orthogonal zueinander sind und für $\theta = 0$ in die Basiszustände aus Gl. (11.3) übergehen. In Analogie zu Gl. (11.20) können wir für die gedrehte Basis nun Projektoren $\mathbb{P}_1(\theta)$ und $\mathbb{P}_2(\theta)$ einführen. Der Messoperator in der Spektraldarstellung lautet dann

$$\hat{S}(\theta) = \left(+\frac{\hbar}{2} \right) \mathbb{P}_1(\theta) + \left(-\frac{\hbar}{2} \right) \mathbb{P}_2(\theta). \tag{11.23}$$

Für den Drehwinkel $\theta = \pi/2$ erhalten wir schließlich den Operator $\hat{S}_x$ aus Gl. (11.12) für einen Stern-Gerlach-Apparat in der x-Basis.

Hermitesche Operatoren*

Entsprechend der Gl. (11.18) für hermitesche Matrizen muss für hermitesche Operatoren gelten

$$\left\langle \hat{A}\psi_1, \psi_2 \right\rangle = \left\langle \psi_1, \hat{A}\psi_2 \right\rangle. \tag{11.24}$$

Es lässt sich zeigen, dass der Ortsoperator x und der Impulsoperator $\hat{p}$ hermitesche Operatoren sind. Der Beweis für $\hat{x}$ erfolgt durch explizite Rechnung. Zuerst finden wir

$$\left\langle x\,\psi_1, \psi_2 \right\rangle = \int_{-\infty}^{\infty} \left[x\psi_1(x) \right]^* \psi_2(x)\, dx = \int_{-\infty}^{\infty} \psi_1^*(x) \left[x\,\psi_2(x) \right] dx = \left\langle \psi_1, x\,\psi_2 \right\rangle,$$

wobei wir ausgenutzt haben, dass die Ortswerte x reell sind. Der Beweis für den Impulsoperator ist ein wenig aufwändiger. Wir beginnen mit

$$\left\langle \hat{p}\,\psi_1, \psi_2 \right\rangle = \int_{-\infty}^{\infty} \left[-i\hbar\frac{d\psi_1(x)}{dx} \right]^* \psi_2(x)\, dx = \int_{-\infty}^{\infty} \left[i\hbar\frac{d\psi_1^*(x)}{dx} \right] \psi_2(x)\, dx\,.$$

Partielle Integration liefert dann

$$\left\langle \hat{p}\,\psi_1, \psi_2 \right\rangle = i\hbar\frac{d\psi_1^*(x)}{dx}\psi_2(x)\Big|_{-\infty}^{\infty} + \int_{-\infty}^{\infty} \psi_1^*(x) \left[-i\hbar\frac{d\psi_2(x)}{dx} \right] dx\,.$$

Damit die Wellenfunktion normierbar ist, muss gelten, dass sie im Unendlichen verschwindet. Somit können wir den Randterm im obigen Ausdruck vernachlässigen und finden

$$\left\langle \hat{p}\,\psi_1, \psi_2 \right\rangle = \left\langle \psi_1, \hat{p}\,\psi_2 \right\rangle.$$

Somit ist gezeigt, dass auch der Impulsoperator $\hat{p}$ hermitesch ist. Abschließend betrachten wir die Eigenwerte a_n und Eigenfunktionen $\phi_n(x)$ eines beliebigen hermiteschen Operators

$$\hat{A}\phi_n(x) = a_n\phi_n(x)\,. \tag{11.25}$$

Genauso wie beim Zweizustandssystem können wir dann zeigen, dass die Eigenwerte reell sind und die Eigenfunktionen eine vollständige Basis bilden.

11.5 Zusammenfassung

Zweiniveausystem. Ein quantenmechanisches System mit zwei Zuständen wird als Zweiniveausystem bezeichnet. Es ist das einfachste System, das in einen Überlagerungszustand gebracht werden kann. Natürliche Zweiniveausysteme sind der Elektronenspin (Spin nach oben oder unten) oder die Photonpolarisation (horizontale oder vertikale Polarisation).

Hermitescher Operator. In der Quantenmechanik wird ein Messgerät durch einen hermiteschen Operator beschrieben. Die Eigenwerte von solchen Operatoren sind reell und die Eigenzustände bilden eine vollständige Basis, d. h., dass beliebige Zustände immer in dieser Basis dargestellt werden können.

Von Neumann'sches Messpostulat. Das von Neumann'sche Messpostulat legt fest, wie man für eine beliebige Wellenfunktion $\psi(x)$ das Ergebnis einer Messung im Sinne einer Wahrscheinlichkeit vorhersagen kann. Das Messgerät ist durch einen hermiteschen Operator $\hat{A}$ mit den reellen Eigenwerten a_n und Eigenfunktionen $\phi_n(x)$ beschrieben. Die Wellenfunktion unmittelbar vor der Messung wird in der Eigenbasis entsprechend $\psi(x) = \sum_n C_n \phi_n(x)$ entwickelt. Die Wahrscheinlichkeit für das Messergebnis a_n ist dann durch $|C_n|^2$ gegeben. Unmittelbar nach der Messung von a_n befindet sich das System im zugehörigen Eigenzustand $\phi_n(x)$.

Hilbertraum. Der Raum aller quadratintegrierbaren, komplexen Funktionen wird als Hilbertraum bezeichnet. Alle physikalisch sinnvollen Wellenfunktionen müssen diesem Vektorraum angehören.

Aufgaben

Aufgabe 11.1 Diskutieren Sie: In welchem Teil des Messgeräts kommt es beim Stern-Gerlach-Experiment aus Abb. 11.1 zu einem Kollaps der Wellenfunktion? Was passiert, wenn Sie zwei Stern-Gerlach-Apparate hintereinanderreihen, wobei die Richtung des ersten Apparats $\partial B_z/\partial z$ und die des zweiten Apparats $-\partial B_z/\partial z$ ist? Begründen Sie Ihre Antworten so gut als möglich.

Aufgabe 11.2 Betrachten Sie einen reellen Vektor $\vec{a}$ im zweidimensionalen Vektorraum $\mathbb{R}^2$.

a. Wie ist das Skalarprodukt $\vec{a} \cdot \vec{b}$ definiert?
b. Gegeben seien zwei Vektoren $\vec{e}_1$ und $\vec{e}_2$. Welche Beziehungen müssen erfüllt sein, damit diese Vektoren eine Basis bilden? Was gilt für eine Orthonormalbasis, bei der die Vektoren die Länge eins haben und senkrecht aufeinander stehen?
c. Wie lässt sich ein beliebiger Vektor $\vec{a}$ auf diese Basis aufspannen? Geben Sie die Formeln an und diskutieren Sie anhand einer Skizze, wie man die Entwicklungskoeffizienten geometrisch bestimmen kann.
d. Benutzen Sie die Skizze, um zu zeigen, wie der Vektor auf eine andere, gedrehte Basis aufgespannt wird.

Aufgabe 11.3 Zeigen Sie, dass die beiden Eigenvektoren ϕ_1, ϕ_2 eine vollständige Basis bilden. Starten Sie von den Eigenwertgleichungen

$$\hat{S}\phi_2 = s_2\phi_2 \implies \left\langle \phi_1, \hat{S}\phi_2 \right\rangle = s_2 \left\langle \phi_1, \phi_2 \right\rangle$$

$$\phi_1^\dagger \hat{S} = s_1^* \phi_1^\dagger \implies \left\langle \hat{S}\phi_2, \phi_2 \right\rangle = s_1 \left\langle \phi_1, \phi_2 \right\rangle,$$

wobei wir ausgenutzt haben, dass $\hat{S}$ eine hermitesche Matrix mit reellen Eigenwerten ist. Nehmen Sie an, dass die Eigenwerte s_1, s_2 unterschiedlich sind.

a. Zeigen Sie, dass die beiden Eigenvektoren orthogonal zueinander sind, $\langle \phi_1, \phi_2 \rangle = 0$.
b. Wie viele unabhängige Basisvektoren benötigen Sie in zwei Dimensionen, um einen beliebigen Vektor ψ aufzuspannen?
c. Zeigen Sie, dass jeder beliebige Vektor in der Form $\psi = C_1 \phi_1 + C_2 \phi_2$ angeschrieben werden kann. Wie lassen sich die Koeffizienten C_1, C_2 bestimmen?

Aufgabe 11.4 Benutzen Sie den Spinoperator $\hat{S}_x$ aus Gl. (11.12), um zu zeigen, dass die Eigenzustände die Form

$$\phi_1 = \frac{1}{\sqrt{2}} \begin{pmatrix} 1 \\ 1 \end{pmatrix}, \qquad \phi_2 = \frac{1}{\sqrt{2}} \begin{pmatrix} 1 \\ -1 \end{pmatrix}$$

besitzen. Wie lauten die zugehörigen Eigenwerte? Für welche Werte von θ, φ erhalten Sie diese Eigenzustände aus Gl. (11.4)?

Aufgabe 11.5 Berechnen Sie die Spektraldarstellung aus Gl. (11.23) für die Basiszustände aus Gl. (11.22). Bestimmen Sie dazu auch die Projektionsmatrizen $\mathbb{P}_1(\theta)$ und $\mathbb{P}_2(\theta)$.

Aufgabe 11.6 Betrachten Sie einen Messoperator $\hat{S}$ mit den Eigenwerten s_1, s_2 und Eigenvektoren ϕ_1, ϕ_2. Der Mittelwert der Messergebnisse kann ausgedrückt werden durch

$$\bar{s} = \left| \langle \phi_1, \psi \rangle \right|^2 s_1 + \left| \langle \phi_2, \psi \rangle \right|^2 s_2 . \tag{11.26}$$

Die Betragsquadrate sind die Wahrscheinlichkeiten für die Messung der Eigenwerte, entsprechend dem von Neumann'schen Messpostulat, die möglichen Messergebnisse s_1, s_2 werden im oberen Ausdruck dann mit den Messwahrscheinlichkeiten gewichtet. Zeigen Sie, dass dieser Mittelwert auch in der Form

$$\bar{s} = \langle \psi, \hat{S}\psi \rangle$$

angeschrieben werden kann. Benutzen Sie dazu die Spektralzerlegung des Messoperators.

Aufgabe 11.7 Ein Kommutator für zwei Messoperatoren $\hat{S}_x$, $\hat{S}_z$ ist definiert durch

$$\left[\hat{S}_x, \hat{S}_z \right] = \hat{S}_x \hat{S}_z - \hat{S}_z \hat{S}_x .$$

Man kann genauso wie bei unserer früheren Herleitung der Heisenberg'schen Unschärferelation zeigen, dass die beiden Messwerte nur dann gleichzeitig genau bestimmt werden können, wenn der Kommutator null ergibt. Bestimmen Sie den oben angeführten Kommutator mit den Messmatrizen aus Gl. (11.12) und (11.5). Können S_x und S_z gleichzeitig genau bestimmt werden?

Aufgabe 11.8 Zeigen Sie, dass der Leiteroperator $\hat{a}^\dagger$ des harmonischen Oszillators aus Gl. (8.6) tatsächlich der hermitesch konjugierte Operator zu $\hat{a}$ ist.

Verschränkte Zustände

Inhaltsverzeichnis

Zusammenfassung

Wir diskutieren verschränkte Zustände und das Einstein-Podolsky-Rosen-Paradoxon. Verschränkte Zustände spielen eine zentrale Rolle in der Quanteninformationsverarbeitung. Wir führen kurz in die Gebiete der Quantenkommunikation und von Quantencomputern ein.

Die Jahre nach der Entdeckung der Schrödingergleichung und des Formalismus der Quantenmechanik waren geprägt von erfolgreichen Anwendungen der Theorie auf unterschiedlichste Objekte, wie Atome, Moleküle oder Festkörper, und Verallgemeinerungen der Theorie, beispielsweise im Rahmen der relativistischen Quantenmechanik, der Quantenelektrodynamik oder der Quantenchromodynamik zur Beschreibung von Nukleonen und Kernen. Die Quantenmechanik stellte sich als *die* erfolgreiche Theorie heraus, mit der man (fast) alles erklären konnte. Kurzum, es gab so viel zu tun, dass die konzeptionellen Fragen zur Natur der Quantenmechanik etwas auf der Strecke blieben. Im ersten Teil dieses Kapitels berichten wir über einen Angriff von Einstein, Podolsky und Rosen [21] auf die Quantenmechanik, in der sie ein Paradoxon aufstellten, das zeigen sollte, dass die Quantenmechanik unvollständig ist. Es folgte eine Entgegnung von Niels Bohr sowie ein immer wieder aufflackerndes Interesse an der Fragestellung, mit Protagonisten wie David Bohm oder John Bell, wobei sich das allgemeine Interesse für über fünfzig Jahre durchaus in Grenzen hielt.

U. Hohenester und K. Irgang, *Einführung in die Quantenmechanik*,
https://doi.org/10.1007/978-3-662-65980-9_12

Erst zu Beginn der 1980er-Jahre wurde dann plötzlich klar, dass die verschränkten Zustände, die dem Paradoxon zugrunde liegen, eine immens wichtige Rolle in der Quantenmechanik spielen. Heutzutage bilden sie das Herzstück der Quantenkryptographie und von Quantencomputern.

Einstein, Podolsky und Rosen, von hier an mit EPR abgekürzt, beginnen damit, einen Zustand für zwei Teilchen zu untersuchen

$$\psi(x_a, x_b),$$

wobei x_a die Koordinaten von Teilchen a und x_b die Koordinaten von Teilchen b bezeichnen. Das EPR-Paradoxon lässt sich allerdings besser mit zwei Spinteilchen verstehen, und das werden wir im Folgenden machen. Dazu benutzen wir den im vorigen Kapitel entwickelten Spinformalismus mit dem einzigen Unterschied, dass wir die Eigenwerte mit ± 1 anstelle von $\pm\hbar/2$ bezeichnen werden. Es gibt keinen tiefgreifenden Grund für diese Wahl, aber sie wird uns ein wenig Schreibarbeit ersparen. Betrachten wir nun einen Zustand

$$\psi = \begin{pmatrix} 1 \\ 0 \end{pmatrix}_a \begin{pmatrix} 0 \\ 1 \end{pmatrix}_b,$$

bei dem Teilchen a den Spin nach oben und Teilchen b den Spin nach unten besitzt. Wir nehmen nun an, dass die Teilchen räumlich getrennt werden und Teilchen a zur Beobachterin Alice und Teilchen b zum Beobachter Bob gelangt

$$\text{Alice} \quad \xleftarrow[\text{Teilchen } a]{} \quad \begin{pmatrix} 1 \\ 0 \end{pmatrix}_a \begin{pmatrix} 0 \\ 1 \end{pmatrix}_b \quad \xrightarrow[\text{Teilchen } b]{} \quad \text{Bob.}$$

Alice erhält somit den ersten Vektor der Wellenfunktion und Bob den zweiten. Wenn beide für ihre Messung die z-Basis wählen, so misst Alice den Spin nach oben und Bob den Spin nach unten, wie in Abb. 12.1 gezeigt. Ein klassisches Analogon, das sich später allerdings als unzureichend herausstellen wird, ist eine Schachtel, in der sich eine rote und eine blaue Kugel befinden, entsprechend dem Spin nach oben und unten. In unserem Beispiel entnimmt nun Alice die rote und Bob die blaue Kugel. Betrachten wir als Nächstes den Zustand

$$\psi = \begin{pmatrix} 0 \\ 1 \end{pmatrix}_a \begin{pmatrix} 1 \\ 0 \end{pmatrix}_b,$$

bei dem die Spinorientierungen gegenüber dem ersten Zustand genau umgedreht sind. In der z-Basis misst nun Alice den Spin nach unten und Bob den Spin nach oben, in unserem Kugelbeispiel entnimmt Alice die blaue und Bob die rote Kugel. Wir können allerdings auch eine Überlagerung der beiden soeben diskutierten Zustände bilden, einen sogenannten **verschränkten Zustand**

$$\psi_{\text{EPR}} = \frac{1}{\sqrt{2}} \left\{ \begin{pmatrix} 1 \\ 0 \end{pmatrix}_a \begin{pmatrix} 0 \\ 1 \end{pmatrix}_b - \begin{pmatrix} 0 \\ 1 \end{pmatrix}_a \begin{pmatrix} 1 \\ 0 \end{pmatrix}_b \right\}. \tag{12.1}$$

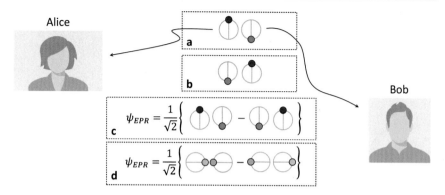

Abb. 12.1 Schematische Darstellung des EPR-Zustandes für zwei Spinteilchen, die an Alice und Bob gesandt werden, die Messungen an ihren jeweiligen Spins durchführen. (**a**) Produktzustand, bei dem der erste Spin nach oben (rote Kugel) und der zweite nach unten (blaue Kugel) zeigt. Alice erhält den Spin nach oben und Bob den Spin nach unten. (**b**) Gleich wie (a), aber für umgekehrte Spinorientierung. (**c**) Verschränkter EPR-Zustand ψ_{EPR}, der aus einer Linearkombination von (a) und (b) besteht, in der z-Basis. (**d**) ψ_{EPR} ist nicht nur in der z-Basis, sondern auch in der x-Basis und jeder anderen gedrehten Basis verschränkt

Die Orientierungen der beiden Spins sind in diesem Zustand unbestimmt, allerdings gilt, dass der Spin von Teilchen a immer entgegengesetzt zum Spin von Teilchen b ist. Das negative Vorzeichen im Überlagerungszustand ist eine übliche Wahl, sie spielt in unserer folgenden Analyse aber keine entscheidende Rolle. Wenn wir nun die beiden Teilchen zu Alice und Bob senden

$$\text{Alice} \xleftarrow[\text{Teilchen } a]{} \frac{1}{\sqrt{2}} \left\{ \begin{pmatrix} 1 \\ 0 \end{pmatrix}_a \begin{pmatrix} 0 \\ 1 \end{pmatrix}_b - \begin{pmatrix} 0 \\ 1 \end{pmatrix}_a \begin{pmatrix} 1 \\ 0 \end{pmatrix}_b \right\} \xrightarrow[\text{Teilchen } b]{} \text{Bob},$$

so erkennen wir, dass wir die Wellenfunktion nicht mehr in ein Produkt von Zuständen aufspalten könnnen, von denen ein Teil zu Alice und der andere zu Bob gelangt. Erwin Schrödinger hat solche Zustände als „verschränkt" bezeichnet, in dem Sinne, wie man seine Arme verschränkt. Die Bestandteile der Wellenfunktion für Teilchen a und Teilchen b lassen sich nicht auftrennen. In unserem Kugelbeispiel könnte der Vergleich lauten, dass Alice und Bob die Kugeln aus der Schachtel entnehmen, ohne nachzusehen, wer welche Kugel genommen hat. Sie entfernen sich voneinander und kontrollieren erst danach die Farbe: Wenn Alice die rote Kugel besitzt, so muss Bob die blaue haben, und wenn Alice die blaue Kugel besitzt, so muss Bob die rote haben.

Bis zu dieser Stelle funktioniert der Vergleich. Allerdings versagt er bei der Beschreibung einer weiteren Eigenschaft von verschränkten Zuständen, die wir nun untersuchen wollen und die eine zentrale Rolle beim EPR-Paradoxon spielt. Zustände der Form von Gl. (12.1) sind nicht nur in der z-Basis verschränkt, sondern auch in jeder anderen Basis. Wir zeigen das anhand der gedrehten Basis aus Gl. (11.22) und dem Zustand

$$
\psi_{EPR} = \frac{1}{\sqrt{2}} \left\{ \left[\cos\frac{\theta}{2}\binom{1}{0} + \sin\frac{\theta}{2}\binom{0}{1} \right]_a \left[-\sin\frac{\theta}{2}\binom{1}{0} + \cos\frac{\theta}{2}\binom{0}{1} \right]_b \right.
$$
$$
\left. - \left[-\sin\frac{\theta}{2}\binom{1}{0} + \cos\frac{\theta}{2}\binom{0}{1} \right]_a \left[\cos\frac{\theta}{2}\binom{1}{0} + \sin\frac{\theta}{2}\binom{0}{1} \right]_b \right\}.
$$

Die Beiträge in eckigen Klammern entsprechen genau den gedrehten Basiszuständen aus Gl. (11.22). Man kann nun leicht nachprüfen, dass die Beiträge, in denen beide Spins in dieselbe Richtung zeigen, einander wegheben und die verbleibenden Beiträge

$$
\psi_{EPR} = \frac{1}{\sqrt{2}} \left\{ \left[\cos^2\frac{\theta}{2} + \sin^2\frac{\theta}{2} \right] \binom{1}{0}_a \binom{0}{1}_b - \left[\cos^2\frac{\theta}{2} + \sin^2\frac{\theta}{2} \right] \binom{0}{1}_a \binom{1}{0}_b \right\}
$$

wieder zu der Wellenfunktion von Gl. (12.1) führen. In einem verschränkten Zustand sind die Spinmessungen der Teilchen a und b somit sowohl in der z-Basis als auch in jeder anderen Basis antikorreliert. Wenn Alice beispielsweise in der x-Basis einen Spin nach links misst, so muss Bob einen Spin nach rechts messen, und umgekehrt. Im Kugelvergleich können die Kugeln bei der Verwendung unterschiedlicher Basiszustände somit auch grün oder gelb sein oder irgendeine andere Farbkombination, wobei der Vergleich an dieser Stelle nun doch ein wenig zu hinken beginnt.

▶ Bei einem verschränkten Zustand sind die Quanteneigenschaften auf uneindeutige Weise auf zwei Teilchen aufgeteilt. Allerdings gilt, dass bei einer Messung in einer beliebigen Basis die beiden Messergebnisse stets antikorreliert sind.

12.1   EPR-Paradoxon

Das EPR-Paradoxon ist in seinem Herzen ein fundamentaler Angriff auf die Quantenmechanik, über den wir weiter unten noch mehr sagen werden. Zuerst möchten wir allerdings zeigen, dass etwas Seltsames passiert, wenn man das Messpostulat aus dem vorigen Kapitel direkt auf den verschränkten Zustand aus Gl. (12.1) anwendet. Nehmen wir an, dass die Teilchen a und b räumlich weit getrennt werden, sagen wir beispielsweise, um unser Argument besonders klar zu machen, Alice sei auf der Erde und Bob am über vier Lichtjahre entfernten Alpha Centauri. Die Teilchen a, b des verschränkten Zustands gelangen dann auf irgendeine Weise zu Alice und Bob, die nun Messungen durchzuführen beginnen. Zuerst misst Alice ihr Teilchen mit der Quantisierungsachse in z-Richtung, während Bob sein Teilchen noch unbeobachtet lässt. Entsprechend dem von Neumann'schen Messpostulat misst Alice mit einer Wahrscheinlichkeit von fünfzig Prozent entweder den Eigenwert $+1$ oder -1 (erinnern Sie sich, dass wir in diesem Kapitel im Eigenwert den zusätzlichen Faktor $\hbar/2$ vernachlässigen). Im Moment der **Messung in der z-Basis** kommt es zu einem

Kollaps der Wellenfunktion

$$\text{Alice misst } +1 \xleftarrow[\text{Teilchen } a]{} \psi_{\text{EPR}} \xrightarrow[\text{Teilchen } b]{} \text{Kollaps zu } \begin{pmatrix} 0 \\ 1 \end{pmatrix}_b$$

$$\text{Alice misst } -1 \xleftarrow[\text{Teilchen } a]{} \psi_{\text{EPR}} \xrightarrow[\text{Teilchen } b]{} \text{Kollaps zu } \begin{pmatrix} 1 \\ 0 \end{pmatrix}_b.$$

Wie kann es sein, dass die Messung der Eigenschaft des Teilchens a eine instantane Auswirkung auf die Wellenfunktion des Teilchens b hat? Eine klassische Informationsübertragung von Alice zu Bob könnte sich maximal mit Lichtgeschwindigkeit ausbreiten und würde somit mehr als vier Jahre benötigen. EPR ziehen diesen Kollaps in Frage und schreiben [21]:

> Zum Zeitpunkt der Messung wechselwirken die beiden Systeme [Teilchen a, b] nicht mehr, es kann also zu keiner Änderung im zweiten System kommen aufgrund von irgendetwas, das mit dem ersten System angestellt wird. Das ist natürlich nur eine Umformulierung dessen, was man mit dem Nichtvorhandensein einer Wechselwirkung zwischen den beiden Systemen meint.

Allerdings hat der Kollaps der Wellenfunktion durchaus messbare Konsequenzen. Nehmen wir an, Alice führt ihre Messung nicht in der z-Basis, sondern in der x-Basis durch. Nachdem ψ_{EPR} in jeder Basis verschränkt ist, misst Alice mit einer Wahrscheinlichkeit von jeweils wieder fünfzig Prozent den Eigenwert $+1$ oder -1 in der gedrehten Basis. Der Kollaps der Wellenfunktion bei **Messung in der x-Basis** erfolgt nun zu

$$\text{Alice misst } +1 \xleftarrow[\text{Teilchen } a]{} \psi_{\text{EPR}} \xrightarrow[\text{Teilchen } b]{} \text{Kollaps zu } \frac{1}{\sqrt{2}} \begin{pmatrix} 1 \\ -1 \end{pmatrix}_b$$

$$\text{Alice misst } -1 \xleftarrow[\text{Teilchen } a]{} \psi_{\text{EPR}} \xrightarrow[\text{Teilchen } b]{} \text{Kollaps zu } \frac{1}{\sqrt{2}} \begin{pmatrix} 1 \\ 1 \end{pmatrix}_b,$$

wobei wir die Spineigenzustände aus Aufgabe 11.4 benutzt haben. D. h., dass Bob abhängig von der vorherigen Messung von Alice unterschiedliche Zustände erhält. Seine Messung am Teilchen b führt entsprechend zu unterschiedlichen Ergebnissen. Das erscheint nun doch etwas seltsam.

In Wirklichkeit geht die Argumentation von EPR sogar noch weiter. Sie stellen in Frage, ob die Quantenmechanik in der in den vorangegangenen Kapiteln vorgestellten Form überhaupt vollständig ist. Sie beginnen damit, eine Definition für die physikalische Realität einzuführen [21]:

> Jedes Element der physikalischen Realität muss eine Entsprechung in der physikalischen Theorie besitzen [...]. Wenn man, ohne ein System in irgendeiner Weise zu stören, den Wert einer physikalischen Größe angeben kann, dann existiert ein Element der physikalischen Realität, das dieser physikalischen Größe entspricht.

Für den verschränkten Zustand besitzen die beiden Teilchen in jeder Basis entgegengesetzte Spinorientierungen. Wenn man die Eigenschaften eines Teilchens kennt, so kennt man auch die seines Zwillingsteilchens. Entsprechend besitzt die am ersten Teilchen gemessene Eigenschaft dann auch eine physikalische Realität für das zweite Teilchen. Wir können nun mit dem zweiten Teilchen eine Messung einer anderen Messgröße durchführen. Im Fall der von EPR untersuchten Wellenfunktion $\psi(x_a, x_b)$ könnte man bei Teilchen a die Ortseigenschaften und bei Teilchen b die Impulseigenschaften messen und dabei die Einschränkung der Heisenberg'schen Unschärferelation umgehen. Im Fall der verschränkten Spinwellenfunktion ψ_{EPR} könnten wir bei den beiden Teilchen beispielsweise die x- und z-Komponenten des Spins bestimmen und ausnutzen, dass die entsprechenden Eigenschaften der Zwillingsteilchen entgegengesetzt sind und somit gar nicht gemessen werden müssen. Wir erhielten dann genaue Werte für die beiden Spinkomponenten, obwohl dies entsprechend den Gesetzen der Quantenmechanik eigentlich nicht möglich sein sollte. Aus diesem Grund, so schließen EPR, sei die Quantenmechanik nicht vollständig.

Es gibt eine ausführliche Entgegnung von Niels Bohr, in der er zu einer Verteidigung der Quantenmechanik ansetzt. Allerdings ist diese Entgegnung etwas schwer zu lesen und wir wollen hier nicht explizit auf seine Argumentation eingehen. Mit einer konsequenten Auslegung der Quantenmechanik kann man tatsächlich den EPR-Angriff abwehren, aber man zahlt dafür den Preis, dass die Messung an einem Teilchen (auf der Erde) zu einem unmittelbaren Kollaps der Wellenfunktion (am Alpha Centauri) führt. Wenn man das annimmt, so kann am zweiten Teilchen nun nicht mehr eine unabhängige Messung durchgeführt werden, da es durch die Messung am ersten Teilchen zu einem Kollaps der Wellenfunktion kommt und diese sich somit von der ursprünglichen Wellenfunktion unterscheidet. Damit ist das Argument bezüglich der Umgehung der Heisenberg'schen Unschärferelation hinfällig. Da der Wellenfunktion keine physikalische Realität zukommt, ist das EPR-Argument bezüglich einer Wechselwirkung zwischen den beiden Teilchen bei einer Messung auch nicht wirklich zwingend. Und weil das Ergebnis einer Messung an einem Teilchen zufällig ist, kann man durch die Messung keine Information übertragen, was im Widerspruch zur Annahme einer maximalen Übertragungsgeschwindigkeit von Information (der Lichtgeschwindigkeit) stünde. Damit hätten wir die Quantenmechanik erfolgreich verteidigt. Allerdings müssen wir nun damit leben, dass eine Messung an einem Ende des Universums unmittelbare Folgen für die Messung an einem anderen Ende des Universums hätte, und das ist schon eine gewagte Annahme. Einstein selbst hat in diesem Zusammenhang von einer „spukhaften Fernwirkung" gesprochen und es überrascht nicht besonders, dass er diese für einen ziemlichen Unfug hielt.

12.2   Verborgene Variablen und Bell'sche Ungleichung

Lokale verborgene Variablen

Wenn die Quantenmechanik nicht vollständig wäre, dann müsste sie durch zusätzliche Variablen erweitert werden. Ein elegantes Modell für so eine Erweiterung geht auf David Bohm zurück, der annahm, dass in einem verschränkten Zustand jedes Teilchen eine oder mehrere verborgene Variablen λ besitzt. Wir werden keine weiteren Annahmen über diese Variablen treffen und nehmen sogar an, dass sie unter Umständen gar nicht messbar sind, daher auch der Begriff einer „verborgenen" Variable. Jedenfalls soll gelten, dass nach der Einstellung der lokalen Variable in der EPR-Quelle deren Wert nicht mehr geändert wird. Jedes Teilchen trägt diese verborgene Variable λ nun mit sich fort

Alice $\longleftarrow$ $\underset{\substack{\text{Teilchen } a \\ \text{verborgene Variable } \lambda}}{}$ EPR-Quelle $\underset{\substack{\text{Teilchen } b \\ \text{verborgene Variable } \lambda}}{}$ $\longrightarrow$ Bob.

Wir werden gleich sehen, dass in diesem Modell der Ausgang der Experimente durch den Wert von λ vorbestimmt ist, die Teilchen sollen nach einer Wechselwirkung innerhalb der Quelle, in der die lokalen Variablen der beiden Teilchen auf denselben Wert eingestellt werden, in keiner Weise mehr miteinander kommunizieren. Nachdem jedes Teilchen den Wert der verborgenen Variable λ mit sich trägt, spricht man von einer „lokalen" verborgenen Variable. Wir nehmen nun an, dass das Messergebnis

$$A(\lambda, \theta_a) = \pm 1$$

von Alice einerseits durch die verborgene Variable λ und andererseits durch die Einstellung des Winkels θ_a ihres Messgerätes bestimmt ist, siehe auch Abb. 12.2. Ähnliches gilt für das Messergebnis von Bob. Wir finden somit

$$A(\lambda, \theta_a) \underset{\text{Teilchen } a}{\longleftarrow} \text{EPR-Quelle} \underset{\text{Teilchen } b}{\longrightarrow} B(\lambda, \theta_b).$$

In diesem Modell wirken nun die Messergebnisse von Alice und Bob zwar zufällig, allerdings sind sie bereits durch die Einstellung der verborgenen Variablen zu Beginn vorbestimmt. Das Modell kann problemlos die Antikorrelation zwischen den Messungen von Alice und Bob bei gleichem Detektorwinkel $\theta_a = \theta_b$ erklären, und

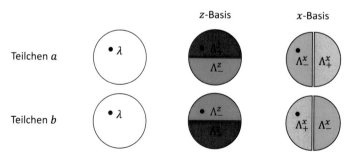

Abb. 12.2 In der Theorie der lokalen verborgenen Variablen besitzt jedes Teilchen eine lokale Variable λ, die über den Ausgang der späteren Experimente entscheidet. Zu Beginn werden die lokalen Variablen von Teilchen a und b auf denselben Wert gesetzt. Für eine Basis mit dem Drehwinkel θ kann der Bereich der verborgenen Variablen in zwei Unterbereiche Λ_+^θ, Λ_-^θ getrennt werden. Für $\lambda \in \Lambda_+^\theta$ erhält man den Messwert $+1$ und für $\lambda \in \Lambda_-^\theta$ erhält man den Messwert -1. Die Ergebnisse sind immer antikorreliert und wirken zufällig, obwohl sie durch den Wert von λ vorbestimmt sind

auch der unschöne Kollaps der Wellenfunktion wird nicht länger benötigt. Von einem ästhetischen Standpunkt aus betrachtet spricht vieles für das Modell der lokalen verborgenen Variablen, aber natürlich kann in den Naturwissenschaftenen immer nur die Natur selbst über richtig oder falsch entscheiden. Wobei es an dieser Stelle so wirkt, als ob sowohl die Quantenmechanik mit ihrem Kollaps der Wellenfunktion als auch das Modell der lokalen verborgenen Variablen zu denselben Vorhersagen führen.

Bell'sche Ungleichung

In einer ursprünglich wenig beachteten Arbeit [24] zeigte 1964 John Bell, dass es eine Möglichkeit gibt zu entscheiden, ob nun die Quantenmechanik oder die Theorie der lokalen verborgenen Variablen gültig ist. Bell schlägt ein Experiment vor, bei dem Alice zwischen zwei Messwinkeln θ_a, θ_a' wählt und Bob zwischen θ_b, θ_b'. Wir werden gleich mehr über die Wahl dieser Winkel sagen. Für bestimmte Detektorwinkel θ_a, θ_b messen nun Alice und Bob die Messreihen

$$\theta_a : \quad \{a_1, a_2, \ldots a_n\}$$
$$\theta_b : \quad \{b_1, b_2, \ldots b_n\}.$$

Die Messungen können weit voneinander stattfinden, so dass während der Messung keinerlei Informationen von Alice zu Bob gelangen kann. Am Ende der Messung legen Alice und Bob ihre Messergebnisse zusammen und bestimmen die Korrelationsfunktion

$$E(\theta_a, \theta_b) = \lim_{n \to \infty} \left(\frac{1}{n} \sum_{i=1}^{n} a_i b_i \right), \tag{12.2}$$

wobei wir die Idealisierung von unendlich vielen Messungen angedeutet haben. In einem tatsächlichen Experiment müssten wir noch die statistischen Unsicherheiten aufgrund der endlichen Zahl von Messungen berücksichtigen. Bell führt nun eine Messgröße

$$S = E(\theta_a, \theta_b) + E(\theta_a, \theta_b') + E(\theta_a', \theta_b') - E(\theta_a', \theta_b) \tag{12.3}$$

ein und zeigt, dass für die Theorie der lokalen verborgenen Variablen stets $|S| \leq 2$ gelten muss. Der Beweis ist für Interessierte in Abschn. 12.4 gegeben. Dort zeigen wir auch, dass man im Rahmen der Quantenmechanik unter Ausnutzung des Neumann'schen Messprinzips den Erwartungswert

$$E(\theta_a, \theta_b) = -\cos(\theta_a - \theta_b) \tag{12.4}$$

erhält. Betrachten wir nun die Winkel

$$\theta_a = \frac{3\pi}{4}, \quad \theta_a' = \frac{\pi}{4}, \quad \theta_b = 0, \quad \theta_b' = -\frac{\pi}{2}. \tag{12.5}$$

Man zeigt nun leicht, dass gilt

$$E(\theta_a, \theta_b) = -\cos\left(\frac{3\pi}{4} - 0\right) = 1/\sqrt{2}$$

$$E(\theta_a, \theta_b') = -\cos\left(\frac{3\pi}{4} + \frac{\pi}{2}\right) = 1/\sqrt{2}$$

$$E(\theta_a', \theta_b') = -\cos\left(\frac{\pi}{4} + \frac{\pi}{2}\right) = 1/\sqrt{2}$$

$$E(\theta_a', \theta_b) = -\cos\left(\frac{\pi}{4} - 0\right) = -1/\sqrt{2}.$$

Somit erhalten wir für die von Bell vorgeschlagene kombinierte Messgröße

$$S = E(\theta_a, \theta_b) + E(\theta_a, \theta_b') + E(\theta_a', \theta_b') - E(\theta_a', \theta_b) = \frac{4}{\sqrt{2}} = 2\sqrt{2}. \quad (12.6)$$

Dieser Wert ist größer als die Abschätzung $|S| \leq 2$ für die Theorie der verborgenen lokalen Variablen. Somit ist es möglich, in einem Experiment zwischen der Gültigkeit dieser Theorie sowie der Quantenmechanik mit ihrem instantanen Kollaps der Wellenfunktion zu unterscheiden.

Experimentelle Realisierung

Der Durchbruch bei der experimentellen Realisierung des EPR-Gedankenexperiments gelang 1982 Alain Aspect [22] und Mitarbeitern, wobei es zuvor einige andere Experimente gegeben hatte, die auf eine Verletzung der Bell'schen Ungleichung $|S| \leq 2$ hingedeutet hatten. Allerdings beinhalteten diese Experimente eine Reihe von Unsicherheiten und Zusatzannahmen. Aspect benutzte in seinem Experiment verschränkte Photonenpaare, die in einem nichtlinearen optischen Prozess erzeugt werden. Wir skizzieren hier die Grundidee, gehen aber nicht auf die Details ein. In einem Prozess, der als *parametric down conversion* bezeichnet wird, trifft ein UV-Photon auf einen nichtlinearen Kristall, in dem das Photon in zwei Photonen zerfällt. Energie und Impuls der Photonen bleiben in dem Prozess erhalten

$$h\nu_{\text{in}} = h\nu_1 + h\nu_2$$
$$\hbar\vec{k}_{\text{in}} = \hbar\vec{k}_1 + \hbar\vec{k}_2. \quad (12.7)$$

$h\nu_{\text{in}}$ und $\hbar\vec{k}_{\text{in}}$ sind die Energie und der Impuls des einlaufenden UV-Photons, und die beiden auslaufenden Photonen werden mit 1 und 2 bezeichnet. Abb. 12.3 zeigt die Aufnahme der in einem solchen Prozess erzeugten Photonen. Der weiße Punkt in der Mitte deutet die Position an, entlang der das UV-Photon einläuft (nämlich auf den Betrachter zu). Nach dem nichlinearen Kristall bewegen sich die zwei Photonen niedrigerer Energie in unterschiedliche Richtungen, entsprechend der Energie- und Impulserhaltung aus Gl. (12.7). Von Bedeutung sind die grünen Ringe, bei

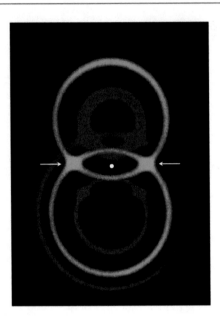

Abb. 12.3 Erzeugung von verschränkten Photonenpaaren in einem optischen Experiment. In einem nichtlinearen Kristall wird ein UV-Photon in zwei Photonen umgewandelt, wobei Energie, Impuls und Drehimpulserhaltung gelten. Für bestimmte Winkel (siehe Pfeile) besitzen die Photonen dieselbe Energie und die Polarisationszustände der beiden Photonen sind verschränkt. Der Punkt in der Mitte zeigt die Position des einlaufenden Photons [23]. (Bild mit freundlicher Genehmigung von Anton Zeilinger, (c) Paul Kwiat & Michael Reck)

denen beide Photonen dieselbe Energie besitzen, und insbesondere die durch Pfeile gekennzeichneten Punkte, bei denen die beiden Photonen aufgrund der Drehimpulserhaltung in einem verschränkten Polarisationszustand sind, entsprechend dem EPR-Zustand aus Gl. (12.1). Es sind also die fundamentalen Erhaltungsgrößen von Energie, Impuls und Drehimpuls, die dazu führen, dass verschränkte Zustände quasi von selbst in einem nichtlinearen optischen Prozess erzeugt werden.

Mit solchen verschränkten Photonen führten nun Aspect und Mitarbeiter ihr Experiment durch und beobachteten einen Parameter [22]

$$S_{\text{expt}} = 2,697 \pm 0,015. \tag{12.8}$$

Dieser Wert ist signifikant größer als der Maximalwert von 2, der im Rahmen der Theorie der lokalen verborgenen Variablen möglich wäre. Somit **liefert die Quantenmechanik die richtige Vorhersage.** Das Experiment wurde danach oft in teilweise abgeänderter Form durchgeführt, beispielsweise um zu verhindern, dass während des Experiments irgendeine Information von Alice zu Bob gelangen kann. Alle experimentellen Ergebnisse unterstützen die Vorhersage der Quantenmechanik und sind im Widerspruch zur Vorhersage der lokalen verborgenen Variablen.

Nun mag es nicht zu sehr überraschen, dass in einem Lehrbuch über Quantenmechanik am Ende die Quantenmechanik siegt und nicht irgendeine andere Theorie, die wir im vorletzten Kapitel gerade noch aus dem Hut gezaubert haben. Dennoch sollte man sich vor Augen führen, was diese Experimente nun wirklich zeigen: Die Messung an einem Ende des Universums führt zu einem Kollaps der Wellenfunktion, der Auswirkungen auf eine Messung an einem anderen Ende des Universums haben kann. Wir müssen zwar die beiden Messergebnisse von Alice und Bob zusammenbringen, weder Alice noch Bob können aufgrund ihrer eigenen Ergebnisse feststellen, ob sie die Messungen an einem verschränkten Photonenpaar oder einem einzelnen Photon durchgeführt haben. Und bei der Zusammenführung ihrer Messdaten sind sie auf die maximale Übertragungsgeschwindigkeit für Information, die Lichtgeschwindigkeit, angewiesen. Das EPR-Paradoxon ist daher nicht im Widerspruch zur Relativitätstheorie. Dennoch finden wir, dass die Quantenmechanik nichtlokal ist, weit entfernte Teile des Universums können korreliert werden, ohne dass es zu einem Informationsaustausch kommt. Und das zu akzeptieren, geschweige denn zu verstehen, ist nun wirklich nicht mehr einfach.

▶ Die Experimente mit verschränkten Zuständen zeigen, dass Messungen an unterschiedlichen Orten des Universums korreliert sein können. Dieses Ergebnis ist im Widerspruch zu den Vorhersagen der Theorie der verborgenen lokalen Variablen und zeigt, dass die Quantenmechanik eine nichtlokale Theorie ist.

12.3 Quantenkommunikation und Quantencomputer

Mitte der 1980er-Jahre setzte eine Entwicklung ein, bei der man zu überlegen begann, ob man das im letzten Abschnitt besprochene seltsame Verhalten von verschränkten Zuständen in irgendeiner Weise für etwas „Sinnvolles" ausnutzen könnte, das in einer rein klassischen Welt nicht möglich wäre. Es war die Geburtsstunde der Quanteninformationsverarbeitung, die im Rest dieses Kapitels kurz diskutiert werden soll. Die Grundbausteine für unsere weiteren Überlegungen sind Quantenbits oder **Qubits,** das sind Zweiniveausysteme, wobei man in Analogie zu klassischen Bits die Zustände mit 0 und 1 nummeriert. Welchen der Zustände eines Zweiniveausystems man nun mit 0 oder 1 bezeichnet, ist Geschmacksache, wir wollen hier die Zuordnung

$$q_0 = \begin{pmatrix} 0 \\ 1 \end{pmatrix}, \quad q_1 = \begin{pmatrix} 1 \\ 0 \end{pmatrix}$$

wählen, wobei die entsprechenden Eigenwerte 0 und 1 sein sollen. Während ein klassisches Bit ausschließlich die Werte 0 oder 1 besitzen kann, so kann ein Qubit auch in einen Überlagerungszustand

$$\psi = \alpha q_0 + \beta q_1 \tag{12.9}$$

gebracht werden, mit komplexen Amplituden α und β, die entsprechend Gl. (11.10) normiert sein müssen. Bis auf die Sprechweise von null und eins entsprechen Qubits genau den Zweiniveausystemen, die wir im letzten und diesem Kapitel kennengelernt haben. Sie müssen also nichts Neues dazulernen und wir können sofort loslegen.

No-Cloning-Theorem

Das No-Cloning-Theorem besagt, dass ein unbekannter Quantenzustand nicht kopiert oder geklont werden kann. Es spielt vor allem in der Quantenkryptographie eine wichtige Rolle. Die Herleitung ist extrem einfach. Nehmen wir an, Alice besitzt einen Zustand ψ_a der Form aus Gl. (12.9) und Bob möchte eine Kopie dieses Zustandes für seine Wellenfunktion ψ_b herstellen. Zu Beginn des Kopierprozesses präpariert Bob nun sein Qubit im Zustand q_0. Für die Basiszustände q_0, q_1 von Alice muss nun gelten

$$(q_0)_a (q_0)_b \xrightarrow[\text{Kopierer}]{} (q_0)_a (q_0)_b \qquad (12.10a)$$

$$(q_1)_a (q_0)_b \xrightarrow[\text{Kopierer}]{} (q_1)_a (q_1)_b. \qquad (12.10b)$$

Mit diesen Grundregeln kann die Wellenfunktion von Alice so kopiert werden, dass Bob eine exakte Kopie davon besitzt. Wenn wir die Grundregeln auf eine Überlagerungswellenfunktion von Alice anwenden, so finden wir

$$(\alpha q_0 + \beta q_1)_a (q_0)_b \xrightarrow[\text{Kopierer}]{} \alpha (q_0)_a (q_0)_b + \beta (q_1)_a (q_1)_b. \qquad (12.11)$$

Wir erhalten somit einen verschränkten Zustand anstelle des gewünschten Kopiezustandes $\psi_a \psi_b$, bei dem die Wellenfunktion ψ_a von Alice in die Wellenfunktion ψ_b von Bob kopiert wurde. Im verschränkten Zustand sind die Quanteneigenschaften nicht auf eindeutige Weise zwischen Alice und Bob aufgeteilt. Wenn Bob eine Messung durchführt, um mehr über sein Qubit zu erfahren, so verändert er auch den Zustand von Alice, wie im vorigen Abschnitt besprochen. Somit ist es nicht möglich, einen unbekannten Zustand eines Qubits zu kopieren. Das beendet unseren Beweis des No-Cloning-Theorems.

▶ Das No-Cloning-Theorem besagt, dass ein unbekannter Quantenzustand nicht kopiert (geklont) werden kann. Stattdessen kommt es beim Kopiervorgang zu einer Verschränkung zwischen gemessenem und messendem System.

Quantenkryptographie

Quantenkryptographie ermöglicht einen abhörsicheren Datenaustausch zwischen zwei Parteien, die wir in guter Tradition mit Alice und Bob bezeichnen wollen. Wir werden gleich sehen, dass Alice und Bob in Wirklichkeit nicht die Daten selbst austauschen, sondern einen zufälligen Schlüssel

Schlüssel = 01000101010100011111110100100110101011 ...,

der aus einer zufälligen Abfolge von Nullen und Einsen besteht. Für solche Schlüssel existieren Algorithmen zur Verschlüsselung und Entschlüsselung von Daten, wobei die Entschlüsselung ohne Kenntnis des Schlüssels de facto unmöglich ist. Das Protokoll, das wir im Folgenden diskutieren werden, erlaubt den abhörsicheren Austausch eines zufälligen Schlüssels, dessen Form erst am Ende des Austausches bestimmt werden kann. Jeder Versuch von einer dritten Partei, die üblicherweise als Eve bezeichnet wird, das an den englischen Ausdruck *eavesdropper* für Lauscherin erinnern soll, kann von Alice und Bob erkannt werden. Damit wird sichergestellt, dass am Ende des Protokolls wirklich nur Alice und Bob im Besitz dieses Schlüssels sind.

Der erste Teil des Protokolls ist ähnlich wie beim EPR-Paradoxon, bei dem zwei verschränkte Teilchen a und b an Alice und Bob gesandt werden

$$\underline{①①}\ ①\underline{⊖}\ ⊖\underline{⊖}\ \underline{①①}\quad\xleftarrow[\text{Teilchen } a]{}\ \text{EPR-Quelle}\ \xrightarrow[\text{Teilchen } b]{}\quad\underline{①①}\,⊖\underline{⊖}\ \underline{①}⊖\underline{①①}.$$

Alice und Bob messen den Zustand ihres Teilchens, wobei sie zufällig die z-Basis ① oder die x-Basis ⊖ wählen. Offensichtlich gilt, dass die Ergebnisse von Alice und Bob antikorreliert sind, wenn sie dieselbe Basis wählen (im oberen Ausdruck durch einen Unterstrich gekennzeichnet) und zufällig und unkorreliert, wenn sie unterschiedliche Basen wählen. Ein Ergebnis könnte nun beipielsweise wie folgt aussehen

$$\underline{01}\cdot 1\cdot\underline{001}\quad\xleftarrow[\text{Teilchen } a]{}\ \text{EPR-Quelle}\ \xrightarrow[\text{Teilchen } b]{}\quad\underline{10}\cdot 0\cdot\underline{110},$$

wobei wir nur die Messergebnisse angegeben haben, bei denen Alice und Bob dieselbe Basis gewählt haben. Man kann leicht überprüfen, dass bei übereinstimmender Basis die Messergebnisse antikorreliert sind. Ein identer Schlüssel entsteht, wenn beispielsweise Bob seine Messwerte invertiert. Allerdings müssen Alice und Bob davor noch herausfinden, bei welchen Messungen sie dieselbe Basis verwendet haben. Im Prinzip geht das einfach. Alice teilt Bob mit, welche Basiseinstellungen sie benutzt hat,

$$\text{Alice}\quad\xrightarrow[\text{„}①①①⊖⊖\,①\,①...\text{“}]{}\quad\text{Bob},$$

und Bob informiert Alice, bei welchen Messungen sie Übereinstimmung hatten. Diese Kommunikation kann durchaus über einen öffentlichen Informationskanal wie das Internet erfolgen, weil damit ja keine entscheidende Information preisgegeben wird. Alice und Bob behalten ihre Messergebnisse für sich. Am Ende des Protokolls besitzen Alice und Bob dann beide einen zufälligen, aber identen Schlüssel.

Weshalb kann der Schlüssel nicht von einer dritten Partei wie Eve abgehört werden? Der Grund ist das No-Cloning-Theorem, das es Eve verbietet, eines der beiden Teilchen a oder b zu messen, ohne dass es Alice und Bob bemerken würden. Die einzige Möglichkeit, die Eve hat, ist selbst eine Messung durchzuführen (wobei sie ebenfalls zufällig eine Basis wählen muss) und danach das gemessene Spinteilchen an Alice oder Bob weiterzuleiten. Nehmen wir an, Eve misst das Teilchen b und wählt zufällig die gleiche Basis wie Alice und Bob:

$$\begin{pmatrix} \text{Alice misst 1} \\ \text{in Basis} \ \oplus \end{pmatrix} \xleftarrow[\text{Teilchen } a]{} \text{EPR-Quelle} \xrightarrow[\text{Teilchen } b]{} \begin{pmatrix} \text{Eve misst 0} \\ \text{in Basis} \ \oplus \end{pmatrix}.$$

Damit Bob nichts merkt, muss sie ihm das Teilchen weitersenden:

$$\text{Eve} \xrightarrow[\text{Teilchen } b \text{ in Zustand } q_0 \text{ und Basis} \ \oplus]{} \begin{pmatrix} \text{Bob misst 0} \\ \text{in Basis} \ \oplus \end{pmatrix}.$$

Bob misst dann dasselbe Ergebnis, das er auch ohne die Lauscherin erhalten hätte. Bisher ist für Eve alles gut gegangen. Problematisch wird es, wenn Eve die falsche Basis wählt:

$$\begin{pmatrix} \text{Alice misst} \\ \text{in Basis} \ \oplus \end{pmatrix} \xleftarrow[\text{Teilchen } a]{} \text{EPR-Quelle} \xrightarrow[\text{Teilchen } b]{} \begin{pmatrix} \text{Eve misst} \\ \text{in Basis} \ \ominus \end{pmatrix}.$$

In diesem Fall sind die Messergebnisse von Alice und Eve unkorreliert, und Eve sendet das Teilchen in der falschen Basis an Bob weiter. Somit sind auch die Messergebnisse von Alice und Bob unkorreliert. Um so eine Attacke von Eve zu erkennen, reicht es aus, dass Bob einige Bits seines Schlüssels opfert und sie über einen öffentlichen Kanal an Alice sendet. Sie kann dann überprüfen, ob diese Bits mit denen ihres Schlüsses übereinstimmen. Falls ja, haben sie den Schlüssel ausgetauscht, ohne dass eine Lauschattacke stattgefunden hat. Alice verschlüsselt nun die Daten, die sie an Bob senden möchte, und sendet die verschlüsselten Daten über einen öffentlichen Kanal an Bob. Falls Alice Unstimmigkeiten zwischen ihren und Bobs gesendeten Bits entdeckt, so teilt sie den Lauschangriff an Bob mit und die beiden verwerfen den ausgetauschten Schlüssel.

▶ Die Quantenkryptographie benutzt das No-Cloning-Theorem für die abhörsichere Übertragung einer zufälligen Bitabfolge zur Verschlüsselung und Entschlüsselung von Daten.

In Experimenten konnte die Quantenkryptographie erfolgreich und eindrucksvoll gezeigt werden. Im Gegensatz zur optischen Datenübertragung über Glasfaserkabel, bei der das Signal nach ungefähr 30 km auf den $1/e$-ten Teil abgefallen ist und verstärkt werden muss, können einzelne Photonen aufgrund des No-Cloning-Theorems nicht einfach verstärkt werden, sie werden vom Glasfaserkabel absorbiert. Aus diesem Grund bevorzugt man häufig Freiluftexperimente. Abb. 12.4 zeigt eine Realisierung aus der Gruppe von Jian-Wei Pan, bei der Alice und Bob in zwei Städten stationiert sind, die über 1000 km voneinander entfernt sind und die verschränkten Photonen von einem Satelliten ausgesandt werden [25].

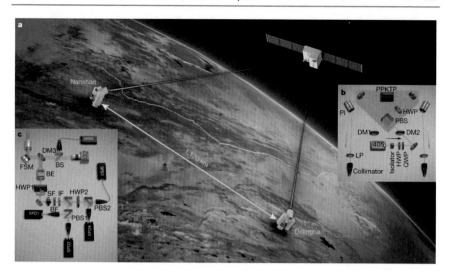

Abb. 12.4 Eine experimentelle Quantenkryptograhphie-Realisierung aus der Gruppe von Jian-Wei Pan, bei der Alice und Bob in zwei Städten stationiert sind, die über 1000 km voneinander entfernt sind und die verschränkten Photonen von einem Satelliten ausgesandt werden [25]

Quantencomputer

Im Vergleich zur Quantenkryptographie ist die Implementierung von Quantencomputern viel, viel schwieriger. Obwohl es im Moment massive Bemühungen und auch erste Erfolge in diese Richtung gibt, beispielsweise den Sycamore-Prozessor unter Beteiligung von Google, kann man dennoch davon ausgehen, dass Quantencomputer, wie wir sie im Folgenden beschreiben wollen, erst frühestens in einigen Jahrzehnten zur Verfügung stehen werden. In diesem Abschnitt diskutieren wir die Grundidee von Quantencomputern und gehen im nächsten Kapitel auf die Schwierigkeiten bei deren Implementierung ein, nämlich Verluste der Quanteneigenschaften durch Umgebungswechselwirkungen. Quantencomputer bestehen idealerweise aus einigen hundert bis tausend Qubits, die individuell manipuliert und paarweise in Wechselwirkung gebracht werden können, wobei am Ende eine Messung aller Qubits erfolgt. Die kontrollierte Manipulation einzelner Quantensysteme wird bisweilen auch als die **zweite Quantenrevolution** bezeichnet.

Zuerst wollen wir die Funktionsweise von klassischen Computern skizzieren. In der einfachsten Form wird ein Input (eine Abfolge von Bits) von einem Algorithmus so verarbeitet, dass am Ende das Ergebnis in der Form eines Outputs (ebenfalls eine Abfolge von Bits) zur Verfügung steht,

$$\underbrace{\text{Input}}_{n \text{ Bits}} \xrightarrow[\text{Algorithmus}]{} \text{Output.}$$

Beispiele sind die Addition und Multiplikation von Zahlen oder Matrizen oder die Minimumsuche von Funktionen oder Listen von Zahlen. Um prinzipielle Schlüsse über die Arbeitsweise von Algorithmen zu ziehen, ist es günstig, auf das Konzept der **Turingmaschine** zurückzugreifen. Eine Turingmaschine ist ein mathematisches Modell eines Computers, das auf wenigen Grundannahmen und Befehlen zur Bearbeitung von Daten beruht, die mit den Methoden der Mathematik analysiert werden können. Allerdings gilt, dass die Schlussfolgerungen für Turingmaschinen auch für tatsächliche Computer gelten. Somit ist es nicht nötig, für jeden Computertyp die Arbeitsweise von Algorithmen neu zu analysieren, die Schlussfolgerungen aus der Turingmaschine sind universell.

Ein wichtiges Konzept ist die sogenannte **Komplexitätsklasse.** Nehmen wir an, der Input besteht aus n Bits. Wir können nun die Frage stellen: Wie viele Rechenschritte benötigt ein bestimmter Algorithmus, um zum Endergebnis zu gelangen? In vielen Fällen skaliert der Aufwand (die Zahl der Rechenschritte) linear oder polynomial mit der Länge n des Inputs

$$\#\text{Rechenschritte} \;\propto\; \mathcal{O}\left(n^m\right),$$

wobei $\mathcal{O}$ die Ordnung bezeichnet, das ist die ungefähre Zahl von benötigten Rechenschritten. Beispielsweise benötigt man für die Addition von zwei Zahlen n Rechenschritte, das entspricht einer linearen Komplexität $\mathcal{O}(n)$. Für die Multiplikation von zwei Matrizen der Ordnung n benötigt man n^3 Rechenschritte, das entspricht einer polynomialen Komplexität $\mathcal{O}(n^3)$.

Schließlich gibt es Probleme der exponentiellen Komplexitätsklasse mit $\mathcal{O}(e^n)$ Rechenschritten. Diese Probleme sind richtig schwer zu lösen, weil die Exponentialfunktion schneller ansteigt als jede andere Funktion. Wenn wir so ein Problem für einen Input der Länge n in beispielsweise einer Stunde auf einem normalen Computer lösen können, so kann die Lösung des Problems bei einer Inputlänge von $2n$ selbst auf einem Supercomputer mehrere Jahre benötigen. Es macht nicht einmal Sinn, auf die nächste Generation von Computern zu warten, weil deren Geschwindigkeitszunahme in keiner Weise die dramatische Zunahme von Rechenschritten kompensieren könnte. Man sagt dann, dass Probleme der exponentiellen Komplexitätsklasse für eine genügend große Zahl von Inputbits de facto unlösbar sind.

Der wichtige Punkt ist nun der, dass bestimmte Probleme, die auf einem klassischen Computer der exponentiellen Komplexitätsklasse angehören, auf einem Quantencomputer in eine polynomiale Komplexitätsklasse übergeführt werden können. Einfacher ausgedrückt heißt das, dass Probleme, die auf einem klassischen Computer unlösbar sind, auf einem Quantencomputer gelöst werden können. Ein wichtiges Beispiel ist der Shor'sche Algorithmus zur Faktorisierung in Primzahlen. Diese Faktorisierung ist für klassische Computer exponentiell schwierig und für Quantencomputer nur polynomial schwierig. Die Primzahlenzerlegung spielt eine wichtige Rolle bei der Verschlüsselung von Daten: Weil sie so schwer zu berechnen ist, ist es auch so schwierig (fast unmöglich), die verschlüsselten Daten ohne Kenntnis des Schlüssels zu entschlüsseln. Ein Quantencomputer könnte die Entschlüsselung jedoch möglich machen. Das ist ein Beispiel dafür, dass Probleme, die auf einem klassischen Computer unlösbar sind, auf Quantencomputern lösbar wären. Man geht davon aus, dass es noch etliche andere Probleme gibt, für die ähnliche Überlegungen angestellt werden können. Im Moment ist nicht klar, wohin die Reise mit Quantencomputern tatsächlich gehen wird, aber die Erwartungen und Hoffnungen sind hochgesteckt.

▶ Auf einem Quantencomputer können Berechnungen, die auf einem klassischen Computer unlösbar sind (exponentielle Komplexitätsklasse), lösbar gemacht werden (polynomiale Komplexitätsklasse).

Wie funktioniert nun so ein Quantencomputer? Das wollen wir kurz skizzieren. Ein Quantencomputer besteht aus n Qubits, die anfangs alle im Grundzustand präpariert werden:

$$\psi_0 = \underbrace{q_0 q_0 q_0 q_0 \ldots q_0}_{n \text{ Qubits}}.$$

Ein Quantenalgorithmus verändert nun den Zustand dieser Qubits auf zwei unterschiedliche Arten. Diese Manipulationen werden oft als **Quantengatter** bezeichnet. Bei Einzelqubitgattern wird der Spin eines Qubits um einen bestimmten Winkel gedreht. Und bei einem Controlled-NOT-Gatter wird der Zustand eines *target*-Qubits abhängig von der Einstellung eines *control*-Qubits invertiert oder nicht:

$$\begin{aligned}
(q_0)_t (q_0)_c &\longrightarrow (q_0)_t (q_0)_c, & (q_1)_t (q_0)_c &\longrightarrow (q_1)_t (q_0)_c \\
(q_0)_t (q_1)_c &\longrightarrow (q_1)_t (q_1)_c, & (q_1)_t (q_1)_c &\longrightarrow (q_0)_t (q_1)_c.
\end{aligned}$$

Im Prinzip lassen sich mit diesen beiden universellen Gattern alle Qubitmanipulationen implementieren, die man für Quantenalgorithmen benötigt. Allerdings können die Gatter nicht nur auf die Basiszustände q_0 und q_1 angewandt werden, sondern auch auf beliebige Überlagerungszustände. Ein typischer Quantenalgorithmus besteht nun darin, dass in der anfänglichen Wellenfunktion ψ_0 alle Qubits in einen Überlagerungszustand gedreht werden:

$$\psi_0 \longrightarrow \psi_{\text{inp}} = \frac{1}{\sqrt{2^n}} (q_0 + q_1)(q_0 + q_1)(q_0 + q_1)(q_0 + q_1) \ldots (q_0 + q_1).$$

Indem man die Klammern ausmultipliziert, kann man leicht überprüfen, dass dieser Inputzustand einfach eine Linearkombination aller 2^n möglichen Kombinationen von q_0 und q_1 ist. Wenn wir eine bestimmte Kombination mit $\mathcal{Q}_i$ bezeichnen, so gilt

$$\psi_{\text{inp}} = \frac{1}{\sqrt{2^n}} \sum_{i=1}^{2^n} \mathcal{Q}_i. \tag{12.12}$$

Ein Quantenalgorithmus soll nun so konzipiert sein, dass er für einen einzigen Eingangszustand $\mathcal{Q}_i$ entsprechend seinem klassischen Gegenstück die gewünschte Outputfunktion $f(\mathcal{Q}_i)$ liefert. Allerdings kann der Quantenalgorithmus auch direkt auf den Überlagerungszustand aus Gl. (12.12) angewandt werden:

$$\psi_{\text{inp}} \xrightarrow[\text{Algorithmus}]{} \sum_{i=1}^{2^n} f(\mathcal{Q}_i). \tag{12.13}$$

Der erste Vorteil eines Quantenalgorithmus ist offensichtlich der Wellencharakter der Quantenmechanik, der es ermöglicht, den Algorithmus massiv parallel für alle Kombinationen $\mathcal{Q}_i$ gleichzeitig ablaufen zu lassen. Wäre das alles, so könnte man allerdings auch klassische Wellencomputer bauen. Ein guter Quantenalgorithmus sollte nun so beschaffen sein, dass nur wenige Funktionswerte $f(\mathcal{Q}_i)$ von null verschieden sind, während sich die anderen Amplituden der Wellenfunktion durch destruktive Interferenz wegheben. Wenn wir nun eine Messung am Endzustand aus Gl. (12.13) durchführen, so messen wir mit hoher Wahrscheinlichkeit die Komponenten mit einer großen Amplitude. Ein Quantenalgorithmus muss unter Umständen öfters durchlaufen werden, bis man alle Outputzustände mit von null verschiedenen Amplituden gefunden hat, aber diese Wiederholung ändert im Allgemeinen wenig an der Geschwindigkeitseinsparung gegenüber einem klassischen Computer. Es ist also genau die Kombination aus Wellen- und Teilchencharakter der Quantenmechanik, die es Quantenalgorithmen erlaubt, ihre klassischen Gegenstücke auszustechen. Allerdings ist es extrem schwierig, solche Quantencomputer auch tatsächlich zu bauen und zu betreiben. Warum das so ist, wird im nächsten Kapitel diskutiert werden.

12.4 Details zur Bell'schen Ungleichung*

In diesem Abschnitt leiten wir die Bell'sche Ungleichung im Rahmen der Theorie der lokalen verborgenen Variablen sowie der Quantenmechanik her. Wir beginnen mit der Theorie der lokalen verborgenen Variablen, für die wir die Ungleichung $|S| \leq 2$ finden, und zeigen danach, dass diese Ungleichung im Rahmen der Quantenmechanik verletzt werden kann.

Lokale verborgene Variablen*

Nehmen wir für den Moment an, dass die Theorie der lokalen verborgenen Variablen richtig sei. Würde in der EPR-Quelle stets dieselbe verborgene Variable λ eingestellt werden,

$$A(\lambda, \theta_a) \xleftarrow{\text{Teilchen } a} \text{EPR-Quelle} \xrightarrow{\text{Teilchen } b} B(\lambda, \theta_b),$$

so könnten wir die Korrelationsfunktion aus Gl. (12.2) als das Produkt der Messergebnisse von Alice und Bob darstellen, $E(\theta_a, \theta_b) = A(\lambda, \theta_a)B(\lambda, \theta_b)$. Für den allgemeinen Fall müssen wir die rechte Seite mit der Wahrscheinlichkeitsdichte $P(\lambda)$ für das Auftreten einer bestimmten Variable λ multiplizieren und über alle möglichen Wert von λ integrieren,

$$E(\theta_a, \theta_b) = \int A(\lambda, \theta_a) B(\lambda, \theta_b)\, P(\lambda)d\lambda. \tag{12.14}$$

Wir wollen an dieser Stelle keinerlei Annahmen über irgendwelche Details der verborgenen Variablen treffen und benutzen nur, dass die Verteilung $P(\lambda)$ auf eins normiert ist und somit im Sinne einer Wahrscheinlichkeit interpretiert werden kann. Für den Fall, dass die Detektionswinkel von Alice und Bob übereinstimmen, erhalten wir perfekte Antikorrelation

$$E(\theta, \theta) = -1,$$

da die Messergebnisse von Alice und Bob entsprechend unserer Annahme stets entgegengesetzt sind. Dieser Fall entspricht der bestmöglichen Korrelation, die sich in so einem Experiment realisieren lässt. Im allgemeinen Fall wird sich der Grad der Korrelation verringern und wir können die Abschätzung

$$\left| E(\theta_a, \theta_b) \right| \le 1 \tag{12.15}$$

durchführen. Betrachten wir nun die Messgröße S aus Gl. (12.3). Im Rahmen der lokalen verborgenen Variablentheorie erhalten wir

$$S = \int A(\theta_a, \lambda) \Big[B(\theta_b', \lambda) + B(\theta_b, \lambda) \Big] P(\lambda) d\lambda$$
$$+ \int A(\theta_a', \lambda) \Big[B(\theta_b', \lambda) - B(\theta_b, \lambda) \Big] P(\lambda) d\lambda,$$

wobei wir die ersten beiden und die letzten beiden Beiträge von S in je einem Integral zusammengefasst haben. Nun kommt der entscheidende Punkt. Die möglichen Messwerte von Bob sind jeweils ± 1. Man kann nun leicht zeigen, dass, wenn eine der eckigen Klammern ± 2 ergibt, die andere eckige Klammer null sein muss,

$$S = \int A(\theta_a, \lambda) \begin{Bmatrix} \pm 2 \\ 0 \end{Bmatrix} P(\lambda) d\lambda + \int A(\theta_a', \lambda) \begin{Bmatrix} 0 \\ \pm 2 \end{Bmatrix} P(\lambda) d\lambda.$$

Sie können dieses Ergebnis sofort nachprüfen, indem Sie die vier möglichen Kombinationen der Messwerte von Bob durchprobieren. Wir erhalten somit zusammen mit Gl. (12.15) die Bell'sche Ungleichung $|S| \le 2$.

Von Neumann'sches Messpostulat*

Wir gehen nun dazu über, die Messung mit Hilfe des von Neumann'schen Messpostulats zu analysieren. Wir nehmen an, dass die erste Messung von Alice durchgeführt wird und danach Bob misst, aber wir würden dasselbe Endergebnis für die verkehrte Messreihenfolge erhalten. Zuerst entwickeln wir den verschränkten Zustand aus Gl. (12.1) in der Messbasis von Alice,

$$\psi_{\text{EPR}} = \frac{1}{\sqrt{2}} \left\{ \left(\phi_{+1,\theta_a} \right)_a \left(\phi_{-1,\theta_a} \right)_b - \left(\phi_{-1,\theta_a} \right)_a \left(\phi_{+1,\theta_a} \right)_b \right\},$$

wobei wir die Abkürzung $\phi_{\pm 1,\theta}$ für die gedrehten Basiszustände mit den Eigenwerten ± 1 aus Gl. (11.22) eingeführt haben. Entsprechend dem von Neumann'schen Messpostulat finden wir für die möglichen Messergebnisse von Alice und die Wellenfunktion von Teilchen b nach erfolgter Messung:

$$\text{Alice misst } +1 \xleftarrow{\text{Teilchen } a} \psi_{\text{EPR}} \xrightarrow{\text{Teilchen } b} \text{Kollaps zu } \left(\phi_{-1,\theta_a}\right)_b$$

$$\text{Alice misst } -1 \xleftarrow{\text{Teilchen } a} \psi_{\text{EPR}} \xrightarrow{\text{Teilchen } b} \text{Kollaps zu } \left(\phi_{+1,\theta_a}\right)_b.$$

Als Nächstes führt Bob eine Messung in seiner gedrehten Basis θ_b durch. Um das Messergebnis gemäß dem Messpostulat bestimmen zu können, müssen wir zuerst die Zustände der Wellenfunktion nach dem Kollaps in der Eigenbasis von Bob entwickeln. Wie in Aufgabe 12.5 genauer diskutiert, finden wir

$$\left(\phi_{-1,\theta_a}\right)_b = \left[-\sin\left(\frac{\theta_a - \theta_b}{2}\right)\right]\left(\phi_{+1,\theta_b}\right)_b + \left[\cos\left(\frac{\theta_a - \theta_b}{2}\right)\right]\left(\phi_{-1,\theta_b}\right)_b$$

$$\left(\phi_{+1,\theta_a}\right)_b = \left[\cos\left(\frac{\theta_a - \theta_b}{2}\right)\right]\left(\phi_{+1,\theta_b}\right)_b + \left[\sin\left(\frac{\theta_a - \theta_b}{2}\right)\right]\left(\phi_{-1,\theta_b}\right)_b. \quad (12.16)$$

Die Ausdrücke in eckigen Klammern sind die Entwicklungskoeffizienten für die Basiszustände von Bob, aus denen man dann die Wahrscheinlichkeiten für die möglichen Messergebnisse bestimmen kann, die in Tab. 12.1 zusammengefasst sind. Somit erhalten wir für die Korrelationsfunktion aus Gl. (12.2)

$$E(\theta_a, \theta_b) = \sin^2\left(\frac{\theta_a - \theta_b}{2}\right) - \cos^2\left(\frac{\theta_a - \theta_b}{2}\right) = -\cos(\theta_a - \theta_b). \quad (12.17)$$

Als einfachen Test für die Richtigkeit des Ergebnisses kann man leicht nachprüfen, dass, wenn Alice und Bob ihre Teilchen in derselben Basis $\theta_a = \theta_b$ messen, die Ergebnisse antikorreliert sind. Ausgehend von dieser Korrelationsfunktion kann für bestimmte Winkeleinstellungen die Bell'sche Ungleichung $|S| \leq 2$, die zuvor für die Theorie der lokalen verborgenen Variablen hergeleitet wurde, verletzt werden. Für eine genauere Diskussion siehe Abschn. Bell'sche Ungleichung.

Tab. 12.1 Mögliche Ergebnisse von Alice und Bob und zugehörige Wahrscheinlichkeiten. Der Faktor von $1/2$ ist die Wahrscheinlichkeit von Alice für die Messung von entweder $+1$ oder -1

Messergebnis Alice	Messergebnis Bob	Wahrscheinlichkeit
$+1$	$+1$	$\frac{1}{2} \sin^2\left(\frac{\theta_a - \theta_b}{2}\right)$
$+1$	-1	$\frac{1}{2} \cos^2\left(\frac{\theta_a - \theta_b}{2}\right)$
-1	$+1$	$\frac{1}{2} \cos^2\left(\frac{\theta_a - \theta_b}{2}\right)$
-1	-1	$\frac{1}{2} \sin^2\left(\frac{\theta_a - \theta_b}{2}\right)$

12.5 Zusammenfassung

Produktzustand Ein Zustand von zwei Teilchen $\psi = (\phi_1)_a(\phi_2)_b$, bei dem Teilchen a durch die Wellenfunktion ϕ_1 und Teilchen b durch die Wellenfunktion ϕ_2 beschrieben wird, wird als Produktzustand bezeichnet.

Verschränkung Jede Zweiteilchenwellenfunktion, die nicht als Produktzustand angeschrieben werden kann, entspricht einem verschränkten Zustand. In ihm sind die Quanteneigenschaften auf uneindeutige Weise zwischen den beiden Teilchen aufgeteilt. Es gibt kein klassisches Analogon zu verschränkten Zuständen.

EPR-Paradoxon Das EPR-Paradoxon wurde von Einstein, Podolsky und Rosen aufgestellt und benutzt Messungen an verschränkten Zuständen, um die Vollständigkeit der Quantenmechanik in Frage zu stellen.

Lokale verborgene Variablen Eine Alternative zum Kollaps der Wellenfunktion in der Quantenmechanik ist die Theorie der lokalen verborgenen Variablen λ. Diese werden bei einer ursprünglichen Wechselwirkung von zwei Teilchen eingestellt und entscheiden von vornherein über den Ausgang von später durchgeführten Messungen. Weil man die verborgenen Variablen nicht kennt oder bestimmen kann, wirkt der Ausgang eines Experiments zufällig.

Bell'sche Ungleichung Mit Hilfe der Bell'schen Ungleichung kann man in einem Experiment feststellen, ob die Quantenmechanik oder die Theorie der lokalen verborgenen Variablen gültig ist. Die Experimente zeigen, dass die Quantenmechanik die richtige Theorie ist und dass es durch den instantanen Kollaps der Wellenfunktion zu messbaren Korrelationen zwischen Messergebnissen an unterschiedlichen Orten des Universums kommen kann.

No-Cloning-Theorem Das No-Cloning-Theorem besagt, dass ein Quantenzustand nicht kopiert werden kann.

Quantenkryptographie Die Quantenkryptographie benutzt das No-Cloning-Theorem, um eine abhörsichere Übertragung eines zufälligen Schlüssels zu ermöglichen. Dabei kann man sicherstellen, dass keine dritte Partei (Eve) ebenfalls in den Besitz des Schlüssels gelangt.

Quantencomputer Auf einem Quantencomputer können Berechnungen, die auf einem klassischen Computer unlösbar sind (exponentielle Komplexitätsklasse), lösbar gemacht werden (polynomiale Komplexitätsklasse). Quantenalgorithmen benutzen den Wellen- und Teilchencharakter vieler Quantensysteme, den sogenannten Qubits, sowie während der Rechnung hochgradig verschränkte Qubitzustände.

Aufgaben

Aufgabe 12.1 In der x-Basis lautet der verschränkte Zustand

$$\psi_{\text{EPR}} = \frac{1}{2\sqrt{2}} \left\{ \begin{pmatrix} 1 \\ 1 \end{pmatrix}_a \begin{pmatrix} 1 \\ -1 \end{pmatrix}_b - \begin{pmatrix} 1 \\ -1 \end{pmatrix}_a \begin{pmatrix} 1 \\ 1 \end{pmatrix}_b \right\}.$$

Zerlegen Sie die Zustände entsprechend

$$\begin{pmatrix} 1 \\ \pm 1 \end{pmatrix} = \begin{pmatrix} 1 \\ 0 \end{pmatrix} \pm \begin{pmatrix} 0 \\ 1 \end{pmatrix}$$

und zeigen Sie, dass ψ_{EPR} in die Form von Gl. (12.1) gebracht werden kann.

Aufgabe 12.2 Betrachten Sie den Zustand ψ_{EPR} aus Gl. (12.1) und aus der vorigen Aufgabe. Wir nehmen an, dass Alice in der z-Basis und Bob in der x-Basis misst.

a. Nehmen wir an, dass zuerst Alice und dann Bob misst. Bestimmen Sie die Wahrscheinlichkeiten für die vier unterschiedlichen Messergebnisse.
b. Gleich wie (a), aber für die umgekehrte Messreihenfolge.
c. Bestimmen Sie die Korrelationsfunktion $E(0, \pi/2)$ und vergleichen Sie das Ergebnis mit Gl. (12.4). Stimmen die Ergebnisse überein?

Aufgabe 12.3 Viele Experimente zu den Bell'schen Ungleichungen und zur Quantenkryptographie werden mit verschränkten Photonenpaaren durchgeführt. Die Polarisationszustände $\vec{e}_x$ und $\vec{e}_y$ entsprechen dann den Zuständen Spin up and Spin down.

a. Wie lauten die Polarisationsbasiszustände für eine um den Winkel θ gedrehte Basis?
b. Diskutieren Sie den Zusammenhang zwischen dem Winkel θ für Spinzustände und Polarisationszustände.
c. Welche Art von Lichtwelle beschreibt ein Polarisationszustand der Form $\vec{e}_x + i\vec{e}_y$?

Aufgabe 12.4 Betrachten Sie noch einmal Gl. (12.13). Eigentlich weiß man bei einer Messung von ψ_{out} gar nicht, zu welchem Inputzustand Q_i der Output gehört. Allerdings kann man dieses Problem durch Benutzung eines weiteren Registers Q_i mit ebenfalls n Qubits beheben. Nehmen Sie an, das zweite Register sei anfangs im Grundzustand Q'_1. Zeigen Sie, dass durch Anwenden der Kopierregeln aus Gl. (12.10) zwischen den einzelnen Qubits der beiden Register Folgendes passiert:

$$\left(\sum_i Q_i \right) Q'_1 \xrightarrow[\text{Kopierer}]{} \sum_i Q_i Q'_i.$$

Durch Ausführen des Quantenalgorithmus auf den ersten Teil der Wellenfunktion erhalten wir dann den (unnormierten) Zustand

$$\psi_{out} = \sum_i f(Q_i) Q'_i.$$

Diskutieren Sie, wie man bei diesem Zustand auf den Inputzustand zurückschließen kann.

Aufgabe 12.5 Leiten Sie die Zerlegung aus Gl. (12.16) her. Benutzen Sie dazu die Beziehungen

$$\sin(x - y) = \sin x \cos y - \cos x \sin y$$
$$\cos(x - y) = \cos x \cos y + \sin x \sin y.$$

Aufgabe 12.6 Im Rahmen der Theorie der verborgenen lokalen Variablen lautet die Bell'sche Messgröße für einen bestimmten Wert von λ

$$S(\lambda) = A(\lambda, \theta_a)B(\lambda, \theta_b) + A(\lambda, \theta_a)B(\lambda, \theta_b') + A(\lambda, \theta_a')B(\lambda, \theta_b') - A(\lambda, \theta_a')B(\lambda, \theta_b).$$

Zeigen Sie, dass $S(\lambda) = \pm 2$ gilt. Betrachten Sie dazu die möglichen Kombinationen von Messergebnissen $B(\lambda, \theta_b) = \pm 1$ und $B(\lambda, \theta_b') = \pm 1$.

Dekohärenz

13

Inhaltsverzeichnis

Zusammenfassung

Dekohärenz beschreibt den Verlust von Quanteneigenschaften für Systeme, die mit ihrer Umgebung wechselwirken. Dieser Verlust kann durch Prozesse wie Streuungen und Dephasierung beschrieben werden oder durch eine Verschränkung des Systems mit der Umgebung, wodurch die Quanteneigenschaften des Systems verringert werden. Durch diese Wechselwirkung werden Informationen über den Zustand des Systems in die Umgebung geschrieben und das System beginnt sich klassisch zu verhalten.

Die schwierigste Frage des Buches haben wir uns fürs letzte Kapitel aufgehoben: Weshalb ist unsere Alltagswelt klassisch, während der Mikrokosmos den Gesetzen der Quantenmechanik gehorcht? In den Anfangsjahren konnte man ja noch annehmen, dass die Gesetze der Quantenmechanik nur für die Beschreibung von atomaren Systemen benutzt werden müssen. Inzwischen hat sich die Quantenmechanik aber als *die* erfolgreiche Theorie herausgestellt und die einzig vernünftige Erklärung kann sein, dass für genügend große Körper die Gesetze der klassischen Physik näherungsweise aus den Gesetzen der Quantenmechanik resultieren sollen. Allerdings verhalten sich makroskopische Körper anders als mikroskopische, wie wir in diesem Buch an vielen Stellen diskutiert haben. Beispielsweise können wir für makroskopische Körper gleichzeitig Ort und Impuls festlegen, und diesen Größen kommt eine objektive Realität zu. Im Gegensatz dazu unterliegen mikroskopische Teilchen der Heisenberg'schen Unschärferelation, und die Wellenfunktion, die das quantenmechanische Teilchen beschreibt, benötigt eine Interpretation, damit man die Ergebnisse von Messungen vorhersagen kann. Was führt zu diesem unterschiedlichen Verhalten von mikroskopischen und makroskopischen Objekten?

Vielleicht sollten wir genauer spezifizieren, welches quantenmechanische Verhalten uns aus dem Alltag fremd ist. Zuerst einmal gilt, dass die Quantenmechanik durchaus merkbare Auswirkungen auf unsere Alltagswelt hat, insbesondere in der Form der Materiebausteine, den Atomen. Die Atomorbitale bestimmen die Periodentafel und die Form von chemischen Bindungen, wie wir in Kap. 9 und 10 diskutiert haben, und beeinflussen somit indirekt die strukturellen, mechanischen, elektronischen und optischen Eigenschaften aller bekannten Materialien. Wüssten wir nicht, was die Welt im Kleinsten zusammenhält, nämlich die Quantenmechanik, so benötigten wir abertausende Materialparameter, um diese Eigenschaften zu beschreiben. Im Gegensatz dazu benutzen Disziplinen wie die Atomphysik, Chemie oder Festkörperphysik eine einzige Gleichung, die Schrödingergleichung, um aus ihr alle diese Materialgrößen direkt herzuleiten. In diesem Sinne ist unsere Alltagswelt in hohem Maße von der Quantenmechanik geprägt.

13.1   Schrödinger'sche Katze

Allerdings unterscheidet sich die Alltagswelt vom Mikrokosmos dahingehend, dass Ort und Impuls eines makroskopischen Objekts immer nur jeweils einen bestimmten Wert besitzen und dass sich makroskopische Objekte *nie* in einem Überlagerungszustand befinden. Ein Überlagerungszustand eines Objekts, das sich beispielsweise gleichzeitig an zwei unterschiedlichen Orten befindet, ist im Mikrokosmos zwar gang und gäbe, im Makrokosmos aber nicht einmal ansatzweise denkbar. Erwin Schrödinger hat zur Verdeutlichung dieses Fehlens von Überlagerungen das Paradoxon der **Schrödinger'schen Katze** eingeführt. In dem Aufsatz über „Die gegenwärtige Situation in der Quantenmechanik" schreibt er [26]:

> Man kann auch ganz burleske Fälle konstruieren. Eine Katze wird in eine Stahlkammer gesperrt, zusammen mit folgender Höllenmaschine (die man gegen den direkten Zugriff der Katze sichern muss): in einem Geigerschen Zählrohr befindet sich eine winzige Menge radioaktiver Substanz, so wenig, dass im Laufe einer Stunde vielleicht eines von den Atomen zerfällt, ebenso wahrscheinlich aber auch keines; geschieht es, so spricht das Zählrohr an und betätigt über ein Relais ein Hämmerchen, das ein Kölbchen mit Blausäure zertrümmert. Hat man dieses ganze System eine Stunde lang sich selbst überlassen, so wird man sich sagen, dass die Katze noch lebt, wenn inzwischen kein Atom zerfallen ist. Der erste Atomzerfall würde sie vergiftet haben. Die Psi-Funktion des ganzen Systems würde das so zum Ausdruck bringen, dass in ihr die lebende und die tote Katze (entschuldigen Sie den Ausdruck) zu gleichen Teilen gemischt oder verschmiert sind. Das Typische an solchen Fällen ist, dass eine ursprünglich auf den Atombereich beschränkte Unbestimmtheit sich in grobsinnliche Unbestimmtheit umsetzt, die sich dann durch direkte Beobachtung entscheiden lässt. Das hindert uns, in so naiver Weise ein ‚verwaschenes Modell' als Abbild der Wirklichkeit gelten zu lassen.

Um das Schrödinger'sche Paradoxon in die Sprache des letzten Kapitels zu übersetzen, betrachten wir die Wellenfunktion für ein System, bestehend aus einem radioaktiven Atom und einer Katze

$$\psi_0 = \left(\text{radioaktives Atom}\right)\left(\text{Katze}\right),$$

die wir hier in symbolischer Form angeschrieben haben. Wenn wir nun die Wechselwirkung mit der Höllenmaschine betrachten, so gilt, dass für ein Atom, das nicht zerfallen ist, die Blausäure nicht ausgesetzt wird und die Katze somit am Leben bleibt

$$\left(\text{Atom nicht zerfallen}\right)\left(\text{Katze lebt}\right) \;\rightarrow\; \left(\text{Atom nicht zerfallen}\right)\left(\text{Katze lebt}\right).$$

Wenn das Atom zerfallen ist, so wird die Blausäure ausgesetzt und die Katze stirbt

$$\left(\text{Atom zerfallen}\right)\left(\text{Katze lebt}\right) \;\rightarrow\; \left(\text{Atom zerfallen}\right)\left(\text{Katze tot}\right).$$

In der Quantenmechanik können wir aber auch einen Überlagerungszustand aus zerfallenem und nicht zerfallenem Atom bilden. Ähnlich wie bei der Diskussion des No-Cloning-Theorems aus Gl. (12.11) erhalten wir dann nach der Wechselwirkung mit der Höllenmaschine den Zustand

$$\psi = \frac{1}{\sqrt{2}}\left\{\left(\text{Atom nicht zerfallen}\right)\left(\text{Katze lebt}\right) + \left(\text{Atom zerfallen}\right)\left(\text{Katze tot}\right)\right\}.$$

Offensichtlich ist dieses Ergebnis nicht wirklich sinnvoll: Eine Katze ist entweder lebendig oder tot, eine Überlagerung von lebendig und tot gibt es nicht. Man kann das Paradoxon mögen oder nicht – wir persönlich mögen es nicht besonders, nicht nur wegen des möglichen Todes der armen Katze, sondern auch wegen der unklaren Rolle des Geigerzählers, der ja eigentlich bereits genügen sollte, um zu einem Kollaps des Überlagerungszustands zu führen –, die Grundaussage ist allerdings klar: Die Gesetze der Quantenmechanik lassen sich nicht ohne Weiteres auf unseren Alltag übertragen. Womit wir bei der durchaus schwierigen Frage des „weshalb?" angelangt wären.

13.2 Der Saturnmond Hyperion

Als Erstes wollen wir die Frage untersuchen, ob das seltsame Quantenverhalten von Überlagerungszuständen für makroskopische Körper so unwahrscheinlich ist, dass es nie beobachtet wird. Dazu werden wir am Ende das Beispiel des Saturnmondes Hyperion untersuchen, wir beginnen aber mit einer allgemeineren Diskussion.

In der klassischen Mechanik unterscheidet man oft zwei Arten von Systemen, nämlich reguläre und chaotische. Betrachten wir zuerst in Abb. 13.1 die Bewegung eines Teilchens in einer Dimension, die wir im Phasenraum dargestellt haben: Auf der Abszisse tragen wir die Position $x(t)$ des Teilchens auf und auf der Ordinate

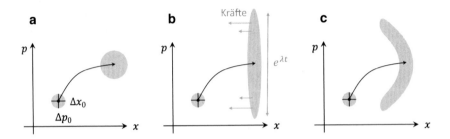

Abb. 13.1 Reguläre und chaotische Systeme. **a** In einem regulären System nehmen die Unsicherheiten in Ort Δx_0 und Impuls Δp_0 im Laufe der Zeit polynomial zu, das System bleibt über einen langen Zeitraum vorhersagbar. **b** In einem chaotischen System wachsen gewisse Unsicherheiten exponentiell mit $e^{\lambda t}$ an, wobei λ der Lyaponov-Exponent ist. Zusätzlich wirken auf die Verteilung Kräfte, die **c** den Bereich der möglichen Zustände verformen, so dass nach einer gewissen Zeit alle möglichen Zustände des Systems erreichbar sind

den Impuls $p(t)$. Das Teilchen bewegt sich nun unter dem Einfluss von Kräften, im Phasenraum erhalten wir eine Trajektorie, die durch die Verläufe von $x(t)$ und $p(t)$ gegeben ist. Wir stellen nun folgende Frage: Was passiert, wenn die Anfangswerte von x_0, p_0 nicht genau bestimmt sind, sondern mit Δx_0, Δp_0 um diese Werte schwanken? Offensichtlich erwarten wir, dass die Unsicherheiten $\Delta x(t)$, $\Delta p(t)$ im Laufe der Zeit zunehmen. Wir können nun zwei Arten von Systemen unterscheiden. Bei **regulären Systemen** nehmen die Unsicherheiten im Laufe der Zeit polynomial zu

$$\Delta x(t) \approx \left(t^m \right) \Delta x_0, \tag{13.1}$$

mit einem ähnlichen Ausdruck für die Impulsunsicherheit. m ist ein Parameter, der von den Details des betrachteten Systems abhängt. Die Unsicherheiten bezüglich der möglichen Orts- und Impulswerte nehmen somit im Laufe der Zeit zu, allerdings so langsam, dass sich bei genügend kleinen Anfangsunsicherheiten Δx_0, Δp_0 die Entwicklung des Systems über einen genügend langen Zeitraum sehr gut vorhersagen lässt. Neben den regulären Systemen gibt es auch **chaotische Systeme,** bei denen die Unsicherheit im Laufe der Zeit exponentiell zunimmt

$$\Delta x(t) \approx \left(e^{\lambda t} \right) \Delta x_0, \tag{13.2}$$

mit einem ähnlichen Ausdruck für die Impulsunsicherheit. λ ist ein Parameter, der üblicherweise als Lyapanov-Exponent bezeichnet wird. Vielleicht erinnern Sie sich noch, dass die Exponentialfunktion schneller anwächst als jede Potenzfunktion. Somit lässt sich der Zustand eines chaotischen Systems nur über einen kleinen Zeitraum vorhersagen, danach verhindert das exponentielle Wachstum der Unsicherheit jegliche Vorhersage. In Wirklichkeit ist das Verhalten noch ein wenig komplizierter. Wie in Abb. 13.1c gezeigt, wächst $\Delta x(t)$ im Laufe der Zeit nicht unbeschränkt an, sondern die Verteilung wird durch die Kräfte zusammengefaltet und wieder auseinandergezogen. Nach einer bestimmten Zeit überdecken $\Delta x(t)$, $\Delta p(t)$ den gesamten

Bereich des Phasenraumes, in dem die Bewegung des Teilchens stattfindet. Es ist somit unmöglich, über einen längeren Zeitraum irgendwelche vernünftigen Vorhersagen für ein chaotisches System anzustellen.

Womit wir endlich beim Hyperion angelangt wären. Der Hyperion ist ein kartoffelförmiger Mond des Saturns, der sich auf einer chaotischen Umlaufbahn bewegt. Im Prinzip könnten wir unsere folgenden Überlegungen auch für beliebige andere chaotischen Systeme anstellen, allerdings ist der Hyperion ein besonders schönes Beispiel für einen wirklich makroskopischen Körper. Nehmen wir nun an, dass anfangs die Unsicherheit von Ort und Impuls durch die Heisenberg'sche Unschärferelation gegeben ist:

$$\Delta x_0 \Delta p_0 \approx \hbar.$$

Wie lange dauert es dann, bis die Unsicherheit eine makroskopische Dimension erreicht? Sie erkennen nun hoffentlich, weshalb wir das Beispiel eines chaotischen Systems benutzt haben, für das die Unsicherheit unvergleichlich schneller zunimmt als für ein reguläres System. Im Prinzip müssten wir noch zeigen, dass chaotisches Verhalten auch für die Schrödingergleichung gilt, wir wollen das hier ohne nähere Untersuchungen annehmen. Mit einfachen Abschätzungen kann man nun zeigen [27], dass für eine anfängliche Unsicherheit der Größenordnung von $\hbar$ die Wellenfunktion des Hyperion nach einer Zeit von ungefähr 20 Jahren um den Saturn herum vollständig delokalisiert wäre.

Es ist also nicht so, dass quantenmechanisches Verhalten für makroskopische Objekte gänzlich unwahrscheinlich ist. Wir können durchaus Beispiele konstruieren, wie etwa die zeitliche Entwicklung des Hyperions, bei denen quantenmechanisches Verhalten in unserer Alltagswelt eine Rolle spielen könnte. Es muss also andere Gründe geben, weshalb sich makroskopische Objekte klassisch und nicht quantenmechanisch verhalten.

13.3   Die Umgebung als Beobachterin

Woher wissen wir eigentlich, dass der Hyperion nicht vollständig delokalisiert ist? Die Antwort ist einfach: Wir müssen einfach hinsehen. Einfach hinsehen bedeutet, dass wir die Photonen detektieren, die am Hyperion gestreut werden und die durch das Weltall zu uns auf die Erde gelangen. Aber in Wirklichkeit sind es nicht nur die Photonen, die Information über die jeweilige Position des Hyperion transportieren. Wären wir in der Nähe des Saturns, so könnten wir beobachten, wie kosmische Staubteilchen an der Oberfläche des Mondes reflektiert werden und somit Informationen über dessen Lage davontragen. Makroskopische Körper sind in eine Umgebung eingebettet, die zu jedem Zeitpunkt unzählige „Messungen" in der Form von Lichtstreuung oder Teilchenreflexionen am Körper durchführen (siehe auch Abb. 13.2). Jede dieser Messungen unterdrückt eine mögliche Delokalisierung bereits im Keim und führt dazu, dass sich makroskopische Körper stets an nur einem Ort befinden.

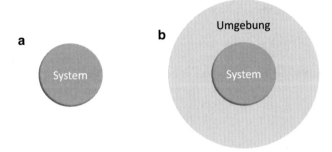

Abb.13.2 a Bisher haben wir ausschließlich isolierte Quantensysteme betrachtet. **b** In Wirklichkeit wechselwirken die meisten Quantensysteme mit ihrer Umgebung. Die Umgebung „misst" dabei kontinuierlich den Zustand des quantenmechanischen Systems und es kommt zu einem Verlust der „seltsamen Quanteneigenschaften"

▶ Wenn ein System in eine Umgebung eingebettet ist und mit dieser wechselwirkt, so „misst" die Umgebung kontinuierlich den Zustand des quantenmechanischen Systems und es kommt zu einem Verlust der „seltsamen Quanteneigenschaften" und einem „klassischen" Verhalten des Systems.

Wir können uns dem Problem auch von einer anderen Seite nähern, indem wir uns ansehen, wie tatsächliche Experimente zur Beobachtung von „seltsamen Quanteneigenschaften" wie Überlagerungszuständen oder Verschränkung aufgebaut sind. Einerseits benutzt man gerne Photonen. Das hat einen guten Grund. Licht kann sich problemlos extrem weit ausbreiten, ohne dass es zu merklichen Verlusten kommt. Ein Beispiel ist die kosmische Hintergrundstrahlung, bei der sich Licht kurz nach dem Urknall und nach Abkühlen des ursprünglich heißen Plasmas von der Materie entkoppelte und sich seitdem ungestört fortbewegt. Solange Photonen nicht mit Materie wechselwirken, kommt es zu keiner Absorption, Licht wechselwirkt während seiner Ausbreitung nur extrem schwach, oft sogar überhaupt nicht mit der Umgebung. Aus diesem Grund ist die Quantenoptik ein erfolgreicher Zweig der Physik zur Beobachtung von exotischem Quantenverhalten. Quantenexperimente mit Materieteilchen werden hingegen meist bei extrem tiefen Temperaturen und in einem Vakuum hoher Güte durchgeführt. Der Grund ist, dass unter diesen extremen Bedingungen die Wechselwirkungen mit der Umgebung auf ein Minimum reduziert werden und es erst dadurch möglich wird, seltsame Quanteneigenschaften zu beobachten.

Wir wollen im Folgenden ein wenig genauer untersuchen, wie die Wechselwirkung eines quantenmechanischen Systems mit seiner Umgebung zum Verlust von seltsamem Quantenverhalten führt. Dazu betrachten wir eine Reihe vereinfachter Modelle und versuchen danach, aus dieser Diskussion allgemeine Schlüsse zu ziehen.

Dephasierung

Wir beginnen mit einem isolierten Zweizustandssystem, das wir in Kap. 11 ausführlich diskutiert haben. Eine beliebige Wellenfunktion kann in der Form von Gl. (11.4) angeschrieben werden, die wir hier der Vollständigkeit halber nochmals wiedergeben

$$\psi = \cos\frac{\theta}{2}\begin{pmatrix}1\\0\end{pmatrix} + e^{i\varphi}\sin\frac{\theta}{2}\begin{pmatrix}0\\1\end{pmatrix}. \tag{13.3}$$

Der Polarwinkel θ bestimmt die Wahrscheinlichkeiten, das System im Zustand mit Spin up oder Spin down zu messen, der Azimuthalwinkel φ bestimmt die Phase des Überlagerungszustandes, die das „seltsame Quantenverhalten" charakterisiert. ψ beschreibt ein System in einem Überlagerungszustand von Spin up und Spin down. Für den Erwartungswert des Spinoperators $\hat{S}_z$ aus Gl. (11.5) erhalten wir

$$\bar{s}_z = \left|\cos\frac{\theta}{2}\right|^2(+1) + \left|e^{i\varphi}\sin\frac{\theta}{2}\right|^2(-1) = \cos\theta. \tag{13.4a}$$

Die Betragsquadrate entsprechen den Wahrscheinlichkeiten, das System im Zustand mit Spin up oder Spin down zu messen, die Werte in Klammern entsprechen den Eigenwerten ± 1 (ohne den Vorfaktor $\hbar/2$). Für $\theta = 0$ erhalten wir $\bar{s}_z = 1$ und einen nach oben orientierten Spin, für $\theta = \pi$ erhalten wir $\bar{s}_z = -1$ und einen nach unten orientierten Spin. Auf ähnliche Weise können wir auch die Spinerwartungswerte $\bar{s}_x$, $\bar{s}_y$ bestimmen, wie genauer in Aufgabe 13.2 ausgeführt, und erhalten nach kurzer Rechnung

$$\bar{s}_x = \sin\theta\cos\varphi \tag{13.4b}$$
$$\bar{s}_y = \sin\theta\sin\varphi. \tag{13.4c}$$

Somit können wir den Zustand eines Zweiniveausystems entweder durch die Wellenfunktion aus Gl. (13.3) charakterisieren oder durch den Spinvektor $\vec{s} = (\bar{s}_x, \bar{s}_y, \bar{s}_z)$, der durch die Winkel θ, φ bestimmt ist. Offensichtlich gilt

$$\bar{s}_x^2 + \bar{s}_y^2 + \bar{s}_z^2 = 1, \tag{13.5}$$

die Länge des Spinvektors ist also eins. Betrachten wir nun ein System, bei dem der Zustand mit Spin down die Energie $\hbar\omega_0$ und der Zustand mit Spin up die Energie $\hbar\omega_0 + \hbar\Delta$ besitzt, wie in Abb. 13.3 dargestellt. $\hbar\Delta$ ist also die Energiedifferenz zwischen den beiden Zuständen, die in unserer folgenden Betrachtung eine wichtige Rolle spielen wird. Mit fortlaufender Zeit hat dann jeder der Eigenzustände eine harmonische Zeitentwicklung. Für den Überlagerungszustand erhalten wir

$$\psi = e^{-i(\omega_0+\Delta)t}\cos\frac{\theta}{2}\begin{pmatrix}1\\0\end{pmatrix} + e^{-i\omega_0 t}e^{i\varphi}\sin\frac{\theta}{2}\begin{pmatrix}0\\1\end{pmatrix}$$
$$= e^{-i(\omega_0+\Delta)t}\left\{\cos\frac{\theta}{2}\begin{pmatrix}1\\0\end{pmatrix} + e^{i(\varphi+\Delta t)}\sin\frac{\theta}{2}\begin{pmatrix}0\\1\end{pmatrix}\right\},$$

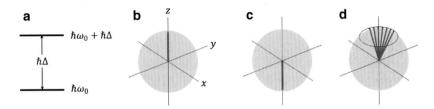

Abb. 13.3 Zweiniveausystem und Spin. **a** Ein Zweiniveausystem hat einen Grundzustand mit der Energie $\hbar\omega_0$, der durch eine Energielücke $\hbar\Delta$ vom Anregungszustand getrennt ist. Die Wellenfunktion des Zweiniveausystems kann durch einen Spin mit der Länge eins dargestellt werden, der sich auf der Oberfläche einer Kugel bewegt. **b** Im Anregungszustand zeigt der Spin nach oben und **c** im Grundzustand nach unten. **d** In einem Überlagerungszustand rotiert der Spin im Laufe der Zeit um die z-Achse

wobei wir in der letzten Zeile die Phase des ersten Zustands aus der Klammer gezogen haben. Anstelle der zeitabhängigen Wellenfunktion können wir auch den zeitabhängigen Spinvektor bestimmen

$$\vec{s} = \begin{pmatrix} \sin\theta\cos(\varphi + \Delta t) \\ \sin\theta\sin(\varphi + \Delta t) \\ \cos\theta \end{pmatrix}, \tag{13.6}$$

der mit der Kreisfrequenz Δ um die z-Achse rotiert. Für diese Zeitentwicklung gibt es das Analogon eines klassischen Spins mit einem kleinen magnetischen Moment, der in einem konstanten Magnetfeld präzessiert. θ beschreibt dabei den Winkel zwischen dem Spin und der Richtung des Magnetfeldes.

Bis hierher haben wir gegenüber den Überlegungen aus den vorangegangenen Kapiteln nichts Neues gelernt. Alles, was wir gemacht haben, ist, dass wir die Zeitentwicklung eines Zweiniveausystems in unsere Spinsprache übersetzt haben. Nun kommt der neue Aspekt. Wir nehmen an, dass das Zweiniveausystem mit seiner Umgebung wechselwirkt. Im Prinzip gibt es zwei Arten von Wechselwirkungen. Bei einer inelastischen **Streuung** wird der Spin von einem Eigenzustand in einen anderen gestreut, wobei die Energiedifferenz von der Umgebung bereitgestellt oder an diese abgegeben wird. Die zweite Art von Wechselwirkung, die wir im Folgenden untersuchen wollen, ist eine **Dephasierung**, bei der die Phase des Überlagerungszustandes zu einem zufälligen Zeitpunkt um einen zufälligen Wert ϕ_r geändert wird

$$\cos\frac{\theta}{2}\begin{pmatrix}1\\0\end{pmatrix} + e^{i\varphi}\sin\frac{\theta}{2}\begin{pmatrix}0\\1\end{pmatrix} \longrightarrow \cos\frac{\theta}{2}\begin{pmatrix}1\\0\end{pmatrix} + e^{i(\varphi+\phi_r)}\sin\frac{\theta}{2}\begin{pmatrix}0\\1\end{pmatrix}.$$

Im Prinzip reicht dazu aus, dass die Energie des oberen oder unteren Zustandes durch eine Fluktuation der Umgebung für eine kurze Zeit angehoben oder abgesenkt wird. Dadurch erhält das System eine zusätzliche Phase ϕ_r im Vergleich zu einem isolierten System. Danach erfolgt wieder eine freie Zeitentwicklung, ehe die nächste Wechselwirkung mit der Umgebung erfolgt. In unserem klassischen Spinanalogon entsprechen solche Wechselwirkungen Fluktuationen des Magnetfeldes, durch die es kurzfristig zu einer Änderung der Präzessionsfrequenz kommt.

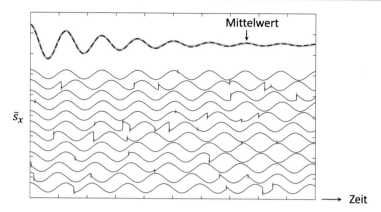

Abb. 13.4 Zeitliche Entwicklung von einer Reihe von Zweiniveausystemen. Die Spins der Zweiniveausysteme präzessieren um die z-Achse, entsprechend Gl. (13.6), ehe sie mit der Umgebung
wechselwirken (siehe vertikale Striche) und ihre Phase einen zufälligen Wert annimmt. Danach
erfolgt wieder eine freie Zeitentwicklung, unterbrochen von der nächsten Umgebungswechselwirkung. Die gelbe Linie zeigt den Mittelwert von hundert anfangs identisch präparierten Spins und
die gestrichelte Linie eine harmonische Oszillation mit exponentieller Dämpfung

Abb. 13.4 zeigt die zeitliche Entwicklung von $\bar{s}_x$ für eine Reihe von Zweinievau-
systemen, wobei bei jeder Umgebungswechselwirkung (gekennzeichnet durch vertikale Striche) die Phase des Überlagerungszustandes einen zufälligen Wert erhält.
In einem tatsächlichen Experiment würde man eine Reihe von identisch präparierten
Zweiniveausystemen untersuchen oder an einem einzigen System hintereinander
eine Reihe von Experimenten durchführen, wobei das System anfangs immer im
gleichen Zustand präpariert wird. Der wichtige Punkt ist nun der, dass die Wechselwirkung mit der Umgebung zufällig erfolgt und man bei einer Mittelung über
ein Ensemble oder viele Realisierungen eines Einzelsystems über *unterschiedliche*
Zeitentwicklungen mittelt. Die gelbe Linie in Abb. 13.4 zeigt den Mittelwert für hundert Systeme. Anfangs sind alle Spins synchronisiert und $\bar{s}_x$ oszilliert entsprechend
Gl. (13.6). Bei jeder Wechselwirkung wird ein Spin desynchronisiert und oszilliert
danach nicht mehr in Phase mit den anderen. Dadurch kommt es zu einem Verlust der Phasenkohärenz. Eine gute, näherungsweise Beschreibung ist durch einen
exponentiellen Abfall mit einer charakteristischen Zeitkonstante T gegeben

$$\vec{s} = \begin{pmatrix} e^{-t/T} \sin\theta \cos(\varphi + \Delta t) \\ e^{-t/T} \sin\theta \sin(\varphi + \Delta t) \\ \cos\theta \end{pmatrix}, \tag{13.7}$$

siehe auch die gestrichelte Kurve in Abb. 13.4. Obwohl sich jedes einzelne System
abgesehen von den kurzen Phasensprüngen bei Umgebungswechselwirkungen zu
jedem Zeitpunkt entsprechend der Lösung der zeitabhängigen Schrödingergleichung
entwickelt, gehen für den Ensemblemittelwert die „seltsamen Quanteneigenschaften" des Überlagerungszustandes im Laufe der Zeit verloren. Nach einer gewissen
Zeit verhält sich das System klassisch in dem Sinne, dass man nur mehr die Wahrscheinlichkeiten für eine Messung von Spin up oder Spin down angeben kann. Die

Phase, die bei Überlagerungszuständen über konstruktive und destruktive Interferenz entscheidet, wird durch Umgebungswechselwirkungen somit vollständig randomisiert und spielt nach einer gewissen Zeit keine merkliche Rolle mehr.

▶ Umgebungswechselwirkungen können näherungsweise in der Form von Streuung und Dephasierung beschrieben werden, wobei das System zufällig von einem Zustand in einen anderen gestreut wird. Dadurch kommt es zu einem Verlust des „seltsamen Quantenverhaltens" von Überlagerungszuständen.

Dekohärenz

Es stellen sich nun die Fragen: Wie beschreibt man denn Wechselwirkungen mit der Umgebung genau? Und was passiert während einer Streuung oder einem Dephasierungsprozess im Detail? Mit solchen Fragestellungen beschäftigt sich das Arbeitsgebiet von offenen Quantensystemen, auf das wir hier nicht näher eingehen wollen. Stattdessen entwerfen wir ein einfaches mikroskopisches Modell, mit dem wir Wechselwirkungen zwischen einem System und seiner Umgebung zumindest qualitativ untersuchen können. Dazu betrachten wir ein Zweizustandssystem ψ_S, das wir als ein „System" bezeichnen, und modellieren die Umgebung ψ_U durch ein weiteres Zweizustandssystem. Das ist zwar keine besonders große Umgebung, aber für den Anfang sollte es reichen. Wir nehmen nun an, dass die Umgebung anfangs im Zustand Spin down ist und bei einer Wechselwirkung zwischen System und Umgebung Folgendes passiert:

$$\begin{pmatrix} 0 \\ 1 \end{pmatrix}_S \begin{pmatrix} 0 \\ 1 \end{pmatrix}_U \rightarrow \begin{pmatrix} 0 \\ 1 \end{pmatrix}_S \begin{pmatrix} 0 \\ 1 \end{pmatrix}_U$$

$$\begin{pmatrix} 1 \\ 0 \end{pmatrix}_S \begin{pmatrix} 0 \\ 1 \end{pmatrix}_U \rightarrow \begin{pmatrix} 1 \\ 0 \end{pmatrix}_S \left[\cos\eta \begin{pmatrix} 0 \\ 1 \end{pmatrix}_U + \sin\eta \begin{pmatrix} 1 \\ 0 \end{pmatrix}_U \right].$$

Die Umgebung bleibt somit unverändert, wenn das System im Zustand Spin down ist, und wird in einen Überlagerungszustand gebracht, wenn das System im Zustand Spin up ist. Damit erhält die Umgebung Information über den Zustand des Spins. Der Winkel η bestimmt den Grad der Anregung in der Umgebung. Im Prinzip könnten wir auch andere Wechselwirkungen zwischen System und Umgebung konstruieren, aber die obigen Vorschriften reichen für unsere Diskussion vollkommen aus. Betrachten wir nun den Überlagerungszustand ψ_S aus Gl. (13.3). Durch Anwenden der Vorschriften für die Wechselwirkung erhalten wir dann den Zustand

$$\Psi = \cos\frac{\theta}{2} \begin{pmatrix} 1 \\ 0 \end{pmatrix}_S \left[\cos\eta \begin{pmatrix} 0 \\ 1 \end{pmatrix}_U + \sin\eta \begin{pmatrix} 1 \\ 0 \end{pmatrix}_U \right] + e^{i\varphi} \sin\frac{\theta}{2} \begin{pmatrix} 0 \\ 1 \end{pmatrix}_S \begin{pmatrix} 0 \\ 1 \end{pmatrix}_U.$$

$$(13.8)$$

Man erkennt leicht, dass dieser Zustand nicht als Produktzustand für System und Umgebung angeschrieben werden kann. Durch die Wechselwirkung ist es also zu einer **Verschränkung** zwischen System und Umgebung gekommen, die Quanteneigenschaften sind somit auf uneindeutige Weise zwischen System und Umgebung aufgeteilt. Betrachten wir nun den Erwartungswert des Spins für das System alleine, in welchem Zustand sich die Umgebung befindet, interessiert uns nicht. Wir erhalten dann

$$\bar{s}_z = \underbrace{\left(\cos^2 \frac{\theta}{2} \cos^2 \eta + \underbrace{\cos^2 \frac{\theta}{2} \sin^2 \eta}_{S:+1,\, U:+1} \right)}_{S:+1,\, U:-1}(+1) + \underbrace{\sin^2 \frac{\theta}{2}}_{S:-1,\, U:-1}(-1) = \cos\theta.$$

In der ersten Klammer haben wir über die Wahrscheinlichkeiten der unterschiedlichen Einstellungen des Umgebungsspins summiert. Das Ergebnis ist ident mit Gl. (13.4), das wir für das isolierte System gewonnen haben. Auf ähnliche Weise können wir auch den Erwartungswert $\bar{s}_x$ bestimmen, wie in Aufgabe 13.4 näher ausgeführt. Nach kurzer Rechnung erhalten wir

$$\bar{s}_x = \Big(\sin\theta \cos\varphi \Big) \cos\eta. \tag{13.9}$$

Im Gegensatz zu Gl. (13.4) für das isolierte System ist die Spinkomponente nun um einen Faktor $\cos\eta$ verkürzt. Durch die Verschränkung von System und Umgebung ist es zu einem teilweisen Verlust der „seltsamen Quanteneigenschaften" des Überlagerungszustandes gekommen. Obwohl wir hier nur ein sehr einfaches Modell untersucht haben, wollen wir dennoch versuchen, einige allgemeine Schlussfolgerungen zu ziehen.

- Durch die Wechselwirkung eines Systems mit seiner Umgebung kommt es zu einer Verschränkung, bei der die Quanteneigenschaften auf uneindeutige Weise zwischen System und Umgebung aufgeteilt werden.
- Die zeitliche Entwicklung des Gesamtsystems ist durch die Schrödingergleichung beschrieben.
- Ein isoliertes System kann in einen stabilen Überlagerungszustand gebracht werden. Ein System, das mit seiner Umgebung wechselwirkt, wird mit dieser verschränkt. Obwohl das Gesamtsystem weiterhin durch eine Wellenfunktion beschrieben wird, gehen die „seltsamen Quanteneigenschaften" eines Überlagerungszustandes für das System im Laufe der Zeit verloren, das System beginnt, sich „klassisch" zu verhalten.
- Die Wechselwirkungen des Systems mit seiner Umgebung können auch ohne explizite Betrachtung der Umgebungswellenfunktion näherungsweise durch Streuungen und Dephasierungen beschrieben werden, wie wir es weiter oben skizziert haben.

Der Verlust gewisser Quanteneigenschaften aufgrund von Umgebungswechselwirkungen wird als **Dekohärenz** bezeichnet. Damit ist gemeint, dass bei einem kohärenten Überlagerungszustand mit wohldefinierten Phasenbeziehungen zwischen den Wellenfunktionsamplituden die Kohärenz durch Umgebungswechselwirkungen dezimiert wird. Durch diesen Kohärenzverlust verliert das System einen Teil seiner „seltsamen Quanteneigenschaften" und beginnt, sich „klassisch" zu verhalten.

▶ Dekohärenz beschreibt den Verlust gewisser Quanteneigenschaften aufgrund von Umgebungswechselwirkungen. Durch Wechselwirkungen wird das System mit der Umgebung verschränkt. Obwohl das Gesamtsystem weiterhin durch eine Wellenfunktion beschrieben wird, gehen die „seltsamen Quanteneigenschaften" eines Überlagerungszustandes für das System im Laufe der Zeit verloren, es beginnt, sich „klassisch" zu verhalten.

Wenn das System in eine größere Umgebung eingebettet ist, dann kommt es zu Wechselwirkungen zwischen dem System und den unterschiedlichen Teilen der Umgebung, wie in Abb. 13.5 dargestellt. Bei jeder dieser Wechselwirkungen erfolgt eine Verschränkung mit immer neuen Freiheitsgraden der Umgebung, die Quanteneigenschaften werden dabei immer mehr zwischen System und Umgebung aufgeteilt. Dadurch kommt es zu einem raschen und irreversiblen Verlust der „seltsamen Quanteneigenschaften". Es ist offensichtlich, dass dieser Verlust umso rascher erfolgt, je größer das betrachtete System ist und je mehr das System mit seiner Umgebung wechselwirkt. Für genügend große Systeme wird das Entstehen von „seltsamem Quantenverhalten" bereits im Keim erstickt und sie verhalten sich vollkommen „klassisch".

Lernen von der statistischen Physik

Wir wollen an dieser Stelle die Diskussion kurz unterbrechen und eine Brücke zu einer anderen Disziplin der Physik schlagen, der statistischen Physik. Ähnlich wie bei offenen Quantensystemen beschäftigt sich die statistische Physik mit großen Systemen, die Teilchenzahlen sind typischerweise vergleichbar mit der Avogadrozahl $N_A = 6,022 \times 10^{23} \, \text{mol}^{-1}$. Allerdings betrachtet man in der statistischen Physik nicht explizit die zeitliche Entwicklung der Teilchen, sondern macht die statistische Grundannahme, dass jeder (mit gewissen Erhaltungsgrößen kompatible) Zustand eines Systems gleich wahrscheinlich ist. Dadurch wird es möglich, quantitative Aussagen über im Prinzip extrem komplizierte Systeme mit einer extrem hohen Zahl von Freiheitsgraden zu treffen. Wir wollen im Folgenden zwei Aspekte der statistischen Physik näher beleuchten, die auch für offene Quantensysteme gültig sind.

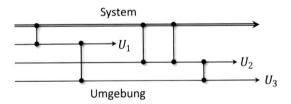

Abb. 13.5 Wechselwirkung eines Systems mit unterschiedlichen Teilen U_i der Umgebung, die selbst ebenfalls miteinander wechselwirken. Dadurch werden die Quanteneigenschaften zwischen dem System und einem wachsenden Teil der Umgebung aufgeteilt, das „seltsame Quantenverhalten" von Überlagerungszuständen im System geht im Laufe der Zeit verloren

Gesetz der großen Zahlen

Betrachten wir ein klassisches Teilchen in einer Schachtel. Wir teilen die Schachtel nun vor unserem geistigen Auge in einen linken und rechten Teil, die nicht gleich groß sein müssen. Die Wahrscheinlichkeit, dass sich das Teilchen im linken Teil befindet, möge p sein und die Wahrscheinlichkeit für den rechten Teil q. Nachdem sich das Teilchen entweder links oder rechts befindet, muss die Normierung

$$p + q = 1$$

gelten. Dasselbe Argument gilt offensichtlich auch für n Teilchen

$$\underbrace{(p + q)}_{\text{Teilchen 1}} \underbrace{(p + q)}_{\text{Teilchen 2}} \ldots \underbrace{(p + q)}_{\text{Teilchen } n} = 1,$$

wobei sich jedes der Teilchen mit der Wahrscheinlichkeit p links und mit der Wahrscheinlichkeit q rechts befindet. Wenn wir nun die Klammern ausmultiplizieren

$$\big(ppp\ldots pp\big) + \big(qpp\ldots pp\big) + \big(pqp\ldots pp\big) + \cdots = 1,$$

so erhalten wir eine Summe von Termen, von denen jeder Einzelne einem Mikrozustand des Systems entspricht. Beispielsweise sind im ersten Klammerausdruck alle Teilchen im linken Teil, im zweiten Klammerausdruck das erste Teilchen im rechten Teil und alle anderen Teilchen links usw. Wir stellen nun die Frage: Weshalb sind in einem Raum die Luftmoleküle stets gleichverteilt? Weshalb passiert es nie, dass sich alle Moleküle für eine kurze Zeit nur im linken Teil befinden? Die Antwort lautet: weil es so unwahrscheinlich ist, dass es in Wirklichkeit nie passiert. Um zu dieser Antwort zu gelangen, müssen wir unsere Wahrscheinlichkeitsanalyse allerdings ein wenig umformulieren. Wir fragen nicht: Wie groß ist die Wahrscheinlichkeit, dass sich Teilchen 1 links, Teilchen 2 rechts usw. befinden? Stattdessen fragen wir: Wie groß ist die Wahrscheinlichkeit, dass sich m Teilchen (irgendwelche Teilchen) links und $n - m$ Teilchen (irgendwelche Teilchen) rechts befinden? Man findet, dass es in den meisten Fällen eine Vielzahl von unterschiedlichen Mikrozuständen gibt, die zu einer bestimmten Aufteilung der Teilchen auf den linken und rechten Teil führen. Beispielsweise gibt es nur einen Mikrozustand, bei dem sich alle Teilchen links befinden, aber bereits n Mikrozustände, bei denen sich ein Teilchen rechts und die restlichen Teilchen links befinden. Für eine quantitative Analyse können wir die Binomialverteilung benutzen

$$(p + q)^n = \sum_{m=0}^{n} \binom{n}{m} p^m q^{n-m} = 1. \tag{13.10}$$

Man kann zeigen, dass für große Teilchenzahlen n die dominierenden Binomialkoeffizienten um $\bar{m} = pn$ zentriert sind, also um den Wert von m, bei dem die

Teilchendichte links und rechts gleich groß ist. Ebenso findet man für die Schwankungen um diesen Mittelwert

$$\frac{\text{std}\,(m)}{\bar{m}} = \sqrt{\frac{q}{pn}} \xrightarrow[n \to \infty]{} 0. \tag{13.11}$$

Wir finden also, dass die Vorhersagen für die Teilchenverteilung umso aussagekräftiger werden, je größer die Teilchenzahl ist. Und für $n \approx N_A$ können wir dann schon ziemlich sicher sein, dass die Teilchendichten in beiden Teilen der Schachtel gleich groß sind und die Schwankungen um diesen Mittelwert verschwindend klein.

Welche Schlussfolgerungen können wir aus diesem Beispiel nun für offene Quantensysteme ziehen? Zuerst einmal gilt, dass die Qualität einer Vorhersage durch die Fragestellung nach einer reduzierten Information begünstigt wird. Im Fall der Kugeln fragen wir nach der Verteilung irgendwelcher Kugeln auf den linken und rechten Teil der Schachtel, im Fall von offenen Quantensystemen fragen wir nur nach dem Zustand des Systems und nicht nach dem verschränkten Zustand von System und Umgebung. Durch diese Reduktion der Information verbessert sich die Vorhersagekraft dramatisch. Und schließlich gilt für große Systeme, dass die Vorhersagen nur verschwindend kleine Fluktuationen zulassen und somit (fast) sicher sind. Makroskopische Körper, die im Rahmen der Quantenmechanik beschrieben werden und die mit ihrer Umgebung wechselwirken, verhalten sich somit (fast) immer klassisch.

Sichere und fast sichere Vorhersagen

Die statistische Physik beruht auf der Grundannahme, dass alle Zustände, die ein System einnehmen kann, gleich wahrscheinlich sind. Aber ist das wirklich so? Ludwig Boltzmann, der Begründer der statistischen Physik, war sich dieser Problematik durchaus bewusst, nicht zuletzt auch deshalb, weil er von vielen seiner Zeitgenossen wegen dieser Grundannahme zum Teil heftig kritisiert wurde. Er entwarf daher eine nach ihm benannte Transporttheorie, die den zeitlichen Übergang eines Systems abseits des thermischen Gleichgewichts hin zu dem Gleichgewicht beschreiben sollte. Diese Transporttheorie ist ein wunderbares Werkzeug und wird noch heute erfolgreich in vielen Bereichen der Physik angewandt, allerdings müssen zur Herleitung einige grundlegenden Näherungen gemacht werden, die den gewünschten Beweis der statistischen Grundannahme letztendlich verhindern.

Es ist ein Dilemma, dass die statistische Physik zwar enorm erfolgreich ist, aber nicht wirklich aus den grundlegenden physikalischen Theorien wie der klassischen Mechanik oder Quantenmechanik hergeleitet werden kann. Irgendwo muss immer eine zusätzliche Annahme getroffen werden, und auch wenn man diese Annahme für eine Vielzahl von Modellsystemen motivieren kann, so kann nicht ausgeschlossen werden, dass sie irgendwann einmal nicht zutreffen könnte. Ähnliches gilt auch für offene Quantensysteme. Es gibt jeden Grund zur Annahme, dass sich alle großen Körper *immer* klassisch verhalten, aber genau genommen sollten wir *fast immer* sagen und die Aussage mit einem kleinen Fragezeichen versehen. Nicht dass irgendjemand ernsthaft anzweifeln würde, dass sich ein bestimmter großer Körper einmal gänzlich anders verhalten könnte, aber so ganz sicher kann man sich ja doch nicht sein. Das ist das Dilemma, mit dem wir bei der Behandlung von großen Systemen leben müssen.

13.4 Quantenmechanik ohne Kollaps?

Wenn Sie mir in diesem Buch bis hier gefolgt sind, so werden Sie feststellen, dass in diesem Kapitel ein gewisser Wandel stattgefunden hat. In den vorigen Kapiteln haben wir bei der Betrachtung von quantenmechanischen Systemen ausschließlich über mögliche und tatsächliche Messungen gesprochen. Man hätte fast den Eindruck gewinnen können, dass ohne Messungen der Zustand eines quantenmechanischen Systems vollkommen im Dunklen bleibt. In diesem Kapitel erkennen wir nun, dass unser bewusstes Messen zwar wichtig ist, um aktiv Informationen über die mikroskopische Welt zu gewinnen, dass sich die Welt um uns herum aber auch ohne jegliche Messung ganz ähnlich entwickeln würde. Der Grund ist, dass auch die Umgebung eine Vielzahl von „Messungen" durchführt und unsere wohldefinierten Zusatzmessungen zwar für unseren Wissensgewinn entscheidend sind, für die Entwicklung des Universums jedoch keine entscheidende Rolle spielen dürften.

Womit wir bei der Frage angelangt wären, ob sich eine Interpretation der Quantenmechanik ohne Messgeräte und ohne Kollaps der Wellenfunktion finden lässt. Wir möchten den folgenden Betrachtungen zwei Kommentare voranstellen. Erstens verlassen wir an dieser Stelle den festen Boden des gesicherten Wissens. Die Frage, wie die Quantenmechanik richtig zu interpretieren ist, hat Physiker:innen von Beginn an beschäftigt. Allerdings sind wir noch bei keiner endgültigen Antwort angelangt, die Suche nach Alternativen zur eher dogmatischen Kopenhagener Interpretation ist ein aktuelles Forschungsgebiet mit vielen spannenden Ansätzen. Zweitens sollte hier klar festgehalten werden, dass diese neuen Interpretationsversuche für das grundsätzliche Verständnis der Quantenmechanik zwar wichtig sind, für die Analyse von Experimenten ist es jedoch relativ gleichgültig, welche der Interpretationen man bevorzugt, sie liefern alle dieselben Vorhersagen.

Die Interpretation der Quantenmechanik wird ironischerweise umso problematischer, je mehr wir an die universelle Gültigkeit der Quantenmechanik glauben. Wheeler hat zur Verdeutlichung dieser Problematik auf die Wellenfunktion $\mathcal{U}$ des Universums verwiesen, die das quantenmechanische System, das Messgerät und auch den Beobachter beinhaltet. Sobald wir eine Universumswellenfunktion einführen, ist es unklar, wer denn nun wen beobachtet und weshalb es je zu einem Kollaps der Wellenfunktion kommen soll. Dieser resultiert ja eigentlich erst aus unserer Unterteilung des Universums in ein quantenmechanisches System und einen klassischen Messapparat. Ein Kollaps innerhalb einer Universumswellenfunktion, die durch eine Schrödingergleichung beschrieben wird, ergibt hingegen keinen Sinn. Natürlich kann man entgegnen, dass man die Frage erst sinnvoll beantworten wird können, wenn man die Weltformel gefunden haben wird, die alle physikalischen Phänomene gemeinsam erklären kann (bisher ist das noch nicht gelungen). Allerdings erscheint so eine Entgegnung doch etwas radikal und es sollte durchaus erlaubt

sein, über den Wellenfunktionskollaps auch ausschließlich im Rahmen der Quantenmechanik nachzudenken.

Everett'sche Vielweltentheorie

Ein erster Versuch in die Richtung einer Quantenmechanik ohne Kollaps ist die
Everett'sche Vielweltentheorie aus dem Jahr 1957. Persönlich können wir uns mit
der Theorie nicht besonders anfreunden. Wir wollen sie hier dennoch kurz beschreiben, einerseits um Ihnen zu zeigen, dass man über alles, was vorstellbar ist, auch
spekulieren kann, und andererseits weil die Theorie durchaus interessante Ideen enthält. Everett nahm an, dass sich die Universumswellenfunktion nach den Gesetzen
der zeitabhängigen Schrödingergleichung entwickelt und dass zu bestimmten Zeiten die Wellenfunktion in eine Überlagerung von Zuständen zerfällt, die zu späteren
Zeiten nicht mehr interferieren. Während das von Neumann'sche Messpostulat nun
annimmt, dass nur einer dieser möglichen Zustände mit einer gewissen Wahrscheinlichkeit überlebt, nimmt Everett an, dass sich das Universum zu so einem Zeitpunkt
in viele Paralleluniversen teilt, wobei in jedem dieser Universen nur einer der möglichen Zustände überlebt. Diese Paralleluniversen teilen sich dann immer weiter auf.
Das ist nun doch einigermaßen schräg und man muss schon einigen Mut aufbringen,
um so etwas vorzuschlagen. Dennoch hat es eine Reihe von Leuten gegeben, die mit
so einer Interpretation geliebäugelt haben.

In Wirklichkeit ist das Konzept von Paralleluniversen schwerer durchzuziehen,
als es an dieser Stelle wirkt. Der Grund ist, dass man nicht wirklich zeigen kann, dass
unterschiedliche Universen in der Zukunft nicht doch irgendwie miteinander interferieren können, und das verkompliziert die ganze Sache nun zusehends. Dennoch
gibt es in der Everett'schen Vielweltentheorie einen durchaus spannenden Aspekt,
nämlich die gänzliche Abwesenheit eines Wellenfunktionskollapses.

Quantendarwinismus

Das Arbeitsgebiet offener Quantensysteme beschäftigt sich mit der Wechselwirkung
von Quantensystemen mit ihrer Umgebung oder mit genügend großen, makroskopischen Messgeräten. Im Prinzip wird die Frage nach einem Kollaps nicht direkt
beantwortet, aber man kann zeigen, dass viele Aspekte des Kollapses nicht künstlich
per Hand eingeführt werden müssen, sondern auch aus einer konsequenten Analyse
der Schrödingergleichung für große Systeme hergeleitet werden können. Damit wird
die Rolle des Kollapses zumindest stärker in den Hintergrund gedrängt.

Wojciech Zurek, einer der Experten für offene Quantensysteme, stellt nun die
Frage, weshalb im Rahmen der Quantenmechanik so viel mehr (Überlagerungs-)
Zustände möglich sind als in der klassischen Physik, wo sich ein Teilchen stets an
nur einem bestimmten Ort befinden muss. Um diesen Umstand zu verdeutlichen, hat
er ein Zitat aus dem Buch „Per Anhalter durch die Galaxis" abgewandelt:

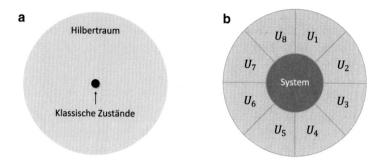

Abb. 13.6 a „*Hilbert space is big*". Von den vielen möglichen (Überlagerungs-)Zuständen für makroskopische Objekte nehmen die klassischen Zustände nur einen verschwindend kleinen Teil des Gesamtbereichs möglicher Zustände, dem sogenannten Hilbertraum, ein. **b** Ein makroskopisches Objekt, das „System", wechselwirkt gleichzeitig mit unterschiedlichen Teilen der Umgebung, die Information über den Zustand wird in diese unterschiedlichen Umgebungsteile eingeprägt und kann so von vielen Beobachtern gleichzeitig abgelesen werden, ohne dass dadurch der Systemzustand weiter geändert wird

> Hilbert space is big, really big, you won't believe how hugely mind boggling big it is.

Offensichtlich hat er den Raum durch den Hilbertraum ersetzt. Abb. 13.6a zeigt schematisch den Sachverhalt, dass es nur extrem wenige quantenmechanische Zustände gibt, die sich „klassisch" verhalten. Weshalb eigentlich? Die Quantenmechanik würde ja viel, viel mehr Zustände zulassen. Versuchen wir einmal, das „klassische Verhalten" genauer zu spezifizieren. Bei einem klassischen Teilchen kommt Größen wie Ort oder Impuls eine objektive Realität zu, sie haben bestimmte Werte, auch ohne dass wir sie explizit messen müssen. Wir können versuchen, diesen Umstand im Rahmen der Quantenmechanik umzuformulieren. In Abb. 13.6b ist schematisch ein makroskopisches Objekt, das „System", gezeigt, das in eine Umgebung eingebettet ist und gleichzeitig mit unterschiedlichen Bereichen U_i der Umgebung wechselwirkt. Ein Beispiel ist der zuvor besprochene Hyperion, von dem Photonen in die unterschiedlichen Himmelsrichtungen gestreut werden. Diese Wechselwirkungen zwischen System und Umgebung haben zweierlei Konsequenzen. Auf der einen Seite verliert das System seine „seltsamen Quanteneigenschaften", wie im vorigen Abschnitt diskutiert. Die Wechselwirkungen mit der Umgebung unterdrücken somit eine mögliche Delokalisierung des Objektes im Keim und führen dazu, dass es sich stets an nur einem bestimmten Ort befindet. Auf der anderen Seite wird die Information über den Ort und weiter Eigenschaften des Objektes in der Umgebung gespeichert, und zwar nicht nur einfach, sondern in der Form vieler Kopien. Diese können dann von vielen unterschiedlichen Beobachtern gleichzeitig aus der Umgebung ausgelesen werden, beispielsweise indem man die gestreuten Photonen detektiert, ohne dass dadurch der Zustand des Objektes merklich geändert wird. Klassisches Verhalten und objektive Realität sind somit eng mit der Information verknüpft, die in der Umgebung frei zur Verfügung steht und ausgelesen werden kann, aber nicht muss.

Wir sind bei unserer Diskussion nun an einem wichtigen Punkt angelangt. Bisher sind wir davon ausgegangen, dass sich jede Wellenfunktion $\psi(x)$ in einer beliebigen Basis von Zuständen $\phi_n(x)$ entwickeln lässt,

$$\psi(x) = \sum_n C_n \phi_n(x), \qquad (13.12)$$

und dass die zeitliche Entwicklung dieser Wellenfunktion unabhängig von der gewählten Basis erfolgt. Die Basis erfüllt somit die Rolle eines Koordinatensystems, das wir zur Beschreibung benötigen, ihr selbst kommt aber keine besondere physikalische Bedeutung zu. In Anwesenheit von Umgebungswechselwirkungen ändert sich dieser Befund. Offensichtlich gibt es Zustände, die von der Umgebung bevorzugt werden und in die das System durch die Umgebungswechselwirkungen hineingedrängt wird. Zurek hat für dieses Verhalten den Begriff **Quantendarwinismus** geprägt und meint damit das Überleben der bestangepassten, „klassischen" Zustände. Ist ein System in so einen Zustand einmal hineingedrängt, so können ihm weitere Umgebungswechselwirkungen nichts mehr anhaben, der Zustand verhält sich gegenüber weiteren Umgebungsmessungen stabil. Allerdings wird durch sie die Information über den Zustand des Systems immer weiter vervielfältigt und es entstehen immer neue Kopien, die ausgelesen werden können, ohne dass damit der klassische Zustand geändert wird.

▶ Quantendarwinismus beschreibt das durch Umgebungswechselwirkungen bewirkte Hineindrängen eines Systems in einen bestimmten „klassischen" Zustand. Weitere Umgebungswechselwirkungen verändern diesen bestangepassten Zustand nicht weiter. Allerdings werden dadurch Informationen über den Zustand des Systems an die Umgebung übertragen und können von vielen Beobachtern gleichzeitig ausgelesen werden, ohne dass der Systemzustand weiter geändert wird.

Wir können an diese Diskussion zwei interessante Überlegungen anhängen. Betrachten wir zuerst ein kleines Quantensystem, beispielsweise ein Atom, das in eine Umgebung eingebettet ist. Die Wechselwirkung mit der Umgebung ist durch einen Hamiltonoperator beschrieben, in grober Näherung „misst" die Umgebung somit die Energie des Systems. Das System wird somit in die Energieeigenzustände hineingedrängt, das sind die Eigenzustände der zeitunabhängigen Schrödingergleichung, die wir in Kap. 5 diskutiert haben. Dort haben wir bereits darauf hingewiesen, dass diese Zustände von der Natur bevorzugt werden, der Quantendarwinismus liefert uns nun ein qualitatives Argument. Unsere zweite Überlegung betrifft Messgeräte. Nach dem von Neumann'schen Messpostulat müssen wir bei quantenmechanischen Messungen die Wellenfunktion entsprechend Gl. (13.12) in die Eigenzustände $\phi_n(x)$ des Messoperators entwickeln, und die Messung drängt das System mit einer durch die Entwicklungskoeffizienten gegebenen Wahrscheinlichkeit in einen der möglichen Eigenzustände. Wir können dieses Ergebnis allerdings auch umdeuten, wie in Kap. 11 bereits kurz angesprochen, und das Messgerät als eine speziell präparierte Umgebung betrachten, mit den bevorzugten Zuständen $\phi_n(x)$, die man als Zeigerzustände oder **pointer states** bezeichnet. Damit ist das Einstellen eines Zeigers des

Messgerätes auf einen bestimmten, wohldefinierten Wert gemeint, in vollständiger Analogie zur Disussion von Messprozessen im Rahmen des von Neumann'schen Messpostulats. Mit dieser neuen Interpretation lernen wir zwar nicht, wie wir so ein Messgerät tatsächlich bauen sollen, aber wir erkennen, dass dem Messgerät in der Quantenmechanik gar keine so ausgezeichnete Rolle zufällt, wie man bisher vielleicht hätte meinen können. Es ist einfach eine speziell präparierte Umgebung, die ein quantenmechanisches System in die Basis seiner bevorzugten Zeigerzustände hineindrängt.

13.5 Zusammenfassung

Schrödinger'sche Katze Das Paradoxon der Schrödinger'schen Katze soll verdeutlichen, dass Überlagerungszustände in unserer makroskopischen Welt zu absurden Resultaten führen würden.

Dephasierung Ein quantenmechanisches System, das durch Umgebungswechselwirkungen zufällige Phasensprünge erfährt, verliert im Laufe der Zeit seine Interferenzeigenschaften. Es beginnt, sich klassisch zu verhalten. Ähnliche Verluste der „seltsamen Quanteneigenschaften" beobachtet man auch bei Streuungen, bei denen Energie mit der Umgebung ausgetauscht wird.

Dekohärenz Der Verlust von „seltsamem Quantenverhalten" kann auch im Rahmen der Schrödingergleichung und einer größeren Wellenfunktion beschrieben werden, die sowohl die Freiheitsgrade des Systems als auch der Umgebung beinhaltet. Durch Wechselwirkungen zwischen System und Umgebung werden die beiden Teile verschränkt, die Quanteneigenschaften werden dabei auf uneindeutige Weise aufgeteilt. Dadurch kommt es zu einem teilweisen Verlust der Quanteneigenschaften des Systems.

Quantendarwinismus Durch Umgebungswechselwirkungen wird ein System in einen bestimmten „klassischen" Zustand hineingedrängt. Weitere Umgebungswechselwirkungen verändern diesen bestangepassten Zustand nicht weiter. Allerdings werden dadurch Informationen über den Zustand des Systems an die Umgebung übertragen und können von vielen Beobachtern gleichzeitig ausgelesen werden, ohne dass der Systemzustand weiter geändert wird. Die Information steht somit zur freien Verfügung, dem Systemzustand kommt eine objektive Realität zu.

Zeigerzustände Ein Messgerät kann als eine speziell präparierte Umgebung betrachtet werden, die das System in einen der möglichen Zeigerzustände hineindrängt. Im von Neumann'schen Messpostulat entsprechen diese bevorzugten Zeigerzustände den Eigenzuständen des Messoperators.

Aufgaben

Aufgabe 13.1 Betrachten Sie für das Paradoxon der Schrödinger'schen Katze das System bestehend aus radioaktivem Atom, Geigerzähler und Katze. Die zugehörige Wellenfunktion lautet

$$\psi_0 = \left(\text{radioaktives Atom}\right)\left(\text{Geigerzähler}\right)\left(\text{Katze}\right).$$

Was passiert entsprechend dem von Neumann'schen Messpostulat mit einem ein Atom, das nicht zerfallen ist? Was mit einem ein Atom, das zerfallen ist? Diskutieren Sie schließlich den Fall eines Überlagerungszustandes von nicht zerfallenem und zerfallenem Atom. Welche Auswirkung hat die Messung auf den Geigerzähler und die Katze?

Aufgabe 13.2 Benutzen Sie das Ergebnis aus Aufgabe 11.6, um die Spinerwartungswerte $\bar{s}_x$, $\bar{s}_y$ und $\bar{s}_z$ aus Gl. (13.4) zu bestimmen. Die entsprechenden Spinoperatoren lauten

$$\hat{S}_x = \begin{pmatrix} 0 & 1 \\ 1 & 0 \end{pmatrix}, \quad \hat{S}_y = \begin{pmatrix} 0 & -i \\ i & 0 \end{pmatrix}, \quad \hat{S}_z = \begin{pmatrix} 1 & 0 \\ 0 & -1 \end{pmatrix}.$$

Aufgabe 13.3 Zeigen Sie für den Spinvektor $\vec{s}$ aus Gl. (13.7), dass bei Dephasierung die Länge des Vektors $\vec{s}$ im Laufe der Zeit abnimmt.

Aufgabe 13.4 Leiten Sie das Ergebnis aus Gl. (13.9) her. Entwickeln Sie Ψ aus Gl. (13.8) in der Eigenbasis des Spinoperators $\hat{S}_x$ aus Aufgabe 11.4,

$$\Psi = \cos\frac{\theta}{2}\left[\frac{1}{\sqrt{2}}\begin{pmatrix}1\\1\end{pmatrix}_S + \frac{1}{\sqrt{2}}\begin{pmatrix}1\\-1\end{pmatrix}_S\right]\left[\cos\eta\begin{pmatrix}0\\1\end{pmatrix}_U + \sin\eta\begin{pmatrix}1\\0\end{pmatrix}_U\right]$$
$$+ e^{i\varphi}\sin\frac{\theta}{2}\left[\frac{1}{\sqrt{2}}\begin{pmatrix}1\\1\end{pmatrix}_S - \frac{1}{\sqrt{2}}\begin{pmatrix}1\\-1\end{pmatrix}_S\right]\begin{pmatrix}0\\1\end{pmatrix}_U.$$

Wie lauten die Entwicklungskoeffizienten für die unterschiedlichen Basiszustände von System in der x-Basis und Umgebung in der z-Basis? Bestimmen Sie den Erwartungswert $\bar{s}_x$, indem Sie über die unterschiedlichen Einstellmöglichkeiten des Umgebungsspins summieren.

Kap. 1

1.1. **a.** $\nu = c/\lambda$ ergibt $7{,}89 \times 10^{14}$ Hz (violett) und $4{,}0 \times 10^{14}$ Hz (rot)
  b. $5{,}32 \times 10^{-19}$ J (violett) und $2{,}65 \times 10^{-19}$ J (rot)
  c. $3{,}26$ eV (violett) und $1{,}65$ eV (rot)

1.2. Die kinetische Energie ist bei der Photonenenergie von 4 eV null und wächst danach linear mit der Steigung eins an.

1.3. $\omega = 2\pi\nu$. Die Kreisfrequenz benutzt man am besten zusammen mit den trigonometrischen Funktionen, bei denen die Argumente von der Form $2\pi\nu t = \omega t$ sind.

1.5. $I = 2A^2\cos^2(kx)$

1.6. **b.** $A\cos(kL + k(L - x) - \omega t + \pi) = -A\cos(2kL - kx - \omega t)$
  c. Die Gesamtwelle lautet $A[\cos(kx - \omega t) - \cos(2kL - kx - \omega t)]$, die Amplitude an der Stelle L ist null.

1.7. **b.** $I_0(\cos^2\theta + \sin^2\theta) = I_0$
  c. Die Wahrscheinlichkeit für eine Transmission ist $\cos^2\theta$, die Wahrscheinlichkeit für eine Reflexion ist $\sin^2\theta$.

Kap. 3

3.1 **a.** $|z| = \sqrt{5}$, $\phi = \arctan(2) \approx 63{,}5°$
  d. $z + z^* = 2$, $z - z^* = 4i$. Bei $z + z^*$ heben sich die Imaginärteile auf und bei $z - z^*$ die Realteile.

3.2. **a.** $\mathrm{Re}(e^{i\phi}) = \cos\phi$, $\mathrm{Im}(e^{i\phi}) = \sin\phi$
  b. Aus Gl. (3.6) folgt $\cos\phi = \frac{1}{2}(e^{i\phi} + e^{-i\phi})$, $\sin\phi = \frac{1}{2i}(e^{i\phi} - e^{-i\phi})$

U. Hohenester und K. Irgang, *Einführung in die Quantenmechanik*,
https://doi.org/10.1007/978-3-662-65980-9_14

3.3. $\cos(x + y) + i\sin(x + y) = \cos x \cos y + i \sin x \cos y + i \cos x \sin y + i^2 \sin x \sin y$

3.4. **a.** $e^x = 1 + x + \frac{x^2}{2} + \frac{x^3}{6} + \frac{x^4}{24} + \frac{x^5}{120} + \mathcal{O}(x^6)$, $\cos x = 1 - \frac{x^2}{2} + \frac{x^4}{24} + \mathcal{O}(x^6)$,

$\sin x = x - \frac{x^3}{6} + \frac{x^5}{120} + \mathcal{O}(x^6)$

b. $e^{ix} = 1 + ix + \frac{(ix)^2}{2} + \frac{(ix)^3}{6} + \frac{(ix)^4}{24} + \frac{(ix)^5}{120} + \mathcal{O}(x^6) = \left(1 - \frac{x^2}{2} + \frac{x^4}{24}\right) +$

$i\left(x - \frac{x^3}{6} + \frac{x^5}{120}\right) + \mathcal{O}(x^6)$

c. In der Summe $e^{ix} = \sum_{n=0}^{\infty} \frac{(ix)^n}{n!}$ sind die geraden Terme reell und die ungeraden imaginär. Durch Aufspalten der Summe in gerade und ungerade Terme erhält man dann die Reihenentwicklungen des Sinus und Kosinus.

3.5. $\mathrm{Re}\left[\frac{iA}{\sqrt{2}} e^{i(kx_1 - \omega t)}\right] = \mathrm{Re}\left[\frac{A}{\sqrt{2}} e^{i(kx_1 - \omega t + \pi)}\right] = \frac{A}{\sqrt{2}} \cos(kx - \omega t + \pi)$

$\mathrm{Re} \frac{A}{\sqrt{2}} e^{i(kx_2 - \omega t)} = \frac{A}{\sqrt{2}} \cos(kx - \omega t)$

3.7 **a.** Die transmittierte Welle nach dem ersten Strahlteiler ist $\frac{A}{\sqrt{2}} e^{i(kx - \omega t)}$ und die reflektierte Welle $\frac{A}{\sqrt{2}} e^{i(kx - \omega t + \pi/2)}$. Nach Ablenkung durch die Spiegel erhalten wir $\frac{A}{\sqrt{2}} e^{i(kx - \omega t + \pi)}$ für die transmittierte und $\frac{A}{\sqrt{2}} e^{i(kx - \omega t + 3\pi/2)}$ für die reflektierte.

b. Detektor D_1': $\frac{A}{2}\left(e^{i(kx - \omega t + \pi)} + e^{i(kx - \omega t + 3\pi/2 + \pi/2)}\right)$
Detektor D_2': $\frac{A}{2}\left(e^{i(kx - \omega t + \pi + \pi/2)} + e^{i(kx - \omega t + 3\pi/2)}\right)$

c. Intensität null für D_1' und Intensität $A^2/2$ für D_2'

3.8 **b.** Realteil $\cos(kx) + \cos(k[2L - x])$, Quadrat des Absolutbetrags $4\cos^2(k[L - x])$

c. Die erste Welle propagiert nach rechts, die zweite nach links. Durch die Überlagerung entsteht eine stehende Welle.

3.9 **c.** $\int_{-\infty}^{\infty} e^{-ax^2/2}\, dx = \sqrt{\frac{2\pi}{a}}$

3.10 **a.** $e^{i(k_0 - k)x_0} e^{-\sigma^2(k - k_0)/2}$, siehe Gl. (3.21)

b. Aus $vt = x_0$ folgt $t = x_0/v$.

c. $e^{-ik_0 x} e^{-x^2/2\sigma^2}$

d. Die beiden Wellen laufen aufeinander zu und interferieren miteinander, die Summe der Wellenfunktionen lautet zum Zeitpunkt null $2\cos(k_0 x) e^{-x^2/2\sigma^2}$.

Kap. 4

4.1 $\lambda = h/mv \approx 6{,}62 \times 10^{-34}\,\mathrm{m} = 6{,}62 \times 10^{-24} \times 0{,}1\,\mathrm{nm}$

4.2 Ein Elektronvolt entspricht ungefähr $1{,}6 \times 10^{-19}\,\mathrm{J}$. Mit $\lambda = h/\sqrt{2mE}$ und der Elektronenmasse $m_e \approx 9 \times 10^{-31}$ kg erhalten wir dann De-Broglie-Wellenlängen von ungefähr $1{,}23$, $0{,}39$ und $0{,}12$ nm.

4.3 **a.** $\frac{1}{8} + \frac{1}{8} + \frac{1}{8} + \frac{1}{8} + \frac{1}{8} + \frac{3}{8} = 1$

b. $1\frac{1}{8} + 2\frac{1}{8} + 3\frac{1}{8} + 4\frac{1}{8} + 5\frac{1}{8} + 6\frac{3}{8} = \frac{33}{8} \approx 4{,}1$

4.4 Die normierte Verteilung ist $1/2$, es gilt somit $\frac{1}{2}\int_{-1}^{1} dx = 1$.

a. $\frac{1}{2}\int_0^{1/4} dx = \frac{1}{8}$

b. Der Mittelwert ist $\frac{1}{2}\int_{-1}^1 x\, dx = 0$ und die Varianz $\frac{1}{2}\int_{-1}^1 x^2\, dx = 1/3$. Somit folgt für die Standardabweichung $1/\sqrt{3}$.

4.6 **a.** $A = \sqrt{2/L}$

 b. $\bar{p} = 0$

 c. $\mathrm{var}(p) = \pi^2\hbar^2/L^2$

 d. Es gilt $\bar{x} = 0$ und $\mathrm{var}(x) \approx 0{,}0327\, L^2$. $\mathrm{var}(x)\mathrm{var}(p) \approx 0{,}323\, \hbar^2$.

4.7 Die Funktion ist gerade $f(x) = f(-x)$, Gleiches gilt für die Fouriertransformierte. Der Mittelwert einer geraden Funktion ergibt aufgrund seiner Symmetrie immer null.

4.8 **a.** $-i\hbar\,(1 - x)\,e^{-x}$

 b. $i\hbar x e^{-x}$

 c. $-i\hbar\left[f'(x)g(x) + f(x)g'(x)\right]$

4.9 Die Fouriertransformierte der Funktion $e^{-x^2/2\sigma^2}$ ist von der Form $e^{-\sigma^2 k^2}$. Die schmalste Funktion $e^{-x^2/2}$ besitzt dann die breiteste Impulsverteilung und somit die größte Impulsvarianz. Ebenso gilt, dass die schmalste Verteilung $e^{-x^2/2}$ die größte Krümmung hat.

Kap. 5

5.1 **a.** $\left(-\frac{1}{2}\frac{d^2}{dx^2} + \frac{1}{2}x^2\right) A\, e^{-x^2/2} = \frac{1}{2} A\, e^{-x^2/2}$

 b. $E = 1/2$

 c. $\psi(x, t) = A\, e^{-x^2/2 - it/2}$

 d. $|\psi(x, t)|^2 = A^2 e^{-x^2}$

5.2 Durch die Messung kollabiert die Wellenfunktion, das Teilchen befindet sich danach entweder im linken oder rechten Potentialtopf. In der darauffolgenden Zeitentwicklung kommt es somit zu keinen Interferenzen.

5.3 **a.** $-i\hbar\frac{\partial\psi^*(x,t)}{\partial t} = \left(-\frac{\hbar^2}{2m}\frac{\partial^2}{\partial x^2} + V(x, t)\right)\psi^*(x, t)$.

5.4 **a.** Für kleine Werte von r dominiert A/r^{12} und für große Werte von r dominiert $-B/r^6$

 c. $F(r) = -\frac{dV}{dr} = 12A/r^{13} - 6B/r^7$

 d. Aus $F(x_0) = 0$ folgt $x_0 = \sqrt[6]{\frac{2A}{B}}$. Dies entspricht der Gleichgewichtsposition, bei der keine Kraft wirkt.

5.5 Die Wahrscheinlichkeitsdichte lautet $|\psi(x)|^2 e^{-2\Gamma t}$. Die über alle x-Werte integrierte Wahrscheinlichkeitsdichte muss zu allen Zeiten eins ergeben, deshalb muss stets $\Gamma = 0$ gelten.

5.6 $E_n = \int_{-\infty}^{\infty} \phi_n^*(x)\hat{H}(x)\phi_n(x)\, dx$

Kap. 7

7.1 $\left[\frac{d\phi^*(x)}{dx}\phi(x) - \phi^*(x)\frac{d\phi(x)}{dx}\right]_{x=\varepsilon} = \left[\frac{d\phi^*(x)}{dx}\phi(x) - \phi^*(x)\frac{d\phi(x)}{dx}\right]_{x=-\varepsilon}$.

Die Gleichung ist erfüllt, wenn für infinitesimale ε gilt, dass $\phi(\varepsilon) = \phi(-\varepsilon)$ erfüllt ist (Wellenfunktion stetig) und die Ableitungen an den Stellen $\pm\varepsilon$ gleich sind (Wellenfunktion stetig differenzierbar).

7.2 $r = \frac{k-k'}{k+k'}$, $t = \frac{2k}{k+k'}$

7.3 $\hbar^2\pi^2/2mL^2 \approx 0,38\,\text{eV}$

7.4 Die Wellenfunktion eines quantenmechanischen Teilchens muss immer im Sinne einer Wahrscheinlichkeit interpretierbar sein und ist daher normiert. Das schließt die Lösung $\psi(x) = 0$ aus.

7.5 **a.** $Be^{-ikL/2} = r\,Ae^{ikL/2}$

   b. $A = \pm B = \sqrt{2/L}$

7.6 **b.** $-\frac{\hbar^2}{2m}\frac{d^2\mathcal{X}(x)}{dx^2} = E_x\mathcal{X}(x)$ und $-\frac{\hbar^2}{2m}\frac{d^2\mathcal{Y}(y)}{dx^2} = E_y\mathcal{Y}(y)$ mit $E_x + E_y = E$

   c. Die Lösungen sind Produktzustände $\phi(x, y) = \phi_{n_x}(x)\phi_{n_y}(y)$ mit den Eigenzuständen aus Gl. (7.13), die Energie ist von der Form $E = E_{n_x} + E_{n_y}$ mit den Eigenenergien aus Gl. (7.15).

   d. Das Teilchen bewegt sich in zwei Dimensionen und die Wellenfunktion ist durch zwei Quantenzahlen n_x und n_y charakterisiert. Aufgrund der Symmetrie des Potentials und des Separationsansatzes kann die Schrödingergleichung in zwei Gleichungen für die Bewegung in x- und y-Richtung getrennt werden.

7.7 **b.** $k'_x = \pm\sqrt{n^2k_0^2 - k_y^2}$. Weil sich die transmittierte Welle nach rechts bewegt, benötigt man das positive Vorzeichen.

   c. Für $n^2k_0^2 - k_0^2\sin^2\theta < 0$ wird k_x imaginär, ab dem Grenzwinkel $\theta = \arcsin n$ erfolgt eine Totalreflexion.

   d. Die Randbedingungen lauten $1 + r = t$ und $k_x(1 - r) = k'_x t$, somit erhalten wir dieselben Koeffizienten wie in Aufgabe 7.2.

   e. Die Wellenzahl des Teilchens entspricht der Wellenzahl k_x der Welle, das Potential entspricht dem dielektrischen Kontrast.

7.8 **b.** stetig für $x = 0 \implies 1 + r' = A + B$

   stetig differenzierbar für $x = 0 \implies ik(1 - r') = \kappa(A - B)$

   stetig für $x = L \implies Ae^{-\kappa L} + Be^{\kappa L} = t'e^{ikL}$

   stetig differenzierbar für $x = L \implies \kappa(-Ae^{-\kappa L} + Be^{\kappa L}) = ikt'e^{ikL}$

   c. $\hbar\kappa = \sqrt{2mV_0 - \hbar^2\kappa^2}$

   d. $r' = \frac{(k^2+\kappa^2)\sinh(\kappa L)}{(k^2-\kappa^2)\sinh(\kappa L)+2ik\kappa\cosh(\kappa L)}$, $t' = \frac{2ik\kappa e^{-ikL}}{(k^2-\kappa^2)\sinh(\kappa L)+2ik\kappa\cosh(\kappa L)}$

7.9 $\Delta E \approx \hbar/\Delta t \approx 6,58 \times 10^{-7}\,\text{eV}$

Kap. 8

8.1 $E_0 = \hbar\omega/2$

8.2 Mit $z = \sqrt{\frac{m\omega}{\hbar}}x$ erhalten wir $\phi_n(x) = \left(\frac{m\omega}{\pi\hbar}\right)^{\frac{1}{4}}e^{-z^2/2}f_n(z)$, wobei gilt $f_0(z) = 1$, $f_1(z) = \sqrt{2}z$, $f_2(z) = -1+2z^2/\sqrt{2}$, $f_3(z) = -3z+2z^3/\sqrt{3}$, $f_4(z) = 3-12z^2+4z^4/2\sqrt{6}$

8.3 $E_n = V_0+\hbar\omega(n+1/2)$. In der Zeitentwicklung tritt ein zusätzlicher Phasenfaktor $e^{-iV_0t/\hbar}$ auf.

8.4 **a.** $F(x) = \lambda$ ist eine konstante Kraft

b. $x_0 = \lambda/m\omega^2$, $V_0 = -\lambda^2/2m\omega^2$

c. $\phi_n(x)$ gleich wie Gl. (8.15) bei Ersetzung $x \to x - x_0$, $E_n = V_0 + \hbar\omega(n + 1/2)$

8.5 $k = \omega^2 m \approx 10^3\ \text{Nm}^{-1}$

8.7 $\lambda_{max} \approx 500\ \text{nm}$ (grün)

Kap. 9

9.1 $M : m_p = 1{,}0006$, $\mu : m_e = 0{,}9994$

9.2 $\frac{m_e v^2}{r} = \frac{L^2}{m_e r^3} = \frac{n^2 \hbar^2}{m_e r^3} = \frac{e^2}{4\pi\varepsilon_0 r^2} \implies r = \frac{4\pi\varepsilon_0 \hbar^2}{m_e e^2} n^2$, für die Energie findet man $E = \frac{1}{2} m_e v^2 - \frac{e^2}{4\pi\varepsilon_0 r} = \frac{L^2}{2m_e r^2} - \frac{e^2}{4\pi\varepsilon_0 r_0 n^2} = -\frac{e^2}{8\pi\varepsilon_0 r_0 n^2}$ mit dem Bohrradius r_0

9.3 $\frac{dE(r)}{dr} = -\frac{\hbar^2}{m_e r^3} + \frac{e^2}{4\pi\varepsilon_0 r} = 0 \implies r = r_0$, $E(r_0) = -R_\infty$. Je kleiner r, desto niedriger ist die potentielle Energie. Allerdings steigt für starke Lokalisierung die kinetische Energie entsprechend $1/r^2$ an, wie im vorigen Kapitel für das Teilchen in der Schachtel anhand der Heisenberg'schen Unschärferelation diskutiert wurde. Die Natur wählt den Radius, bei dem die Summe aus kinetischer und potentieller Energie am niedrigsten ist.

9.6 $\phi_{100}(r) = e^{-r/r_0}/\sqrt{\pi r_0^3}$, $\bar{r} = \frac{3}{2} r_0$

9.7 $2\sum_{\ell=0}^{n-1}(2\ell + 1) = 2(n-1)n + 2n = 2n^2$

9.8 Lyman $R_\infty(1 - 1/4) = 10{,}2\ \text{eV}$ (UV), Balmer $R_\infty(1/4 - 1/9) = 1{,}9\ \text{eV}$ (rot), Paschen Balmer $R_\infty(1/9 - 1/16) = 0{,}66\ \text{eV}$(IR)

9.9 Beispielsweise HF, NaCl, LiF

9.10 (a) ϕ_4, (b) ϕ_3, (c) ϕ_1, (d) ϕ_2

Kap. 11

11.1 Die Messung erfolgt am Schirm, an dem die Silberatome detektiert werden. Solange keine direkte Messung erfolgt, können die getrennten Strahlen der Silberatome wieder zusammengeführt werden und man erhält den Anfangszustand. Das ist ähnlich wie bei Photonen und einem Polarisator, der das Licht in horizontale und vertikale Polarisationszustände zerlegt. Solange keine Messung (Photodetektion) erfolgt, kann der ursprüngliche Photonenzustand aus den Polarisationszuständen zusammengefügt werden.

11.2 **a.** $\vec{a} \cdot \vec{b} = \sum_{i=1}^{2} a_i b_i$

b. Für eine Basis dürfen $\vec{e}_1$ und $\vec{e}_2$ nicht parallel sein. Für eine Orthonormalbasis gilt $\vec{e}_1 \cdot \vec{e}_1 = 1$, $\vec{e}_2 \cdot \vec{e}_2 = 1$ und $\vec{e}_1 \cdot \vec{e}_2 = 0$

c. $\vec{a} = (\vec{e}_1 \cdot \vec{a})\vec{e}_1 + (\vec{e}_2 \cdot \vec{a})\vec{e}_2 = a_1 \vec{e}_1 + a_2 \vec{e}_2$

d. Für eine gedrehte Basis gilt $\vec{a} = (\vec{e}_1' \cdot \vec{a})\vec{e}_1' + (\vec{e}_2' \cdot \vec{a})\vec{e}_2' = a_1' \vec{e}_1' + a_2' \vec{e}_2'$

11.3 **a.** Durch Subtraktion der Gleichungen erhält man für eine hermitesche Matrix $(s_1 - s_2)\langle\phi_1, \phi_2\rangle = 0$. Für $s_1 \neq s_2$ kann diese Gleichung nur erfüllt werden, wenn die Vektoren ϕ_1, ϕ_2 orthogonal sind.

b. Für zwei Dimensionen benötigt man zwei Vektoren, beispielsweise die orthogonalen Vektoren ϕ_1, ϕ_2.

c. $C_1 = \langle \phi_1, \psi \rangle$, $C_2 = \langle \phi_2, \psi \rangle$

11.4. $\dfrac{\hbar}{2} \begin{pmatrix} 0 & 1 \\ 1 & 0 \end{pmatrix} \dfrac{1}{\sqrt{2}} \begin{pmatrix} 1 \\ 1 \end{pmatrix} = +\dfrac{\hbar}{2} \dfrac{1}{\sqrt{2}} \begin{pmatrix} 1 \\ 1 \end{pmatrix}$

$\dfrac{\hbar}{2} \begin{pmatrix} 0 & 1 \\ 1 & 0 \end{pmatrix} \dfrac{1}{\sqrt{2}} \begin{pmatrix} 1 \\ -1 \end{pmatrix} = -\dfrac{\hbar}{2} \dfrac{1}{\sqrt{2}} \begin{pmatrix} 1 \\ -1 \end{pmatrix}$

Die Eigenwerte lauten somit $\pm \hbar/2$, die Eigenzustände aus Gl. (11.4) erhält man mit $\theta = \pi/4$ und $\varphi = 0$.

11.5. Die Spektraldarstellung ist von der Form aus Gl. (11.23) mit den Projektionsmatrizen $\mathbb{P}_1(\theta) = \begin{pmatrix} \cos^2 \frac{\theta}{2} & \frac{1}{2} \sin \theta \\ \frac{1}{2} \sin \theta & \sin^2 \frac{\theta}{2} \end{pmatrix}$, $\mathbb{P}_2(\theta) = \begin{pmatrix} \sin^2 \frac{\theta}{2} & -\frac{1}{2} \sin \theta \\ -\frac{1}{2} \sin \theta & \cos^2 \frac{\theta}{2} \end{pmatrix}$.

11.6. $\bar{s} = \langle \psi, (s_1 \langle \phi_1, \psi \rangle \phi_1 + s_2 \langle \phi_2, \psi \rangle \phi_2) \rangle = s_1 \langle \psi, \phi_1 \rangle \langle \phi_1, \psi \rangle + s_2 \langle \psi, \phi_2 \rangle \langle \phi_2, \psi \rangle$

11.7. $\hat{S}_x \hat{S}_z - \hat{S}_z \hat{S}_x = \dfrac{\hbar^2}{2} \begin{pmatrix} 0 & -1 \\ 1 & -0 \end{pmatrix}$. Daraus folgt, dass S_x und S_z nicht gleichzeitig genau bestimmt werden können.

11.8. x und $\hat{p}$ sind hermitesche Operatoren. Somit gilt

$$(\hat{a})^\dagger = \sqrt{\frac{m\omega}{2\hbar}} (x + i\hat{p})^\dagger = \sqrt{\frac{m\omega}{2\hbar}} (x - i\hat{p}) = \hat{a}^\dagger.$$

Kap. 12

12.2. **a.** Alice misst mit der Wahrscheinlichkeit $1/2$ den Eigenwert $+1$,

$\phi_b = \begin{pmatrix} 0 \\ 1 \end{pmatrix} = \dfrac{1}{2} \begin{pmatrix} 1 \\ 1 \end{pmatrix} + \dfrac{1}{2} \begin{pmatrix} -1 \\ -1 \end{pmatrix} \implies$ Bob misst mit der Wahrscheinlichkeit $1/2$ den Eigenwert $+1$ oder -1, ebenso für Messung -1 von Alice.

b. Bob misst mit der Wahrscheinlichkeit $1/2$ den Eigenwert -1,

$\phi_a = \dfrac{1}{\sqrt{2}} \begin{pmatrix} 1 \\ 1 \end{pmatrix} = \dfrac{1}{\sqrt{2}} \begin{pmatrix} 1 \\ 0 \end{pmatrix} + \dfrac{1}{\sqrt{2}} \begin{pmatrix} 0 \\ 1 \end{pmatrix} \implies$ Alice misst mit der Wahrscheinlichkeit $1/2$ den Eigenwert $+1$ oder -1, ebenso für Messung $+1$ von Bob.

c. $E(0, \pi/2) = \cos \pi/2 = 0$

12.3. **a.** $(\cos \theta_{\text{pol}}, \sin \theta_{\text{pol}})$, $(-\sin \theta_{\text{pol}}, \cos \theta_{\text{pol}})$

b. $\theta_{\text{spin}} = 2 \theta_{\text{pol}}$

c. Zirkular polarisiertes Licht

12.4. Beispielsweise gilt

$$(0110\ldots)_c (0000\ldots)_t + \ldots \longrightarrow (0110\ldots)_c (0110\ldots)_t + \ldots$$

Die Wahrscheinlichkeit für ein Messergebnis ist durch das Betragsquadrat von $f(Q_i)$ gegeben, der Inputzustand kann direkt von den Qubits Q_i' abgelesen werden.

12.6. $(+1, +1, +1, +1) \implies AB + AB' + A'B' - A'B = -1 + 1 + 1 - 1 = 2$

$(-1, +1, +1, +1) \implies AB + AB' + A'B' - A'B = -1 - 1 + 1 - 1 = -2$

$(-1, -1, -1, -1) \implies AB + AB' + A'B' - A'B = -1 - 1 - 1 + 1 = -2$

$\ldots$

Kap. 13

13.1. Wenn das Atom nicht zerfallen ist, ruht der Geigerzähler und die Katze bleibt am Leben. Wenn das Atom zerfallen ist, klickt der Geigerzähler und die Katze stirbt. Wenn das System ursprünglich im Zustand

$$\psi_0 = \Big[(\text{Atom nicht zerfallen}) + (\text{Atom zerfallen}) \Big] (\text{Geigerzähler}) (\text{Katze})$$

ist und der Geigerzähler das Atom misst, dann klickt entweder der Geigerzähler nicht (und die Katze bleibt am Leben) oder er klickt (und die Katze stirbt). Es kommt aber nie zu einem Überlagerungszustand von lebender und toter Katze, weil ein klassisches Messgerät immer ein eindeutiges Ergebnis liefert.

13.2. $\bar{s}_x = \sin\theta\cos\varphi,\ \bar{s}_y = \sin\theta\sin\varphi,\ \bar{s}_z = \cos\theta$

13.3. $\vec{s}\cdot\vec{s} = e^{-t/T}\sin^2\theta + \cos^2\theta$

13.4. $C_{S:+x,U:+z} = \frac{1}{\sqrt{2}}\cos\frac{\theta}{2}\sin\eta$

$C_{S:-x,U:+z} = \frac{1}{\sqrt{2}}\cos\frac{\theta}{2}\sin\eta$

$C_{S:+x,U:-z} = \frac{1}{\sqrt{2}}\cos\frac{\theta}{2}\cos\eta + \frac{1}{2}e^{i\varphi}\sin\frac{\theta}{2}$

$C_{S:-x,U:-z} = \frac{1}{\sqrt{2}}\cos\frac{\theta}{2}\cos\eta - \frac{1}{2}e^{i\varphi}\sin\frac{\theta}{2}$

$\bar{s}_x = \left| C_{S:+x,U:+z} \right|^2 + \left| C_{S:+x,U:-z} \right|^2 - \left| C_{S:-x,U:+z} \right|^2 - \left| C_{S:-x,U:-z} \right|^2 = (\sin\theta\cos\varphi)\cos\eta$

Literatur

Literatur

1. Tinsley JN, Molodtsov MI, Prevedel R, Wartmann D, Espigulé-Pons J, Lauwers M, Vaziri A (2016) Direct detection of a single photon by humans. Nat Commun 7:12172
2. Glauber RJ (2005) Nobel lecture: one hundred years of light quanta. Rev Mod Phys 78:1267
3. Miller WA, Wheeler JA (1983) Proceedings of the international symposium on the foundations of quantum mechanics, Tokyo (physical society of Japan, Tokyo), p 38
4. Jönsson C (1961) Elektroneninterferenzen an mehreren künstlich hergestellten Feinspalten. Z Phys 161:454
5. Siehe beispielsweise https://de.wikipedia.org/wiki/Avengers:_Endgame
6. Fäßler A, Jönsson C (Hrsg) (2005) Die Top Ten der schönsten physikalischen Experimente. Rowohlt, Hamburg
7. Die österreichischen Lehrpläne sind über https://www.ris.bka.gv.at abrufbar
8. Leisen J (2000) Quantenphysik/Mikroobjekte. Handreichung zum neuen Lehrplan Physik in der S II, Pädagogisches Zentrum, Rheinland-Pfalz
9. Max Planck, am 23.04.1938, aus Anlaß der Verleihung der Max-Planck-Medaille an Louis Prince de Broglie
10. Central Research Laboratory, Hitachi, Ltd., Japan
11. Zeilinger A, Gähler R, Schull CG, Treimer W, Mampe W (1988) Single- and double-slit diffraction of neutrons. Rev Mod Phys 60:1067
12. Arndt M, Nairz O, Vos-Andrae J, Keller C, van der Zouw G, Zeilinger A (1999) Wave-particle duality of C_{60} molecules. Nature 401:680
13. Juffmann T et al (2012) Real-time single-molecule imaging of quantum interference. Nat Nanotechnol 7:297
14. Born M (1926) Zur Wellenmechanik der Stossvorgänge. In: Nachrichten von der Gesellschaft der Wissenschaften zu Göttingen, Mathematisch-Physikalische Klasse, S 290 ff
15. Heisenberg W (1927) Über den anschaulichen Inhalt der quantenmechanischen Kinematik und Mechanik. Z Phys 43:172
16. Experimentelle Daten von Jörg Schmiedmayer, Atominstitut Wien
17. Schecker H, Wilhelm T, Hopf M, Duit R (Hrsg) (2018) Schülervorstellungen und Physikunterricht. Springer Spektrum, Berlin
18. Gross L et al (2011) High-resolution molecular orbital imaging using a p-wave STM tip. Phys Rev Lett 107:086101

U. Hohenester und K. Irgang, *Einführung in die Quantenmechanik*,
https://doi.org/10.1007/978-3-662-65980-9

19. Feynman RP (1971) Vorlesung über Physik: Quantenmechanik. Oldenburg, München. https://www.feynmanlectures.caltech.edu/
20. Wiener GJ, Schmeling SM, Hopf M (2015) Can grade-6 students understand quarks? Probing acceptance of the subatomic structure of matter with 12-year-olds. Eur J Sci Educ 3:313
21. Einstein A, Podolsky B, Rosen N (1935) Can quantum-mechanical description of physical reality be considered complete? Phys Rev 47:777
22. Aspect A, Grangier P, Roger G (1982) Experimental realization of Einstein-Podolsky-Rosen-Bohm Gedankenexperiment: a new violation of Bell's inequalities. Phys Rev Lett 49:91
23. Kwiat PG, Mattle K, Weinfurter H, Zeilinger A, Sergienko AV, Shih Y (1995) New high-intensity source of polarization-entangled photon pairs. Phys Rev Lett 75:4337
24. Bell JS (1964) On the Einstein-Podolsky-Rosen paradox. Physics 1:195
25. Yin J et al (2020) Entanglement-based secure quantum cryptography over 1,120 kilometres. Nature 582:501
26. Schrödinger E (1935) Die gegenwärtige Situation in der Quantenmechanik. Naturwissenschaften 23:844
27. Zurek WH (2003) Decoherence, einselection, and the quantum origins of the classical. Rev Mod Phys 75:715

Stichwortverzeichnis

Z
Zeigerzustände, 254
Zufall, 93
Zurek, Wojcieh, 252

Zustand
stationär, 84
Zweiniveausystem, 195